高等职业教育系列教材

电气控制与 PLC 应用技术

第 3 版

主　编　吴　丽

副主编　何　瑞

机械工业出版社

本书共分为 10 章，主要内容包括常用低压电器、电气控制电路的基本控制环节、机床电气控制系统、可编程序控制器（PLC）的基本组成、工作原理、逻辑元件、指令系统、编程方法、应用设计技术、编程器和编程软件的使用等知识。

本书尽可能做到语言简捷、通俗易懂、内容丰富、实用性强、理论联系实际，除了介绍传统的控制技术以外，还详细叙述了可编程序控制器的应用技术，并通过一些实例介绍了 PLC 的设计方法和技巧。本书大部分章节都配有相关技能训练项目，以突出实践技能和应用能力的培养。

本书可作为高职高专院校电气自动化、楼宇自动化、机电一体化、机械设计与制造、数控机床及其相关专业的教材用书，也可作为电气技术人员的参考书和培训教材。

本书配有授课电子课件，需要的教师可登录 www.cmpedu.com 免费注册、审核通过后下载，或联系编辑索取（QQ：1239258369，电话：010-88379739）。

图书在版编目（CIP）数据

电气控制与 PLC 应用技术/吴丽主编. —3 版. —北京：机械工业出版社，2017. 7（2023. 1 重印）

高等职业教育系列教材

ISBN 978-7-111-58218-2

Ⅰ. ①电…　Ⅱ. ①吴…　Ⅲ. ①电气控制-高等职业教育-教材②PLC 技术-高等职业教育-教材　Ⅳ. ①TM571. 2②TM571. 6

中国版本图书馆 CIP 数据核字（2017）第 245546 号

机械工业出版社（北京市百万庄大街 22 号　邮政编码 100037）

策划编辑：王　颖　责任编辑：李文轶

责任校对：张　力　责任印制：张　博

北京雁林吉兆印刷有限公司印刷

2023 年 1 月第 3 版第 8 次印刷

184mm×260mm·13. 75 印张·331 千字

标准书号：ISBN 978-7-111-58218-2

定价：39. 90 元

电话服务　　　　　　　　　　　网络服务

客服电话：010-88361066　　　机　工　官　网：www.cmpbook.com

　　　　　010-88379833　　　机　工　官　博：weibo.com/cmp1952

　　　　　010-68326294　　　金　书　网：www.golden-book.com

封底无防伪标均为盗版　　　机工教育服务网：www.cmpedu.com

前　　言

随着科学技术的不断发展，生产工艺的要求不断提高，电气控制技术经历了从手动到自动、从简单到复杂、从单一到多功能、从硬件控制到软件控制的不断变革。

20世纪70年代，一种新型工业控制器——可编程序控制器（PLC）问世，它以微处理技术为核心，综合了计算机技术、自动控制技术和通信技术，以软件手段实现各种控制功能，具有极高的抗干扰能力，适宜各种恶劣的生产环境，兼备了计算机和继电器两种控制方式的优点，形成一套以继电器梯形图为基础的形象编程语言和模块化的软件结构，使用户程序的编制清晰直观、方便易学，调试和查错容易，其本身结构简单、性能优越、体积小、重量轻、耗电省，同时价格便宜，使其在电气控制领域异军突起，并迅速发展起来。目前，PLC已作为一种标准化通用设备应用于机械加工、自动机床、木材加工、冶金工业、建筑施工、交通运输、纺织、造纸和化工等行业，对传统的控制系统进行技术改造，使工厂自动控制技术产生了很大的飞跃。因此，作为一个电气技术人员，必须掌握可编程序控制器的基本原理、编程方法和应用技术，才能适应目前自动控制技术领域的飞快发展。

电气控制技术涉及面很广，"电气控制与PLC应用技术"课程从应用角度出发，以培养学生对电气控制系统的分析能力和设计能力为主要目的，讲授电气控制技术领域内的新技术。"电气控制与PLC应用技术"是实践性较强的主要专业课之一。本课程是在学习"电机原理"和"电力拖动基础"课程之后进行授课的，参考学时为60~80学时。

本课程除理论教学外，还有实验教学、现场教学、课程设计、生产实习和毕业设计等实践性教学环节，使学生在学习中能理论和实践相结合，除掌握电气技术人员所必需的理论知识外，还应具有较强的实践能力。

本书根据高等职业教育的特点和培养目标进行编写，为了加强技术应用能力的培养，采用淡化理论、突出应用的写法，介绍目前国内外电气控制技术领域的新技术和新产品。在编写中融入"工学结合"的教学理念，力求内容全面、语言简捷、通俗易懂、实例丰富、图文并茂。在大部分章节后面都配有技能训练项目，供实习、实训和职业技能培训参考。

本书共有10章，内容分为两大部分：

第一部分为电气控制技术（第1~第3章），主要包括常用低压电器的结构、原理及使用的有关知识、继电器-接触器控制电路的基本控制环节、工厂常用机床电气控制的原理分析和故障诊断方法。

第二部分为可编程序控制器应用技术（第4~第10章），主要以三菱电机公司的 FX_{2N} 系列可编程序控制器为载体，介绍小型可编程序控制器的特点、结构组成、工作原理、内部逻辑元件、指令系统、编程规则与技巧、应用技术、编程器使用、编程软件使用等。

本书可作为高职高专院校电气自动化、楼宇自动化、机电一体化、机械设计与制造、数控机床及其相关专业的教学用书，也可作为电气技术人员的参考书和培训教材。

本书是机械工业出版社组织出版的"高等职业教育系列教材"之一。由黄河水利职业技术学院吴丽任主编，并编写第7、10章，何瑞编写第1、2、3章，葛芸萍编写第4、5、6、8、9章。

由于编者水平有限，书中难免出现不妥与错误之处，恳请读者批评指正。

编　者

目　录

第1章 常用低压电器

本章主要介绍国家标准规定的常用低压电器的结构、工作原理、规格、型号、用途、使用方法及各种电器的图形符号和文字符号，为读者合理使用和正确选择低压电器打下基础。

1.1 低压电器的基本知识

低压电器通常是指额定电压等级在交流 1200V 及以下、直流 1500V 及以下电路中的电器。

1.1.1 低压电器的分类

低压电器的种类繁多、结构各异、用途不同，对其分类如下。

1) 按电器的动作性质分为手动电器和自动电器两大类。手动电器是由人手操纵的电器，如闸刀开关、按钮及手动丫-△起动器等。自动电器是按指令信号或某个物理量（如电压、电流、时间、速度及位移等）变化而自动工作的电器，如接触器、继电器等。

2) 按电器的性能和用途分为控制电器和保护电器两大类。控制电器用来控制电路通断或控制电动机的各种运行状态，如刀开关、按钮和接触器等。保护电器用于保护电源、电路和电动机，如熔断器、热继电器等。

3) 按有无触点分为有触点电器和无触点电器。有触点电器具有可分离的动触点和静触点，利用触点的接触和分离可实现电路的通断控制。以上叙述的电器均为有触点电器。无触点电器没有可分离的触点，如现代电力拖动系统中的晶体管无触点逻辑元器件、电子程序控制器件、数字控制系统以及计算机控制系统等。

4) 按工作原理分为电磁式电器和非电量控制电器。电磁式电器根据电磁感应原理来工作，如交流接触器、电磁式继电器等。非电量电器根据非电量（压力、温度、时间和速度等）的变化而工作，如按钮、行程开关、压力继电器、时间继电器、热继电器和速度继电器等。

1.1.2 电磁式电器

电磁式电器大多由感测部分和执行部分组成。感测部分接受外界输入信号，并做出一定的反应。执行部分根据感测部分做出的反应而动作，执行电路接通、断开等控制。对于有触点的电磁式电器，感测部分指电磁机构，执行部分指触点系统。

1. 电磁机构

电磁机构的主要作用是将电磁能转换为机械能，并带动触点动作，以接通或断开电路。电磁机构由吸引线圈、铁心和衔铁组成。吸引线圈绕在铁心柱上，静止不动，铁心又称为静铁心。衔铁是可以动作的，称为动铁心。其工作原理是，当线圈通入电流产生磁场时，磁场的磁通经铁心、衔铁和工作气隙形成闭合回路，产生电磁吸力，将衔铁吸向铁心。当电磁吸力大于反作用弹簧拉力时，衔铁被铁心可靠地吸住。但电磁吸力过大，会使衔铁与铁心发生严重的碰击。

常见电磁机构的结构形式如图 1-1 所示。铁心有 E 型、双 E 型、U 型和甲壳螺管型，衔铁动作方式分为直动式、转动式。电磁机构可分为以下 3 种类型。

1）衔铁沿直线运动的双 E 型直动式铁心，如图 1-1b、e 所示。一般用于交流接触器、继电器。

2）衔铁沿轴转动的拍合式铁心，如图 1-1f、g 所示。多用在触点容量较大的交流电器中。

3）衔铁沿棱角转动的拍合式铁心，如图 1-1c 所示。一般用在直流电器中。

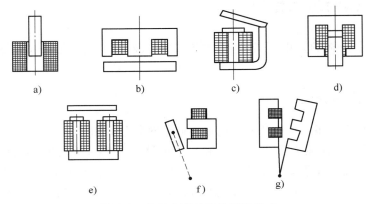

图 1-1 常见电磁机构的结构形式

a）、d）甲壳螺管型铁心 c）、f）、g）转动拍合式铁心 b）、e）双 E 型直动式铁心

吸引线圈的作用是将电能转化为磁场能，按线圈的接线形式分为电压线圈和电流线圈。将电压线圈并联在电源两端，电流大小由电源电压和线圈本身的阻抗决定，其匝数多、导线细、阻抗大和电流小，一般用绝缘性能好的漆包线绕成。将电流线圈串联在电路中，反应电路中的电流，其匝数少、导线粗，一般用扁铜带或粗铜线绕成。

按通入线圈的电源种类分为直流线圈和交流线圈。将直流线圈制成瘦高型，不设骨架，线圈与铁心直接接触，以利于散热。交流线圈和铁心都发热，故将线圈制成短粗型，设有骨架，使铁心和线圈隔离，以利于散热。

当将电磁机构通入交流电时，产生的电磁吸力是脉动的，电磁吸力时而大于反作用弹簧拉力，时而小于反作用弹簧拉力，使衔铁在吸合过程中产生振动。消除振动的措施是在铁心中引用短路环。具体方法是，在交流电磁机构铁心柱距端面 1/3 处开一个槽，槽内嵌入铜环（又称短路环或分磁环），如图 1-2 所示。吸引线圈通入交流电时，由于短路环的作用，使铁心中的磁通分为两部分，即通过短路环的磁通和不通过短路环的磁通。两部分磁通存在相位差，二者不会同时为零，如果短路环设计的合理，使合成电磁吸力总大于反作用弹簧拉力，在衔铁吸合时就不会

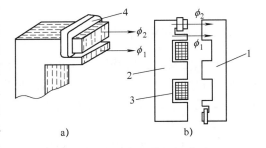

图 1-2 交流电磁铁的短路环

a）短路环示意图 b）铁心截面图

1—衔铁 2—铁心 3—线圈 4—断路环

产生振动和噪声。

2. 触点系统

触点是有触点电器的执行部分，通过触点的闭合、断开来控制电路的通、断。触点通常有以下几种结构形式。

1）桥式触点。图1-3a所示为两个点接触型桥式触点，图1-3b为两个面接触型桥式触点。将两个触点串联在同一电路中，共同完成电路的通、断。点接触型适用于小电流、触点压力小的场合。面接触型适用于大电流的场合。

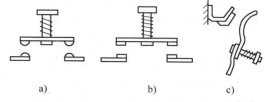

图1-3 触点的结构形式

a）点接触桥式触点 b）面接触桥式触点 c）指式触点

2）指式触点。图1-3c所示为指式触点，其接触区为一直线，触点动作时产生滚动摩擦，以利于去掉氧化膜，适用于接通次数多、电流大的场合。

触点通常采用具有良好导电、导热性能的铜材料制成，但铜的表面易生成氧化膜，增大触点表面的接触电阻，使损耗增大，温度升高。对于一些继电器或容量小的电器，触点常用银质材料制成，可以增加导电、导热性能，降低氧化膜电阻率（银质氧化膜的电阻率和纯银相似），且银质氧化膜只有在高温下才能形成，又容易被粉化。对于容量大的电器，采用滚动接触式触点，可将氧化膜去掉，也常用铜质触点。

触点上通常装有接触弹簧，在触点刚刚接触时产生初压力，随着触点的闭合压力增大，使接触电阻减小，触点接触更加紧密，并消除触点开始闭合时产生的振动。

1.1.3 电弧和灭弧方法

实践证明，当开关电器切断有电流的电路时，如果触点间电压大于10~20V、电流超过80mA，触点间就会产生强烈而耀眼的光柱，即电弧。电弧是电流流过空间气隙的现象，说明电路中仍有电流通过。当电弧持续不熄时，会产生很多危害：①延长了开关电器切断故障的时间；②电弧的温度很高（表面温度可达3000~4000℃，中心温度可达10000℃），如果电弧长时间燃烧，不仅会将触点表面的金属熔化或蒸发，而且会烧坏电弧附近的电气绝缘材料，引发事故；③使油开关的内部温度和压力剧增引起爆炸；④形成飞弧造成电源短路事故。因此，应在开关电器中采用有效措施，使电弧迅速熄灭。

1. 电弧的形成

当开关电器的触点分离时，触点间的距离很小，触点间电压即使很低，但电场强度仍很大（$E=U/d$），在触点表面由于强电场发射和热电子发射而产生的自由电子，会逐渐加速运动，并在间隙中不断与介质的中性质点产生碰撞游离，使自由电子的数量不断增加，导致介质被击穿，引起弧光放电，弧隙温度剧增，产生热游离，不断产生大量自由电子，间隙由绝缘变成导电通道，使电弧持续燃烧。

2. 电弧的熄灭

在电弧产生的同时，还伴随着一个去游离的过程，它主要表现在正负离子的复合和离子向弧道周围的扩散。因此，电弧的产生和熄灭是游离和去游离作用的结果。当游离作用大于去游离作用时，电弧电流越来越大，电弧持续燃烧；当游离作用小于去游离作用时，电弧电流越来越小，直至电弧熄灭。可见，为迅速灭弧，要人为增大去游离的作用。

3. 灭弧方法

为了加速电弧熄灭，常采用以下几种灭弧方法。

1）吹弧。利用气体或液体介质吹动电弧，使之拉长、冷却。按照吹弧的方向，分为纵吹和横吹。另外，还有两者兼有的纵横吹、大电流横吹和小电流纵吹。

2）拉弧。加快触点的分离速度，使电弧迅速拉长，表面积增大迅速冷却。如在开关电器中加装强力开断弹簧来实现此目的。

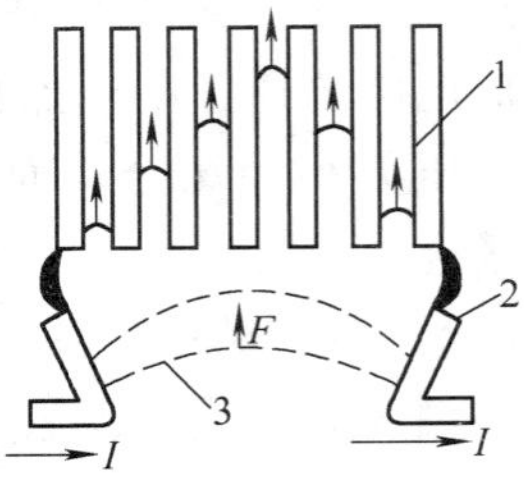

3）长弧割短弧。用栅片灭弧的示意图如图1-4所示。当开关分断时，触点间产生电弧，电弧在磁场力作用下进入灭弧栅内被切割成几个串联的短弧。当外加电压不足以维持全部串联短电弧时，电弧迅速熄灭。交流低压开关多采用这种灭弧方法。

4）多断口灭弧。对同一相采用两对或多对触点，使电弧分成几个串联的短弧，使每个断口的弧隙电压降低，触点的灭弧行程缩短，以提高灭弧能力。

图1-4　用栅片灭弧的
示意图
1—灭弧栅片　2—触点
3—电弧

5）利用介质灭弧。电弧中去游离的强度，在很大程度上决定于所在介质的特性（导热系数、介电强度、热游离温度和热容量等）。气体介质中氢气具有良好的灭弧性能和导热性能，其灭弧能力是空气的7.5倍；六氟化硫（FS$_6$）气体的灭弧能力更强，是空气的100倍，把电弧引入充满特殊气体介质的灭弧室中，会使游离过程大大减弱，快速灭弧。

6）改善触点表面材料。触点应采用高熔点、导电导热能力强和热容量大的金属材料，以减少热电子发射、金属熔化和蒸发。目前，许多触点的端部镶有耐高温的银钨合金或铜钨合金。

1.1.4　低压电器的主要技术参数

1）额定电压。额定电压指在规定的条件下，能保证电器正常工作的电压值，通常指触点的额定电压值。对于电磁式电器还规定了电磁线圈的额定工作电压。

2）额定电流。在额定电压、额定频率和额定工作制下所允许通过的电流为额定电流。它与使用类别、触点寿命和防护等级等因素有关。对于同一开关，可以对应不同使用条件下规定的不同工作电流。

3）使用类别。使用类别是指有关操作条件的规定组合。通常用额定电压和额定电流的倍数及其相应的功率因数或时间常数等来表征电器额定通、断能力的类别。

4）通断能力。通断能力包括接通能力和断开能力，以非正常负载时接通和断开的电流值来衡量。接通能力是指开关闭合时不会造成触点熔焊的能力；断开能力是指开关断开时能可靠灭弧的能力。

5）寿命。寿命包括电寿命和机械寿命。电寿命是电器在所规定使用条件下不需修理或更换零件的操作次数。机械寿命是电器在无电流情况下能操作的次数。

1.1.5　低压电器的型号

我国编制的低压电器产品型号适用于下列12大类产品：刀开关和转换开关、熔断器、断路器、控制器、接触器、启动器、控制继电器、主令电器、电阻器、变阻器、调整器和电磁铁。

低压电器产品型号组成形式及含义如下所述。

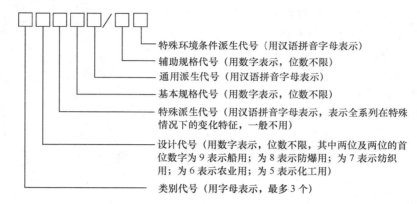

特殊环境条件派生代号（用汉语拼音字母表示）
辅助规格代号（用数字表示，位数不限）
通用派生代号（用汉语拼音字母表示）
基本规格代号（用数字表示，位数不限）
特殊派生代号（用汉语拼音字母表示，表示全系列在特殊情况下的变化特征，一般不用）
设计代号（用数字表示，位数不限，其中两位及两位的首位数字为 9 表示船用；为 8 表示防爆用；为 7 表示纺织用；为 6 表示农业用；为 5 表示化工用）
类别代号（用字母表示，最多 3 个）

1.2 开关电器

开关电器的主要作用是实现对电路通、断控制。常作为电源的引入开关和局部照明电路的控制开关，也可以直接控制小容量电动机的起动、停止和正/反转。开关电器有下列几种类型。

1.2.1 刀开关

刀开关的主要作用是隔离电源，或作为不频繁接通和断开电路用。刀开关的种类很多。按刀的级数分为单极、双极和 3 极。按灭弧装置分为带灭弧装置和不带灭弧装置。按刀的转换方向分为单掷和双掷。按接线方式分为板前接线式和板后接线式。按操作方式分为直接手柄操作和远距离联杆操作。按有无熔断器分为带熔断器式刀开关和不带熔断器式刀开关。在电力拖动控制电路中，最常用的是由刀开关和熔断器组合的负荷开关。负荷开关分为开启式负荷开关和封闭式负荷开关两种。

1. 开启式负荷开关

开启式负荷开关（HK 系列）又称为刀开关、开启式开关熔断器组。常用于照明、电热设备及小容量电动机控制线路中，在短路电流不大的电路中作为手动不频繁带负荷操作和短路保护用。

HK 系列开启式负荷开关由刀开关和熔断器组合而成，开关的瓷底板上装有进线座、静触点、熔丝、出线座及刀片式动触点，此系列刀开关不设专门灭弧装置，整个工作部分用胶木盖罩住，分闸和合闸时应动作迅速，使电弧较快地熄灭，以防电弧灼伤人手以及电弧对刀片和触座的灼损。开关分单相双极和三相 3 极两种，图 1-5 所示为开启式负荷开关的符号。

2. 封闭式负荷开关

封闭式负荷开关（HH 系列）又称为封闭式开关熔断器组，具有铸铁或铸钢制成的全封闭外壳，防护能力较好，用于手动不频繁通、断带负载

图 1-5 开启式负荷开关的符号

的电路以及作为线路末端的短路保护，也可用于控制 15kW 以下的交流电动机不频繁直接起动和停止。

图 1-6 所示为常用 HH 系列封闭式开关熔断器组的结构，由刀开关、熔断器操作机构和外壳等组成。为了迅速熄灭电弧，在开关上装有速断弹簧，用钩子扣在转轴上，当转动手柄开始分闸（或合闸）时，U 形动触刀并不移动，只拉伸了弹簧，积累了能量。当转轴转到某一角度时，弹簧力使动触刀迅速从静触座中拉开（或迅速嵌入静触座），使电弧迅速熄灭，具有较高的分、合闸速度。为了保证用电安全，在此开关的外壳上还装有机械联锁装置。当开关合闸时，箱盖不能打开；而当箱盖打开时，开关不能合闸。

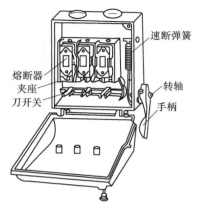

图 1-6　常用 HH 系列封闭式
开关熔断器组的结构

负荷开关在安装时要垂直安放，为了使分闸后刀片不带电，进线端在上端与电源相接，出线端在下端与负载相接。合闸时手柄朝上，拉闸时手柄朝下，以保证检修和装换熔丝时的安全。若水平或上、下颠倒安放，拉闸后受闸刀的自重或螺钉松动等因素的影响，则易造成误合闸而引起意外事故。

负荷开关的主要技术参数有额定电压、额定电流、极数、通断能力和寿命。

1.2.2　组合开关

组合开关又称为转换开关，体积小、触点对数多。常用的组合开关有 HZ10 系列，其外形、结构和符号如图 1-7 所示。将开关的 3 对静触点分别装在 3 层绝缘垫板上，并附有接线柱，用于电源与用电设备相接。3 个动触点是由磷铜片（或硬紫铜片）和消弧性能良好的绝缘钢纸板铆合而成，并与绝缘垫板一起套在附有手柄的绝缘方杆上。绝缘方轴可正、反方向每次作 90° 的转动，带动 3 个动触片分别与 3 对静触点接通或断开，以实现通、断电路的目的。

组合开关结构紧凑，安装面积小，操作方便，广泛用于机床电源的引入开关，也可

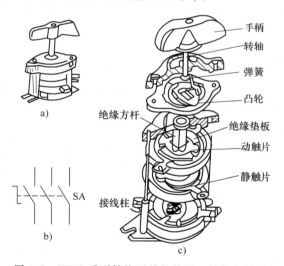

图 1-7　HZ10 系列转换开关的外形、结构和符号
a）外形　b）符号　c）结构

用来接通和分断小电流电路。组合开关用于控制 5kW 以下电动机，其额定电流一般选择为电动机额定电流的 1.5~2.5 倍，其通断能力较低，不可用来分断故障电流。

1.2.3　低压断路器

1. 低压断路器的用途

低压断路器又称为自动空气开关或自动空气断路器，分为框架式 DW 系列（又称为万能式）和塑壳式 DZ 系列（又称为装置式）两大类。在正常工作条件下作为电路的不频繁接

通和分断用，并在电路发生过载、短路及失电压时能自动分断电路，以保护电路和电气设备。它具有操作安全、分断能力较高、兼有多种保护功能和动作值可调整等优点，且在发生短路故障后，一般不需要更换部件就能排除故障，因此应用较为广泛。

目前各厂家不断推出各种新型断路器，如智能型断路器，它具有串行接口，可实现遥控、遥调、遥测和遥讯等功能，能按各种附件组合成不同功能，且外形美观大方，安全可靠。

2. DZ 系列断路器的结构和工作原理

DZ 断路器由触点系统、灭弧室、传动机构和脱扣机构几部分组成。DZ 断路器的结构和符号如图 1-8 所示。

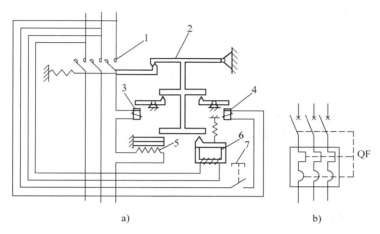

图 1-8　DZ 断路器的结构和符号

a）结构　b）符号

1—主触点　2—自由脱扣器　3—过电流脱扣器　4—分励脱扣器
5—热脱扣器　6—失电压脱扣器　7—按钮

1）触点系统。采用直动式双断口桥式触点。将镶有银基合金的 3 对动、静触点串联在主电路作为主触点，另有常开、常闭辅助触点各一对。

2）灭弧结构。开关内部装有灭弧罩，罩内有由相互绝缘的镀铜钢片组成的灭弧栅片，便于在切断短路电流时，加速灭弧和提高断流能力。

3）传动机构。有合闸、维持和分闸 3 部分，在外壳上伸出分、合两个按钮，有手动和自动两种。

4）脱扣机构。

① 过电流脱扣器（电磁脱扣器）。图 1-8a 所示 3 为过电流脱扣器，其上的线圈被串联在主电路中，线圈通过正常电流产生的电磁吸力不足以使衔铁吸合，2 所示脱扣器的上下搭钩被钩住，使 3 对主触点闭合。当电路发生短路或严重过载时，电磁脱扣器的电磁吸力增大，将衔铁吸合，向上撞击杠杆，使上下搭钩脱离，弹簧力把 3 对主触点（如图 1-8a 中 1 所示）的动触点拉开，实现自动跳闸，达到切断电路之目的。

② 失电压脱扣器。当电路电压正常时，失电压脱扣器（图 1-8a 中 6 所示）的衔铁被吸合，衔铁与杠杆脱离，使断路器主触点能够闭合；当电路电压下降或失去时，失电压脱扣器的吸力减小或消失，衔铁在弹簧的作用下撞击杠杆，使搭钩脱离，断开主触点，实现自动跳

闸。它常用于电动机的失电压保护。

③ 热脱扣器。热脱扣器的热元件（如图 1-8a 中的 5 所示）被串联在主电路。当电路过载时，过载电流流过热元件产生一定热量，使双金属片受热向上弯曲，通过杠杆推动搭钩分离，主触点断开，从而切断电路，使用电设备不致因过载而烧毁。跳闸后需等 1～3min 待双金属片冷却复位后才能再合闸。

④ 分励脱扣器。由分励电磁铁和一套机械机构组成。当需要断开电路时，按下跳闸按钮，使分励电磁铁线圈通入电流，产生电磁吸力吸合衔铁，导致开关跳闸。分励脱扣器只用于远距离跳闸，对电路不起保护作用。

3．断路器的选择

1）断路器的额定电压和额定电流应不小于电路的正常工作电压和工作电流。

2）热脱扣器的整定电流应与所控制的电动机的额定电流或负载额定电流一致。

3）电磁脱扣器瞬时脱扣整定电流应大于负载电路正常工作时的尖峰电流。对于电动机负载来说，DZ 型断路器应按下式计算，即

$$I_Z \geq KI_q \tag{1-1}$$

式中，K 为安全系数，可取 1.5～1.7，I_q 为电动机的起动电流。

1.3　接触器

接触器是利用电磁吸力进行操作的电磁开关，常用来远距离频繁接通或断开交、直流主电路和大容量控制电路。它的主要控制对象是电动机、电热设备和电焊机等。它具有操作方便、动作迅速、操作频率高和灭弧性能好等优点，并能实现远距离操作和自动控制，因此应用很广泛。可将接触器按其主触点通过电流的种类不同分为交流和直流两种。

1.3.1　交流接触器

1．交流接触器的结构

交流接触器主要由电磁系统、触点系统和灭弧装置这 3 部分组成。图 1-9 所示为交流接触器的外形和结构图。

1）电磁系统。由动、静铁心以及线圈和反作用弹簧组成。铁心由 E 形硅钢片叠压铆成，以减小交变磁场在铁心中产生的涡流及磁滞损耗。线圈由反作用弹簧固定在静铁心上，动触点固定在动铁心上，当线圈不通电时，主触点保持在断开位置。电磁系统的吸合形式有直动式、转动拍合式和螺管式。

2）触点系统。采用双断点桥式触点，按通断能力分为主触点和辅助触点。主触点一般由接触面积大的 3 对常开主触点组成，有灭弧装置，用于通断电流较大的主电路。辅助触点一般由两对常开、常闭辅助触点组成，其接触面积小，用于通断电流较小的控制电路。触点的常态，指电磁系统未通电时触点的工作状态。此时若触点的状态断开，则称为常开触点；若触点的状态闭合，则称为常闭触点。常开触点和常闭触点是联动的，当线圈通电时，常闭触点先断开，常开触点随后闭合；当线圈断电时，常开触点先恢复断开，常闭触点后恢复闭合。

3）灭弧装置。大容量的接触器（20A 以上）采用缝隙灭弧罩及灭弧栅片灭弧，小容量接触器采用双断口触点灭弧、电动力灭弧、相间弧板隔弧及陶土灭弧罩灭弧。

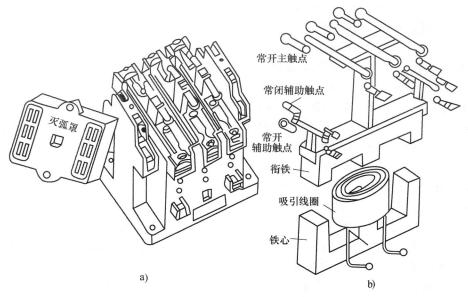

常开主触点

常闭辅助触点

常开辅助触点

衔铁

吸引线圈

铁心

灭弧罩

a)

b)

图 1-9　交流接触器的外形和结构图

a）外形　b）结构

2. 交流接触器的工作原理

在接触器线圈通电后产生磁场，使铁心产生大于反作用弹簧弹力的电磁吸力，将衔铁吸合，通过传动机构带动主触点和辅助触点动作，即常闭触点断开，常开触点闭合。当接触器线圈断电或电压显著下降时，电磁吸力消失或过小，触点在反作用弹簧力的作用下恢复常态。

常用交流接触器在 0.85~1.05 倍的额定电压下能保证可靠吸合。

1.3.2　直流接触器

直流接触器主要用于远距离接通和分断直流电路，还用于直流电动机的频繁起动、停止、反转和反接制动。直流接触器的结构和工作原理与交流接触器基本相同，也由电磁系统、触点系统和灭弧装置组成。电磁机构采用沿棱角转动拍合式铁心，由于线圈中通入直流电，所以铁心不会产生涡流，可用整块铸铁或铸钢制成铁心，不需要短路环。触点系统有主触点和辅助触点，主触点通断电流大，采用滚动接触的指型触点，辅助触点通断电流小，采用点接触式的桥式触点。直流电弧比交流电弧难以熄灭，故直流接触器采用磁吹式灭弧装置和石棉水泥灭弧罩。对直流接触器通入直流电，吸合时没有冲击起动电流，不会产生猛烈撞击现象，因此使用寿命长，适宜频繁操作的场合。

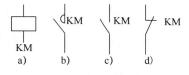

KM

a)

KM

b)

KM

c)

KM

d)

图 1-10　接触器的符号

a）线圈　b）主触点

c）常开辅助触点　d）常闭辅助触点

接触器的符号如图 1-10 所示。

1.3.3　接触器的主要技术指标

1）额定电压。接触器的额定电压指在规定条件下，能保证电器正常工作的电压值。一般指主触点的额定电压。将接触器额定工作电压标注在接触器的铭牌上。

交流接触器：127、220、380、500V

直流接触器：110、220、440V

2）额定电流。接触器的额定电流指主触点的额定电流，由工作电压、操作频率、使用类别、外壳防护型式及触点寿命等因素决定。将该值标注在铭牌上。

交流接触器：5、10、20、40、60、100、150、250、400、600A

直流接触器：40、80、100、150、250、400、600A

辅助触点的额定电流通常为5A。

3）线圈额定电压。指接触器电磁线圈的额定电压。

交流接触器：36、110（127）、220、380V

直流接触器：24、48、220、440V

4）通断能力。以接触器主触点在规定条件下可靠地接通和分断的电流值来衡量。

5）操作频率。指接触器在每小时内可能实现的最高操作循环次数，对接触器的电寿命、灭弧罩的工作条件和电磁线圈的温升有直接的影响。

6）交直流接触器的额定操作频率。1200次/小时或600次/小时。

7）寿命。寿命包括机械寿命和电寿命。

1.3.4　接触器的选择

常用的交流接触器有CJ12、CJ20、B和3TB系列。CJ是国产系列产品，B系列是引进德国BBC公司技术生产的一种接触器。3TB系列是引进德国西门子公司技术而生产的产品。常用的直流接触器有CZ0、CZ18系列。

接触器的选择原则如下。

1）根据电路中负载电流的种类选择接触器的类型。一般直流电路用直流接触器控制，当直流电动机和直流负载容量较小时，也可用交流接触器控制，但触点的额定电流应适当选择大些。

2）接触器的额定电压应大于或等于负载回路的额定电压。

3）线圈的额定电压应与所在控制电路的额定电压等级一致。

4）额定电流应大于或等于被控主回路的额定电流。根据负载额定电流、接触器安装条件及电流流经触点的持续情况来选定接触器的额定电流。

1.3.5　接触器的安装与使用

要将接触器垂直安装在开关板上，避免安装地点剧烈振动，以免造成误动作。还可将接触器作为失电压保护，它的吸引线圈在电压为额定电压的85%~105%时保证电磁铁的吸合，但当电压降至额定电压的50%以下时，衔铁吸力不足，自动释放而断开电源，以防电动机过载。有的接触器触点嵌有银片，银氧化后，不影响导电能力，对这类触点表面发黑一般不需清理。对带灭弧罩的接触器，不允许不带灭弧罩使用，以防发生短路事故。陶土灭弧罩质脆易碎，应避免碰撞，若有碎裂，则应及时更换。

1.4　继电器

继电器是一种常用的控制电器，当继电器的输入量（如电流、电压、时间或其他物理量）变化到预定值时，使被控量发生预定的突变（如接通或断开），起控制、保护、调节及传递信息等作用。

继电器种类较多，按用途分为控制和保护继电器；按动作原理分为电磁式、感应式、电动式、电子式、机械式和热继电器；按输入量分为电流、电压、时间、速度及压力继电器；按动作时间分为瞬时、延时继电器。下面介绍几种常用继电器。

1.4.1 电磁式继电器

电磁式继电器广泛用于电力拖动系统中，起控制、放大、联锁、保护和调节作用。电磁式继电器的结构和工作原理与接触器基本相同，也由电磁机构和触点系统组成。但接触器只对电压变化作出反应，而继电器可对相应的各种电量或非电量作出反应。接触器一般用于控制大电流电路，其主触点额定电流不小于5A，而继电器一般控制小电流电路，其触点额定电流不大于5A。电磁式继电器按动作原理分为电流继电器、电压继电器、中间继电器和时间继电器。

1. 电流继电器

反映输入量为电流的继电器称为电流继电器。使用时，将电流继电器的线圈串联在被测电路中，根据通过线圈电流值的大小而动作。电流继电器线圈的导线粗、匝数少、线圈阻抗小。电流继电器分为过电流继电器和欠电流继电器。当继电器中的电流高于某整定值时动作的继电器为过电流继电器，通过正常工作电流时，衔铁释放，用于频繁和重载起动场合，作为电动机和主电路的短路和过载保护。当继电器中的电流低于某整定值释放的继电器为欠电流继电器，通过正常工作电流时，衔铁吸合，触点动作，一般用于直流电动机欠励磁保护。

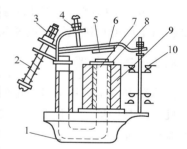

图 1-11 过电流继电器结构图
1—底座 2—反作用弹簧
3、4—调节螺钉 5—非磁性垫片
6—衔铁 7—铁心 8—极靴
9—电磁线圈 10—触点系统

过电流继电器和欠电流继电器的结构和动作原理相似，故只介绍过电流继电器。其结构如图 1-11 所示。电磁系统为拍合式，图 1-11 中 7 所示的铁心和铁轭为一整体，减少了非工作气隙；图中 8 所示极靴为一圆环套在铁心端部；图中 6 所示衔铁被制成板状，绕棱角转动；当线圈不通电时，衔铁靠反作用（图中所示 2）弹簧作用而打开。过电流继电器在正常工作时，电磁吸力不足以克服反力弹簧的吸力，衔铁处于释放状态；当线圈电流超过某一整定值时，衔铁吸合，触点动作。而欠电流继电器在线圈电流正常时衔铁是吸合的，当电流低于某一整定值时释放，触点复位。

图 1-12 所示为电流继电器的符号。电流继电器的技术参数如下。

1）动作电流 I_q。使电流继电器开始动作所需的电流值。

线圈 常开触点 常闭触点

a)

线圈 常开触点 常闭触点

b)

图 1-12 电流继电器的符号
a) 过电流继电器 b) 欠电流继电器

2）返回电流 I_f。电流继电器动作后返回原状态时的电流值。

3）返回系数 K_f。返回值与动作值之比，即 $K_f = I_f / I_q$。

2. 电压继电器

反映输入量为电压的继电器称为电压继电器。使用时，将电压继电器的线圈并联在被测电路中，根据线圈两端电压的大小接通或断开电路。电压继电器线圈的匝数多、导线细。电压继电器分为过电压继电器、欠电压继电器和零电压继电器，常用于交流电路中作过电压、欠电压和失电压保护。电压继电器的结构、原理和内部接线与电流继电器类同，不同之处在于它反映的是电路中的电压。

图 1-13 所示为电压继电器的符号。

3. 中间继电器

中间继电器是用来增加控制电路中的信号数量或将信号放大的继电器。其实质是一种电压继电器，结构和工作原理与接触器相同。中间继电器触点数量较多，没有主辅之分，各对触

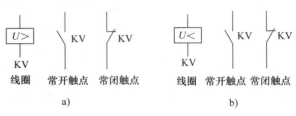

图 1-13　电压继电器的符号

a）过电压继电器　b）欠电压继电器

点允许通过的电流大小相同，多数为 5A。因此，对于工作电流小于 5A 的电气控制电路，可用中间继电器代替接触器实施控制。

常用的中间继电器有 JZ8 系列。JZ8 为交直流两用，其触点的额定电流为 5A，可用于直接起动小型电动机或接通电磁阀、气阀线圈等。

1.4.2　热继电器

热继电器是利用流过继电器的电流所产生的热效应而反时限动作的继电器，主要用于电动机的过载保护、断相保护、电流不平衡运行保护和对其他电气设备发热状态的控制。热继电器有多种型式，其中常用的热继电器如下所述。

1）双金属片式。利用双金属片受热弯曲，以推动杠杆使触点动作。

2）热敏电阻式。它是利用电阻值随温度变化的特性制成的热继电器。

3）易熔合金式。它利用过载电流发热使易熔合金熔化（当易熔合金达到某一温度时）而使继电器动作。

上述 3 种热继电器以双金属片式用得最多。

1. 热继电器的结构及工作原理

热继电器主要由发热元件、双金属片、触点及动作机构等部分组成。双金属片是热继电器的感测元件，由两种不同热膨胀系数的金属片压焊而成，其结构原理如图 1-14a 所示。将两个（或 3 个）主双金属片上绕电阻丝作为发热元件串联在电动机主电路中，常闭触点串联在控制电路的接触器线圈回路中。当电动机正常运行时，热元件产生的热量虽能使双金属片弯曲，但不足以使继电器动作。当电动机过载时，热元件流过大于正常的工作电流，温度增高，使双金属片弯曲加剧，经过一定时间后，双金属片推动导板，带动继电器常闭触点断开，切断电动机控制电路，使电动机停转，达到过载保护的目的。只有待双金属片冷却后，才能使触点复位。复位有手动复位（2min）和自动复位（5min）两种。

热继电器还具有补偿双金属片，其弯曲方向与主双金属片的弯曲方向一致，使热继电器

的动作性能在 −30 ~ 40℃ 基本不受周围介质温度变化的影响。图 1-14b 所示是具有断相保护的差动导板结构图。当电动机发生一相断线故障时，与该相串联的补偿双金属片逐渐冷却后移，带动图中所示 7 内导板向右移，而外导板仍在未断相的双金属片推动下向左移，这样通过杠杆产生了差动作用，使热继电器在断相故障时加速动作，以保护电动机。

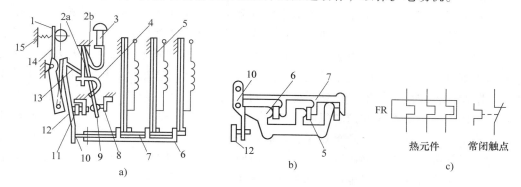

图 1-14　热继电器结构原理图和符号
a）结构原理图　b）差动导板结构图　c）符号
1—电流调节凸轮　2a、2b—片簧　3—手动复位按钮　4—弓簧片　5—主双金属片　6—外导板
7—内导板　8—常闭静触点　9—动触点　10—杠杆　11—常开静触点（复位调节螺钉）
12—补偿金属片　13—推杆　14—连杆　15—压簧

图 1-14c 所示为热继电器的符号。

2. 热继电器的使用与选择

热继电器和熔断器在电动机电路中的保护作用是不同的。热继电器只作长期过载保护，熔断器作短路保护，而一个较完整的保护电路，应该两种保护都具有。

热继电器的整定电流为长期流过热元件而不致引起热继电器动作的最大电流。整定电流靠凸轮调节，以便与控制的电动机相配合，一般调节范围是热元件额定电流值的 66% ~ 100%。例如，热元件的额定电流为 16A 的热继电器，整定电流在 10 ~ 16A 可调。

热继电器的选择应满足：
$$I_{eR} \geqslant I_{ed} \tag{1-2}$$
式中，I_{eR} 为热继电器热元件的额定电流，I_{ed} 为电动机的额定电流。

常用热继电器有 JR0、JR10 和 JR20 等系列。一般情况下选两相结构的热继电器，当电网均衡性较差时，可选三相结构的热继电器。对△联结的电动机，应选择带断相保护的热继电器。

1.4.3　时间继电器

时间继电器按照所需时间间隔，接通或断开被控制的电路，以协调和控制生产机械的各种动作，它是按整定时间长短进行动作的控制电器，用在需要按时间顺序进行控制的电气控制电路中。

时间继电器种类很多，按构成原理分为电磁式、电动式、空气阻尼式、晶体管式和数字式等。按延时方式分为通电延时型和断电延时型。电动式时间继电器（JS10、JS11、JS17 系列）精确度高，且延时时间可以调整得很长（几分钟到数个小时），但价格较贵，结构复杂，寿命短；电磁式时间继电器（JT3 系列）结构简单，价格便宜，但延时时间较短（0.3 ~ 5.5s），且体积和重量较大；晶体管式时间继电器（JS20 系列）精度高、延时长、体积小和调节方便，可集成化、模块化，广泛用于各种场合；数字式以时钟脉冲为基准，其精度高、设定方便、体积小和读数直观。而空气阻尼式时间继电器（JS7 系列），具有结构简单、延时范围较大（0.4~180s）、寿命长和价格低等优点。下面仅介绍空气阻尼式时间继电器。

空气阻尼式时间继电器是利用空气阻尼的原理制成的，根据触点延时的特点，分为通电延时型和断电延时型两种。图 1-15a 所示为空气阻尼通电延时型时间继电器的结构原理图，主要由电磁系统、工作触点、气室和传动机构 4 部分组成。当线圈通电时，动铁心和固定在动铁心上的托板被铁心电磁引力吸引而下移。这时固定在活塞杆上的撞块因失去托板的支托在弹簧作用下也要下移，但由于当与活塞杆相连的橡皮膜也跟着向下移动时，受进气孔进气速度的限制，橡皮膜上方形成空气稀薄的空间，与下方的空气形成压力差，对活塞杆下移产生阻尼作用，所以活塞杆和撞块只能缓慢地下移。经过一段时间后，撞块才触及微动开关的推杆，使常闭触点断开、常开触点闭合，起通电延时作用。从线圈通电开始到触点完成动作为止的时间间隔就是继电器的延时时间。延时时间的长短可通过延时调节螺钉来调节空气室进气孔的大小来改变，延时范围有 0.4~60s 和 0.4~180s 两种。

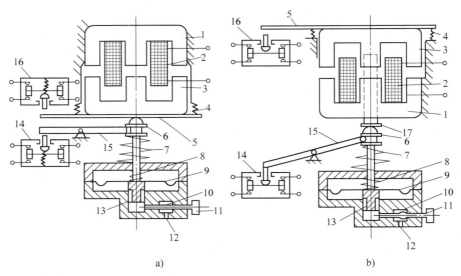

图 1-15　空气阻尼通电延时型时间继电器的结构原理图

a）通电延时型　b）断电延时型

1—铁心　2—线圈　3—衔铁　4—反力弹簧　5—推杆1　6—活塞杆　7—宝塔型弹簧

8—弱弹簧　9—橡皮膜　10—螺旋　11—调节螺钉　12—进气口

13—活塞　14、16—微动开关　15—杠杆　17—推杆2

当线圈断电时，电磁吸力消失，动铁心在反力弹簧作用下释放。带动托板和活塞杆向上移，橡皮膜上方气室内的空气通过单向阀的出气孔迅速排掉，使微动开关迅速复位。以上原理为通电延时型，当将电磁系统翻转 180°安装时，即为断电延时型，如图 1-15b 所示。

时间继电器的触点系统有瞬时触点和延时触点，都有常开、常闭各一对。其文字符号为KT，时间继电器的图形符号如图 1-16 所示。

空气阻尼式时间继电器的缺点是，延时误差大（±10%~±20%），无调节刻度指示，难以精确地设定延时值。在对延时精度要求高的场合，不宜使用这种时间继电器。

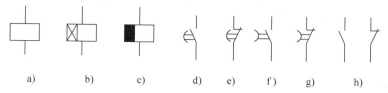

图 1-16　时间继电器的图形符号

a）线圈一般符号　b）通电延时线圈　c）断电延时线圈　d）通电延时闭合动合（常开）触点

e）通电延时断开动断（常闭）触点　f）断电延时断开动合（常开）触点

g）断电延时闭合动断（常闭）触点　h）瞬动触点

时间继电器的选择主要依据延时方式（通电延时或断电延时）、延时时间和精度要求以及吸引线圈的电压等级几项。

1.4.4　速度继电器

速度继电器用于把转速的快慢转换成电路通断信号，与接触器配合完成对电动机的反接制动控制，也称为反接制动继电器。速度继电器的外形、结构和符号如图 1-17 所示。它主要由转子、定子和触点 3 部分组成。转子是一个圆柱形永久磁铁，固定在转轴上，转子轴与电动机轴直接相连，随电动机轴一起转动。定子结构与笼型异步电动机的转子相似，由硅钢片叠成一笼型空心圆环，并装有笼型短路绕组。触点由两组转换触点组成，一组在转子正转时动作，另一组在转子反转时动作。当电动机旋转时，带动速度继电器的转子转动，在空间产生一个旋转磁场，在定子笼型短路绕组上产生感应电流，并在旋转磁场作用下产生电磁转矩，使定子随转子转动的方向偏转。当定子偏转到一定角度时（实际上受簧片的限制，定子只能转过一个不大的角度），带动摆锤，推动簧片和动触点，使常闭触点断开，常开触点闭合。当转子的转速低于某一值时，定子产生的转矩减小，定子摆幅减小，触点在簧片作用下复位。

一般速度继电器的动作转速为 120r/min，复位转速为 100r/min 以下。

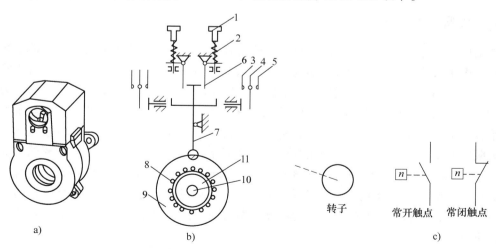

图 1-17　速度继电器的外形、结构和符号图

a）外形　b）结构　c）符号

1—螺钉　2—反力弹簧　3—常闭触点　4—动触点　5—常开触点

6—返回杠杆　7—摆杆　8—定子导体　9—定子圆环　10—转轴　11—转子

常见速度继电器的故障是电动机停车时不能制动停转,可能原因有触点接触不良,摆锤断裂,若发生此故障,则无论转子怎样转动触点都不动作,此时只需更换一摆锤或触点即可。

1.5 熔断器

熔断器是一种最常用的简单有效的严重过载和短路保护电器。使用时,将其串联在被保护电路的首端,当电路发生短路时,便有较大的短路电流流过熔断器,使熔断器中的熔体(熔丝或熔片)发热后自动熔断,切断电路,达到保护电路及电气设备的目的。它具有结构简单、维护方便、价格便宜、体小量轻之优点,因此得到广泛应用。

1.5.1 熔断器的结构和原理

熔断器由熔体和熔座两部分组成。熔体是熔断器的主要部分,一般用电阻率较高、熔点较低的合金材料制成片状或丝状(如铅锡合金丝),也可用截面很小的铜丝、银丝制成。熔座是熔体的保护外壳,在熔体熔断时还兼有灭弧作用。

在正常情况下,熔体中通过额定电流时熔体不应该熔断,当电流增大至某值时,经过一段时间后熔体熔断并熄弧,这段时间称为熔断时间。熔断时间与通过的电流大小有关,熔断器的保护特性如图 1-18 所示。

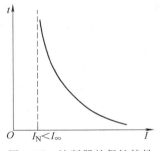

图 1-18　熔断器的保护特性

从图 1-18 所示的曲线可知,熔断器的熔断时间随着电流的增大而减小,即通过熔体的电流越大,熔断时间越短。当电气设备发生轻度过载时,熔断器将持续很长时间才熔断,有时甚至不熔断。

1.5.2 熔断器的分类

常用熔断器有瓷插式、螺旋式、有填料密封管式和无填料管式等几种类型,常用熔断器的结构如图 1-19 所示。图 1-19a 所示为瓷插式(RC)熔断器,其结构简单,价格便宜,但极限断开电流小,故只能用于低压分支电路或小容量电路的短路保护。图 1-19b 所示为螺旋式(RL)熔断器,瓷质熔管内装熔丝,并充满石英砂,两端用铜帽封闭,防止电弧喷出管外。熔管一端有熔断指示器,当熔丝熔断时,熔断指示器自动脱落,可以直接观察到。此熔断器极限断开电流大、体积小、使用方便、安全可靠、应用广泛。封闭管式熔断器分无填料(RM)、有填料(RT)和快速(RS)3 种。图 1-19c 所示为无填料(RM)式,其熔体为变截面锌片,中间有几个蜂腰部,装于纤维熔管内,两端用铜帽封住。熔片先从腰部熔断,产生金属气体少,间隔大,便于灭弧。此熔断器断流能力强,用于配电柜和控制柜中作短路保护和严重过载保护。

近年来电子工业技术迅速发展,晶闸管整流元器件及其成套装置广泛应用于工业电力设备及电力拖动系统,但 PN 结热容量小,过载能力差,只能在极短时间内承受过载电流,为了适应半导体电子器件的保护要求,目前采用 RLS 和 RS 系列快速熔断器,能在过载时快速动作,以保护半导体元器件。

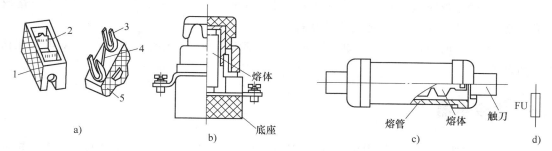

图 1-19　常用熔断器结构图

a）瓷插式　b）有填料螺旋式　c）无填料密闭管式　d）符号

1—瓷底座　2—石棉垫　3—触刀　4—熔丝　5—瓷盖

1.5.3　熔断器的选择及性能指标

1. 熔断器的技术参数

熔断器的选择要考虑下面 3 个技术参数。

1）额定电压。指保证熔断器长期正常工作的电压。熔断器的额定电压不能小于电网的额定电压。

2）额定电流。指保证熔断器能长期工作，各部件温升不超过允许值时所允许通过的最大电流。熔断器的额定电流和熔体的额定电流是两个不同的参数。熔断器的额定电流不能小于熔体的额定电流。熔断器的额定电流是指载流部分和接触部分所允许长期工作的电流；熔体的额定电流是指长期通过熔体而熔体不会熔断的最大电流。在同一个熔断器内，可装入不同额定电流的熔体，但熔体的额定电流不能超过熔断器的额定电流。例如，RL1-60 型螺旋式熔断器，额定电流为 60A，额定电压为 500V，则 15A、20A、30A、35A 和 60A 的熔体都可装入此熔断器使用。

3）极限分断能力。指熔断器在额定电压下所能断开的最大短路电流。它仅代表熔断器的灭弧能力，而与熔体的额定电流大小无关。

2. 熔断器的选择

根据被保护电路的要求，首先选择熔体的额定电流，然后根据使用条件与特点选定熔断器的种类和型号。

1）在无冲击电流（起动电流）的电路中，熔体的额定电流等于或稍大于线路正常工作电流，即 $I_{ue} \geqslant I_{fz}$。

2）对于有冲击电流的电路（如电动机电路），为了保证电动机即能起动又能发挥熔体的保护作用，熔体的额定电流可按下式计算，即

$$I_{ue} \geqslant (1.5 \sim 2.5) I_{ed} \tag{1-3}$$

$$I_{ue} \geqslant (1.5 \sim 2.5) I_{ed \cdot zd} + \sum I_g \tag{1-4}$$

式（1-3）用于单台电动机起动回路，I_{ed} 为电动机的额定电流；式（1-4）用于多台电动机回路，$I_{ed \cdot zd}$ 为线路中容量最大一台电动机的额定电流，$\sum I_g$ 为其余电动机工作电流之和。

1.5.4　熔断器的使用、安装及维修注意事项

1）熔体熔断后必须更换额定电流相同的新熔体，不能用铜丝或铝丝等代替。

2）安装软熔丝时应留有一定的松弛度，对螺钉不可拧得太紧或太松，否则会损伤熔丝造成误动作，或因接触不良引起电弧烧坏螺钉。

3）更换熔体时应断电进行，以保证安全；严禁带负荷取装熔体或熔管，以防电弧烧伤人身和设备。

1.6 主令电器

主令电器是电气控制系统中用于发送控制命令或信号的电器。主令电器种类繁多，按其作用可分为控制按钮、万能转换开关、主令控制器、行程开关及微动开关等。本节只介绍几种常用的主令电器。

1.6.1 控制按钮

控制按钮是一种简单电器，不直接控制主电路，而是在控制电路发出手动控制信号。它的额定电压为500V，额定电流一般为5A。

控制按钮的结构与符号如图1-20所示。按钮由按钮帽、复位弹簧、桥式触点和外壳组成。动触点和上面的静触点

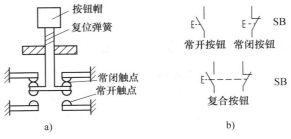

图 1-20 控制按钮的结构与符号
a）结构 b）符号

组成常闭触点，和下面的静触点组成常开触点。按压按钮帽时，常闭触点分断，常开触点接通；放松按钮帽时，在弹簧作用下，动触点复位到常态。按照按钮的结构型式可将其分为开起式（K）、保护式（H）、防水式（S）、防腐式（F）、紧急式（J）、钥匙式（Y）、旋钮式（X）和带指示灯（D）式等。

为了标明各个按钮的作用，避免误操作，常将按钮帽制成不同颜色（红、绿、黑、黄、蓝和白等），以示区别。一般红色表示停止按钮，绿色表示起动按钮。

1.6.2 位置开关

位置开关又称为行程开关或限位开关，它的作用是将机械位移转变为电信号，使电动机运行状态发生改变，即按一定行程自动停车、反转、变速或循环，从而控制机械运动或实现安全保护。位置开关包括行程开关、限位开关、微动开关及由机械部件或机械操作的其他控制开关。

位置开关有直动式（按钮式）和旋转式两种类型。其结构基本相同，由操作头、传动系统、触点系统和外壳组成，主要区别在传动系统。直动式行程开关的结构、动作原理与按钮相似。单轮旋转式行程开关的结构如图1-21所示。当运动机构的挡铁压到位置开关的滚轮上时，传动杠杆连同转轴一起转动，凸轮撞动撞块使得常闭触点断开，常开触点闭合。挡铁移开后，复位弹簧使其复位（双轮旋转式不能自动复位）。

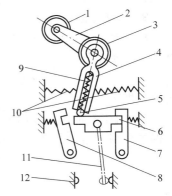

图 1-21 单轮旋转式行程
开关的结构图
1—滚轮 2—上转臂 3—盘形弹簧
4—推杆 5—小滚轮 6—擒纵件
7、8—压板 9、10—弹簧
11—动触点 12—静触点

微动开关是具有瞬时动作和微小行程的行程开关,微动开关的结构如图 1-22 所示。当推杆被压下时,弓簧片产生变形,储存能量并产生位移,当达到预定的临界点时,弹簧片连同动触点一起动作。当外力消失时,推杆在弓簧片作用下迅速复位,触点恢复原状。

行程开关的图形和文字符号如图 1-23 所示。

常用的行程开关有 LX19A 和 JLXK1 的系列。LX19A 系列行程开关是 LX19 系列的改进,有直动式、单轮旋转式和双轮旋转式。有一对常开和一对常闭触点。

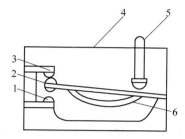

图 1-22　微动开关的结构图
1—常开静触点　2—动触点　3—常闭静触点
4—壳体　5—推杆　6—弓簧片

图 1-23　行程开关的图形和文字符号
a）常开触点　b）常闭触点

1.6.3　接近开关

无触点行程开关又称为接近开关。当某种物体与之接近到一定距离时,它就发出"动作"信号,不需对它施以机械力。接近开关的用途已经远远超出一般行程开关的行程和限位保护,它可以用于高速计数、测速、液面控制、检测金属体的存在和零件尺寸,无触点按钮还可以用作计算机或可编程序控制器的传感器等。

接近开关按工作原理可分高频振荡型(检测各种金属)、永磁型及磁敏元件型、电磁感应型、电容型、光电型和超声波型等几种。常用的接近开关是高频振荡型,由振荡、检测和晶闸管等几部分组成。

常用的接近开关有 LJ、SQ、CWY 和 3SG 系列。3SG 系列为引进德国西门子公司生产的产品。

1.6.4　万能转换开关

万能转换开关可同时控制许多条(最多可达 32 条)通断要求不同的电路,而且具有多个档位,广泛应用于交/直流控制电路、信号电路和测量电路,也可用于小容量电动机的起动、反向和调速。其换接的电路多,用途广,故有"万能"之称。万能转换开关以手柄旋转的方式进行操作,操作位置有 2~12 个,分为定位式和自动复位式两种。

万能转换开关的触点通断顺序可用两种方法表示,图 1-24a 所示是万能转换开关展开图的表示法。

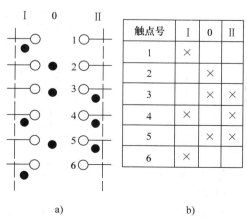

触点号	I	0	II
1	×		
2		×	
3		×	×
4	×		×
5		×	×
6	×		

a)　　　　　　b)

图 1-24　万能转换开关触点通断的表示法
a）展开图　b）触点闭合图

图中虚线表示操作手柄的位置，虚线上的黑圆点代表手柄转到此位置时该触点接通，无黑圆点表示该触点在此档位断开。图 1-24b 所示是触点闭合图的表示法。表中纵轴是触点编号，横轴是手柄位置编号，"×"号表示手柄在此位置时该触点接通，无"×"号表示触点断开。

常用的万能转换开关有 LW5、LW5 型 5.5W、LW6 系列。LW5 系列用于交、直流和电压为 500V 及以下的电路。按手动操作方式有自复式和定位式两种。LW5 型 5.5W 系列用于 500V 以下的电路。LW6 系列用于交流 380V 和以下以及直流 220V 和以下的电路。

1.7　技能训练

1.7.1　训练项目 1　交流接触器的拆装与测试

1. 目的

熟悉交流接触器的拆卸与装配工艺，并能对常见故障进行检修。掌握交流接触器的校验和整定方法。

2. 实训设备与器材

1）工具：尖嘴钳、剥线钳、电工刀、镊子和螺钉旋具等。

2）仪器：万用表、绝缘电阻表、电流表和电压表。

3）器材：见表 1-1。

3. 训练工艺及工艺要求

（1）交流接触器的拆卸、装配与检修

1）拆卸。卸下灭弧罩紧固螺钉，取下灭弧罩。拉紧主触点定位弹簧，取下主触点及主触点压力弹簧。在拆卸主触点时，必须将主触点侧转 45°后取下。松开辅助常开触点的线桩螺钉，取下常开静触点。松开接触器底座的盖板螺钉，取下盖板。在松盖板螺钉时，要用手按住螺钉并慢慢放松。取下静铁心缓冲绝缘纸片及静铁心。取下静铁心支架及弹簧。拔出线圈接线端的弹簧夹片，取下线圈。取下反作用弹簧。取下衔铁和支架。从支架上取下动铁心定位销。取下动铁心和绝缘纸片。

表 1-1　实训器材

代号	名称	型号规格	数量
T	调压变压器	TDGC2-10/0.5	1
KM	交流接触器	CJ10-20	1
QS₁	三极开关	HK1-15/3	1
QS₂	二极开关	HK1-15/3	1
EL	指示灯	220V、25W	3
	控制板	500mm ×400mm×30mm	1
	连接导线	BVR-1.0	若干

2）检修。检查灭弧罩有无破裂或烧损，清除灭弧罩内的金属飞溅物和颗粒。检查触点的磨损程度，磨损严重时应更换触点。清除铁心端面的油垢，检查铁心有无变形及端面接触是否平整。检查触点压力弹簧及反作用弹簧是否变形或弹力不足，如有需要，则更换弹簧。检查电磁线圈是否短路、断路及发热变色现象。

3）装配。按拆卸的逆顺序进行装配。

4）自检。用万用表欧姆档检查线圈及各触点是否良好；用绝缘电阻表测量各触点间及主触点对地电阻是否符合要求；用手按动主触点检查运动部件是否灵活，以免产生接触不良、振动和噪声。

（2）交流接触器的校验

将装配好的接触器按图 1-25 所示接入接触器动作值校验电路中，选好电流表、电压表量程并调零，将调压变压器输出置于零位。合上 QS₁ 和 QS₂，均匀调节调压变压器，使电压上升，直到接触器铁心吸合为止，此时电压表的指示值即为接触器的动作电压值（小于或等于 85% 吸引线圈的额定电压）。保持吸合电源值，分合开关 QS₂ 做两次冲击合闸试验，以校验动作的可靠性。均匀地降低调压变压器的输出电压直至衔铁分离为止，此时电压表的指示值即为接触器的释放电压（应大于 50% 吸引线圈的额定电压）。将调压变压器的输出电压调至接触器线圈的额定电压，观察衔铁有无振动和噪声，从指示灯的明暗可判断主触点的接触情况。

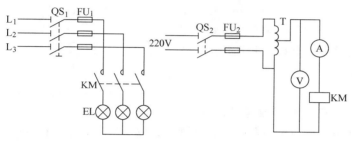

图 1-25 接触器动作值校验电路

4. 注意事项

在拆卸过程中，应备有盛放零件的容器，以免丢失零件。拆卸过程不允许硬撬，以免损坏电器。在通电校验时，应将接触器固定在控制板上，并有教师监护，以确保用电安全。在通电校验过程中，要均匀缓慢地改变调压器的输出电压，以使测量结果尽量准确。

1.7.2 训练项目2 时间继电器的测试

1. 实训目的

熟悉 JS7-A 型时间继电器的结构，学会对其触点进行整修。将 JS7-2A 型时间继电器改装成 JS7-4A 型，并进行通电校验。

2. 实训设备与器材

1）工具：尖嘴钳、电工刀、螺钉旋具、测电笔、剥线钳和电烙铁等。

2）器材：见表 1-2。

表 1-2 实训器材

代号	名称	型号规格	数量
KT	时间继电器	JS7-2A、线圈电压 380V	1
FU	熔断器	RL1-15/2、15A、配熔体 2A	1
QS	组合开关	HZ10-25/3，三极、2.5A	1
SB	按钮	LA4-3H、保护式	1
EL	指示灯	220V、15W	3
	控制板	500mm×400mm×30mm	1
	连接导线	BVR-1.0	若干

3. 训练步骤及工艺要求

（1）将 JS7-2A 型改装成 JS7-4A

打开线圈支架紧固螺钉，取下线圈和铁心部件，将它们沿水平方向旋转 180° 后重新旋上紧固螺钉。观察延时和瞬时触点的动作情况，将其调整在最佳位置。调整延时触点时可旋松线圈和铁心部件的安装螺钉，向上或向下移动后再旋紧。调整瞬时触点时可松开安装瞬时微动开关底板上的螺钉，将微动开关向上或向下移动后再旋紧。在旋紧各安装螺钉后，应进行手动检查，若达不到要求，则必须重新调整。

（2）通电校验

将装配好的时间继电器按图 1-26 所示的 JS7 系列时间继电器校验电路图接入电路中，进行通电校验，要做到一次通电校验合格。

通电校验合格的标准是，在 1min 内通电频率不少于 10 次，做到各触点工作良好，吸合时无噪声，铁心释放无延缓，并且每次动作的延时时间一致。

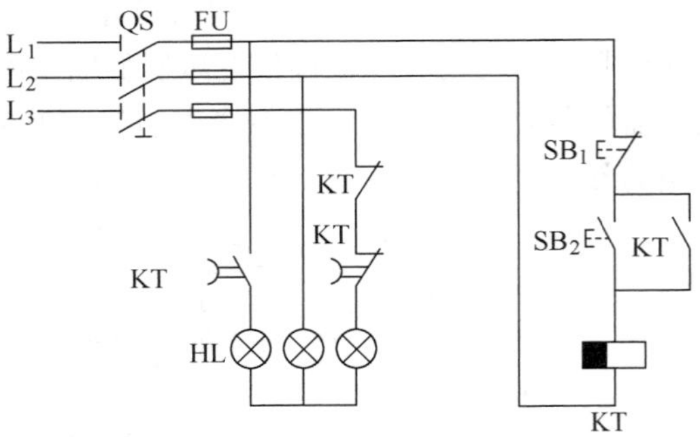

4. 注意事项

在拆卸过程中，应备有盛放零件的容器，

图 1-26　JS7 系列时间继电器校验电路图

以免丢失零件。在整修和改装过程，不允许硬撬，以免损坏电器。在进行校验接线时，要注意各接线端子上线头之间的距离，防止产生相间短路故障。在通电校验时，必须将时间继电器固定在控制板上，并可靠接地，且有教师监护，以确保用电安全。

1.8　小结

1）低压电器的种类较多，本章主要介绍的是，常用开关电器、主令电器、接触器、继电器、断路器和熔断器的作用、结构、工作原理、主要参数及图形符号。

熔断器在一般电路中可用做过载和短路保护，在电动机的电路中，只适宜用作短路保护，而不能用作过载保护。

断路器可用于电路的不频繁通、断，一般具有过载、短路或欠电压的保护功能。

接触器可以远距离、频繁地通、断大电流电路。

继电器是根据不同的输入信号控制小电流电路通、断的电器，分为控制继电器和保护继电器两大类。

2）每种电器都有其规定的技术参数和使用范围，要根据使用条件正确选用。对于各类电器的技术参数，可在产品样本及电工手册中查到。

3）对于保护电器和控制电器的使用，除了要根据控制保护要求和使用条件选用具体型号外，还要根据被保护、被控制电路的条件，进行调整和整定动作值。

1.9　习题

1. 当开关设备通、断时，触点间的电弧是如何产生的？常用哪些灭弧措施？

2. 写出下列电器的作用、图形符号和文字符号。

熔断器、组合开关、按钮开关、低压断路器、交流接触器、热继电器、时间继电器、速度继电器。

3. 在电动机的控制电路中，熔断器和热继电器能否相互代替？为什么？

4. 简述交流接触器在电路中的作用、结构和工作原理。

5. 断路器有哪些脱扣装置？各起什么作用？

6. 如何选择熔断器？

7. 时间继电器 JS7 的延时原理是什么？如何调整其延时范围？画出图形符号，并解释各触点的动作特点。

8. 从接触器的结构上，如何区分是交流接触器还是直流接触器？

9. 若将线圈电压为 220V 的交流接触器，误接入 220V 直流电源；或将线圈电压为 220V 的直流接触器，误接入 220V 的交流电源上，则会产生什么后果？为什么？

10. 交流接触器铁心上的短路环起什么作用？若此短路环断裂或脱落后，则在工作中会出现什么现象？为什么？

11. 对于带有交流电磁铁的电器若衔铁吸合不好（或出现卡阻），则会产生什么问题？为什么？

12. 某机床的电动机为 J02-42-4 型，额定功率 5.5kW，额定电压为 380V，额定电流为 12.5A，起动电流为额定电流的 7 倍，现用按钮进行起停控制，需有短路保护和过载保护，试选用接触器、按钮、熔断器、热继电器和电源开关的型号。

13. 如果电动机的起动电流很大，那么在起动时热继电器应不应该动作？为什么？

第2章 电气控制电路的基本控制环节

电气控制电路是由各种有触点的接触器、继电器、按钮和行程开关等按不同连接方式组合而成的。其作用是实现电力拖动系统的起动、正反转、制动、调速和保护，以满足生产工艺要求，实现生产过程自动化。

随着我国工业的飞速发展，对电力拖动系统的要求不断提高，在现代化的控制系统中采用了许多新的控制装置和元器件，用以实现对复杂生产过程的自动控制。尽管如此，目前在我国工业生产中应用最广泛、最基本的控制仍是继电器-接触器控制系统。而任何复杂的控制电路或系统，也都是由一些比较简单的基本控制环节、保护环节根据不同的要求组合而成的。因此，掌握这些基本控制环节是学习电气控制电路的基础。

2.1 电气控制系统图的基本知识

电气控制电路主要由各种元器件和电动机等用电设备组成。在绘制电气控制线路图时，必须使用国家统一规定的电气图形符号和文字符号。我国参照国际电工委员会（IEC）颁布的有关文件，制定了我国电气设备的有关国家标准，如

GB/T 4728.1—2005 电气简图用图形符号 第1部分：一般要求

GB/T 4728.2—2005 电气简图用图形符号 第2部分：符号要素、限定符号和其他常用符号

GB/T 4728.6—2008 电气简图用图形符号 第6部分：电能的发生与转换

GB/T 4728.7—2008 电气简图用图形符号 第7部分：开关、控制和保护器件

GB/T 4728.8—2008 电气简图用图形符号 第8部分：测量仪表、灯和信号器件

GB/T4728.11—2008 电气简图用图形符号 第11部分：建筑安装平面布置图

1. 图形符号

图形符号通常用于图样或其他文件，表示一个设备或概念的图形、标记或字符。图形符号必须按国家标准绘制，图形符号含有符号要素、一般符号和限定符号。

（1）符号要素

符号要素是一种具有确定意义的简单图形，必须与其他图形组合才构成一个设备或概念的完整符号。如接触器常开主触点的符号由接触器触点功能符号和常开触点符号组合而成。

（2）一般符号

一般符号用以表示一类产品和此类产品特征的一种简单的符号，如可用一个圆圈表示电动机。

（3）限定符号

限定符号是用于提供附加信息的一种加在其他符号上的符号。

运用图形符号绘制电气系统图时应注意。

1）符号尺寸大小、线条粗细依国家标准可放大和缩小，但在同一张图样中，同一符号的尺寸应保持一致，各符号间及符号本身比例应保持不变。

2）标准中示出的符号方位，在不改变符号含义的前提下，可根据图面布置的需要旋转，或成镜像位置，但文字和指示方向不得倒置。

3）大多数符号都可以加上补充说明标记。

4）有些具体器件的符号由符号要素、一般符号和限定符号组合而成。

5）国家标准未规定的图形符号，可根据实际需要，按突出特征、结构简单、便于识别的原则进行设计，但需要备案。

2．文字符号

文字符号分为基本文字符号和辅助文字符号。文字符号适用于电气技术领域中技术文件的编制，也可标在电气设备、装置和元器件上或其近旁，以标明它们的名称、功能、状态和特征。

（1）基本文字符号

基本文字符号有单字母和双字母两种。单字母符号按拉丁字母顺序将各种电气设备、装置和元器件划分成 23 大类，每一类用一个专用单字母符号表示，如 "C" 表示电容器类，"R" 表示电阻器类等。双字母符号由一个表示种类的单字母符号与另一个字母组成，且以单字母符号在前，另一字母在后的次序列出，如 "F" 表示保护器件类，"FU" 则表示为熔断器。

（2）辅助文字符号

辅助文字符号用来表示电气设备、装置和元器件以及电路的功能、状态和特征。如用 "RD" 表示红色，"L" 表示限制等。也可将辅助文字符号放在表示种类的单字母之后组成双字母符号，如 "SP" 表示压力传感器，"YB" 表示电磁制动器等。为简化文字符号，若辅助文字符号由两个以上字母组成时，允许只采用第一位字母进行组合，如 "MS" 表示同步电动机。辅助文字符号还可以单独使用，如 "ON" 表示接通，"M" 表示中间线等。

3．主电路各接点标记

三相交流电源引入线采用 L_1、L_2、L_3 标记。

电源开关之后的三相交流电源主电路分别按 U、V、W 顺序标记。

分级三相交流电源主电路采用三相文字代号 U、V、W 的前边加上阿拉伯数字 1、2、3 等来标记，如 1U、1V、1W；2U、2V 和 2W 等。

电动机分支电路各接点标记采用三相文字代号后面加数字来表示，数字中的个位数表示电动机代号，十位数字表示该支路各接点的代号，从上到下按数值大小顺序标记。如 U_{11} 表示 M_1 电动机的第一相的第一个接点代号，U_{21} 表示第一相的第二个接点代号，依次类推。电动机绕组首端分别用 U_1、V_1、W_1 标记，尾端分别用 U_1'、V_1'、W_1' 标记。双绕组的中点则用 U_1''、V_1''、W_1'' 标记。

控制电路采用阿拉伯数字编号，一般由 3 位或 3 位以下的数字组成。标注方法按 "等电位" 原则进行，在垂直绘制的电路中，标号顺序一般自上而下编号，凡是被线圈、绕组、触点或电阻、电容等元件所间隔的线段，都应标以不同的电路标号。

4．绘图原则

电气控制系统图包括电气原理图和电气安装图（电气位置图、接线图）等。各种图的图样尺寸一般选用 210mm×297mm、297mm×420mm、420mm×594mm、594mm×841mm、841mm×1189mm 这 5 种幅面，特殊需要可按 GB/T 14689—2008《技术制图》国家标准选用其他尺寸。

（1）电气原理图

用图形符号和项目代号表示电路各个元器件连接关系和电气工作原理的图称为电气原理图，图中并不标出元器件的实际大小和位置。电气原理图按规定的图形符号、文字符号和回路标号进行绘制，其绘制原则如下。

1）对电气原理图上的动力电路、控制电路和信号电路应分开绘出。

2）一般将电源电路绘制成水平线，标出各个电源的电压值、极性或频率及相数。

3）用垂直线将动力装置（电动机）主电路及其保护电器支路绘制在图的左侧，用垂直线将控制电路绘制在图面的右侧，对同一电器的各元器件采用同一文字符号标明。

4）所有电路元件的图形符号均按电器未通电和不受外力作用时的状态绘制。当图形垂直放置时，将常开动触点绘制在垂线左侧，常闭动触点绘制在垂线右侧（即左开右闭）；当图形水平放置时，将常开动触点绘制在水平线下方，常闭动触点绘制在水平线上方（即上闭下开）。

5）应在电路原理图上绘出具有循环运动的机械设备的工作循环图。对转换开关、行程开关等，应绘出动作程序及动作位置示意图表。

6）对由若干元件组成的具有特定功能的环节，可用虚线框将其括起来，并标注出环节的主要作用，如速度调节器、电流继电器等。

7）对于外购的成套电气装置（如稳压电源、电子放大器、晶体管时间继电器等），应将其详细电路与参数绘在电气原理图上。

8）均应将全部电机、电气元器件的型号、文字符号、用途、数量、额定技术数据填写在元器件明细表内。

9）图中自左向右或自上而下表示操作顺序，并尽可能减少线条和避免线条交叉。

10）将图分成若干图区，上方为功能区，表示电路的用途和作用；下方为图号区。在继电器、接触器线圈下方列有触点表，以说明线圈和触点的从属关系。

图 2-1 所示为 CW6132 型普通车床电气原理图。

（2）电气安装图

电气安装图用来表示电气控制系统中各电气元器件的实际位置和接线情况。将它分为电气位置图和电气接线图两部分。

1）电气位置图。电气位置图详细绘制出电气元器件的安装位置。图中各元器件代号应与有关电路图和元器件清单上的所有元器件代号相同，图中不需标注尺寸。图 2-2 所示为 CW6132 型普通车床电气位置图。图中 $FU_1 \sim FU_4$ 为熔断器，KM 为接触器，FR 为热继电器，TC 为照明变压器。

2）电气接线图。电气接线图用来表明电气设备各单元之间的接线关系。它清楚地表明了电气设备外部元器件的相对位置及它们之间的电气连接，是实际安装接线的依据，在具体施工和检修中能够起到电气原理图所起不到的作用，所以在生产现场得到广泛的应用。图 2-3 所示为 CW6132 型车床电气接线图。

绘制电气接线图的原则如下。

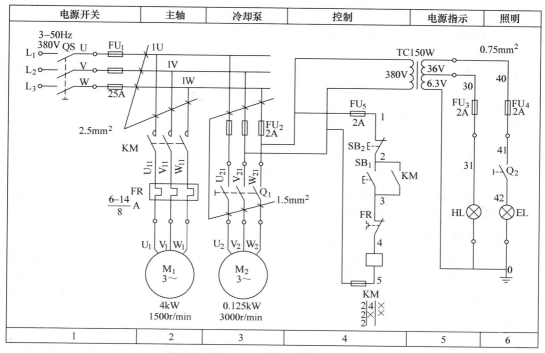

图 2-1 CW6132 型普通车床电气原理图

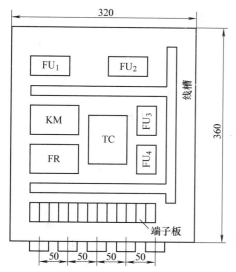

图 2-2 CW6132 型普通车床电气位置图

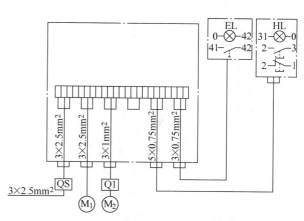

图 2-3 CW6132 型车床电气接线图

① 将外部单元同一器件的各部件画在一起，其布置尽可能符合元器件实际情况。

② 各电气元器件的图形符号、文字符号和回路标记均与电气原理图保持一致。

③ 必须将不在同一控制箱和同一配电盘上的各电气元器件经接线端子板进行连接。接线图中的电气互连关系用线束标示，连接导线应注明导线规格（数量、截面积），一般不标示实际走线途径，施工时由操作者根据实际情况选择最佳走线方式。

④ 对于外部连接线，应在图上或用接线表示清楚，并注明电源的引入点。

27

2.2 三相异步电动机全压起动控制电路

三相异步电动机全压起动时加在电动机定子绕组上的电压为额定电压，也称为直接起动。直接起动的优点是电气设备少、电路简单、维修量小。

2.2.1 单向运转控制电路

1. 手动正转控制电路

图 2-4 所示是一种最简单的电动机手动正转控制电路。图 2-4a 所示为刀开关控制电路，图 2-4b 所示为断路器控制电路。采用开关控制的电路仅适用于不频繁起动的小容量电动机，它不能实现远距离控制和自动控制。

2. 点动正转控制电路

点动正转控制电路是用按钮、接触器来控制电动机运转的最简单的正转控制电路，如图 2-5 所示。图中 QS 为三相开关，FU_1、FU_2 为熔断器，M 为三相笼型异步电动机，KM 为接触器，SB 为起动按钮。这种控制方法常用于电葫芦控制和车床拖板箱快速移动的电机控制。

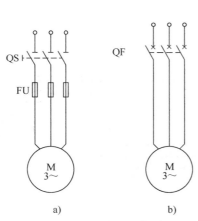

图 2-4　电动机手动正转控制电路
a）刀开关控制电路　b）断路器控制电路

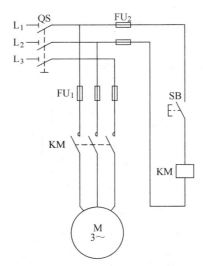

图 2-5　点动正转控制电路

在分析各种控制电路原理图时，为了简单明了，通常就用电气文字符号和箭头配合（以减少文字）来表示电路的工作原理。先合电源开关 QS，然后操作如下。

起动：按下起动按钮 SB→接触器 KM 线圈得电→KM 主触点闭合→电动机 M 起动运行。

停止：松开按钮 SB→接触器 KM 线圈失电→KM 主触点断开→电动机 M 失电停转。

停止使用后，断开电源开关 QS。

3. 连续正转控制电路

上述电路要使电动机 M 连续运行，起动按钮 SB 就不能断开，然而这不符合生产实际要求。为实现电动机的连续运行，可采用图 2-6 所示的接触器自锁正转控制电路。其主电路和点动控制电路的主电路相同，在控制电路中串接了一个停止按钮SB$_2$，在起动按钮SB$_1$的两端并接了接触器KM的一对常开辅助触点。

电路的工作原理如下：先合上电源开关Q。

起动：按下 SB$_1$ → KM 线圈得电 → $\begin{cases} \text{KM 辅助常开触点闭合} \\ \text{KM 主触点闭合} \end{cases}$ 电动机 M 起动连续运行

在松开 SB$_1$ 常开触点复位后，因为接触器KM的辅助常开触点闭合时已将SB$_1$短接，控制电路仍保持接通，所以接触器KM继续得电，电动机M实现连续运转。像这种在松开起动按钮SB$_1$后，接触器KM通过自身常开触点而使线圈保持得电的作用叫作自锁（或自保）。与起动按钮SB$_1$并联起自锁作用的常开触点叫作自锁触点（也称为自保触点）。

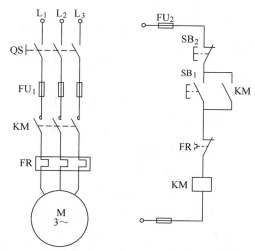

图 2-6　接触器自锁正转控制电路

停止：按下停止按钮SB2→KM线圈失电→$\begin{cases} \text{KM 自锁触点分断} \\ \text{KM 主触点分断} \end{cases}$→电动机 M 断电停转

在松开 SB$_2$ 后，其常闭触点恢复闭合，因接触器KM的自锁触点在切断控制电路时已分断，解除了自锁，SB$_1$也是分断的，所以接触器KM不能得电，电动机M也不会转动。

电路的保护环节如下。

1）短路保护。由熔断器FU$_1$、FU$_2$分别实现主电路和控制电路的短路保护。为扩大保护范围，应将电路中的熔断器安装在靠近电源端，通常安装在电源开关下边。

2）过载保护。熔断器具有反时限和分散性，难以实现电动机的长期过载保护，为此采用热继电器FR实现电动机的长期过载保护。当电动机出现长期过载时，串接在电动机定子电路中的双金属片因过热变形，致使其串接在控制电路中的常闭触点打开，切断KM线圈电路，使电动机停止运转，实现了过载保护。

3）失电压和欠电压保护。当电源突然断电或由于某种原因电源电压严重不足时，接触器电磁吸力消失或急剧下降，衔铁释放，常开触点与自锁触点断开，电动机停止运转。而当电源电压恢复正常时，电动机不会自行起动运转，避免事故发生。因此，具有自锁的控制电路具有失电压与欠电压保护的功能。

4. 既能点动又能连续运行的正转控制电路

机床设备在正常运行时，一般电动机都处于连续运行状态。但在试车或调整刀具与工件的相对位置时，又需要电动机能点动控制，实现这种控制要求的电路是连续与点动混合控制的正转控制电路。如图2-7所示。图2-7a所示是在接触器自锁正转控制电路的基础上，把手动开关SA串接在自锁电路中实现的。显然，当把SA闭合或打开时，就可实现电动机的连续或点动控制。图2-7b所示是在自锁正转控制电路的基础上，增加了一个复合按钮SB$_3$来实现连续与点动混合控制的。

电路的工作原理如下。先合上电源开关Q。

1）连续控制。连续运转的控制原理与图2-6所示原理相同，不再重复。

2）点动控制。

起动：按下 SB_3 →
{
SB_3 常闭触点断开，切断自锁电路

SB_3 常开触点后闭合→KM 线圈得电 →
{
KM 自锁触点闭合

KM 主触点闭合→电动机 M 起动运转
}
}

停止：松开 SB_3 →
{
SB_3 常开触点先打开→KM 线圈断电 →
{
KM 主触点打开

KM 自锁触点打开
}
→M 断电停转

SB_3 常闭触点后闭合（此时 KM 自锁触点已打开）
}

5. 顺序控制电路

（1）主电路实现顺序控制

图 2-8 所示为主电路实现电动机顺序控制的电路，其特点是，M_2 的主电路接在 KM_1 主触点的下面。电动机 M_1 和 M_2 分别通过接触器 KM_1 和 KM_2 来控制，KM_2 的主触点接在 KM_1 主触点的下面，这就保证了当 KM_1 主触点闭合，M_1 起动后，M_2 才能起动。电路的工作原理为：按下 SB_1，KM_1 线圈得电吸合并自锁，M_1 起动，此后，按下 SB_2，KM_2 才能吸合并自锁，M_2 起动。停止时，按下 SB_3，KM_1、KM_2 断电，M_1、M_2 同时停转。

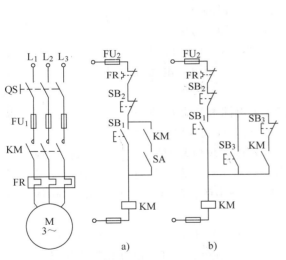

图 2-7　连续与点动混合控制的正转控制电路

a）手动开关控制　b）复合按钮控制

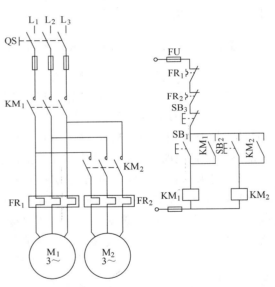

图 2-8　主电路实现电动机顺序控制的电路

（2）控制电路实现顺序控制

图 2-9 所示为用控制电路实现电动机顺序控制的电路。图 2-9a 所示控制电路的特点是，KM_2 的线圈接在 KM_1 自锁触点后面，这就保证了电动机 M_1 起动后，电动机 M_2 才能起动的顺序控制要求。图 2-9b 所示控制电路的特点是，在 KM_2 的线圈回路中串接了 KM_1 的常开触点。显然，KM_1 不吸合，即使按下 SB_2，KM_2 也不能吸合，这就保证了只有在 M_1 起动后，M_2 才能起动。停止按钮 SB_3 控制两台电动机同时停止，停止按钮 SB_4 控制 M_2 的单独停止。图 2-9c 所示控制电路的特点是，在图 2-9b 中的 SB_3 按钮两端并联了 KM_2 的常开触点，从而实现了在 M_1 起动后，M_2 才能起动，而在 M_2 停止后，M_1 才能停止的控制要求，即 M_1、M_2 是顺序起动，逆序停止。

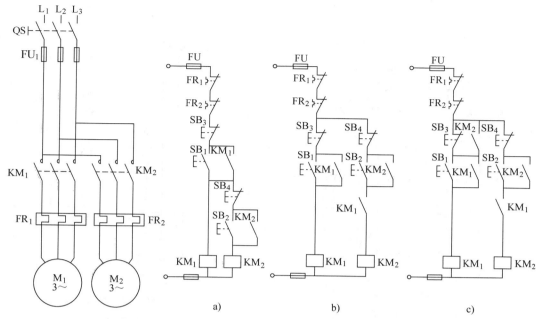

图 2-9 控制电路实现电动机顺序控制

a）自锁触点控制　b）互锁触点控制　c）顺序起动、逆序停止控制

6. 多地控制电路

能在两地或多地控制同一台电动机的控制方式叫作电动机的多地控制。

图 2-10 所示为两地控制同一台电动机的控制电路。其中 SB_1、SB_3 为安装在甲地的起动按钮和停止按钮，SB_2、SB_4 为安装在乙地的起动按钮和停止按钮。电路的特点是，起动按钮应并联接在一起，停止按钮应串联接在一起。这样就可以分别在甲、乙两地控制同一台电动机，达到操作方便的目的。对于三地或多地控制，只要将各地的起动按钮并联、停止按钮串联即可实现。

2.2.2 可逆旋转控制电路

生产机械往往要求运动部件能够实现正、反两个方向的运动，这就要求电动机能作正、反向旋转。由电动机原理可知，如果改变电动机三相电源的相序，就能改变电动机的旋转方向。常用的可逆旋转控制电路有如下几种。

1. 倒顺开关控制的正、反转控制电路

图 2-11 所示为倒顺开关控制的可逆运行电路，对于容量在 5.5kW 以下的电动机，可用倒顺开关直接控制电动机的正、反转。对于容量在 5.5kW 以上的电动机，只能用倒顺开关预选电动机的旋转方向，而由接触器 KM 来控制电动机的起动与停止。

2. 按钮控制的正、反转控制电路

图 2-12 所示为按钮控制的电动机正反转控制电路，图中 KM_1、KM_2 分别控制电动机的正转与反转。图 2-12a 所示最简单，按下起动按钮 SB_1 或 SB_2，此时 KM_1 或 KM_2 得电吸合，主触点闭合并自锁，电动机正转或反转。按下停止按钮 SB_3，电动机停止转动。该电路的缺点是，若电动机正在正转或反转，此时若按下反转起动按钮 SB_2 或正转起动按钮 SB_1，KM_1 与 KM_2 将同时得电，使主触点闭合，会造成电源两相短路。为了避免这种现象的发生，可采用联锁的方法来解决。

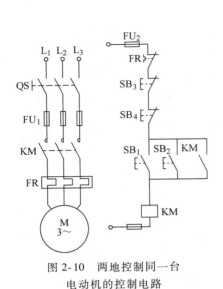

图 2-10　两地控制同一台
电动机的控制电路

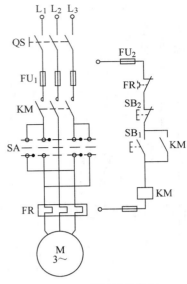

图 2-11　倒顺开关控制
的可逆运行电路

　　联锁的方法有两种；一种是接触器联锁，将 KM_1、KM_2 的常闭触点分别串接在对方线圈电路中形成相互制约的控制；另一种是按钮联锁，采用复合按钮，将 SB_1、SB_2 的常闭触点分别串接在对方的线圈电路中，形成相互制约的控制。

　　图 2-12b 所示是接触器联锁的正、反转控制电路。电路的工作原理如下。先合电源开关 Q。

（1）正转控制

按下 SB_1 → KM_1 线圈得电 →
- KM_1 联锁触点断开，使 KM_2 线圈回路断开
- KM_1 主触点闭合
- KM_1 自锁触点闭合自锁
→ 电动机 M 起动正转

（2）反转控制

先按下 SB_3 → KM_1 线圈断电 →
- KM_1 联锁触点闭合，解除对 KM_2 的联锁
- KM_1 主触点断开
- KM_1 自锁触点断开
→ 电动机 M 断电停转

再按下 SB_2 → KM_2 线圈得电 →
- KM_2 联锁触点断开，使 KM_1 线圈回路断开
- KM_2 主触点闭合
- KM_2 自锁触点闭合自锁
→ 电动机 M 起动反转

（3）停止

按下停止按钮 SB_3 →控制电路断电→ KM_1（或 KM_2）主触点打开→电动机 M 断电停转

　　接触器联锁正、反转控制电路的优点是工作安全可靠，不会因接触器主触点熔焊或接触器衔铁被杂物卡住使主触点不能打开而发生短路。缺点是操作不便，电动机由正转变为反转，必须先按下停止按钮后，才能按反转起动按钮，否则由于接触器的联锁作用而不能实现反转。为了克服此电路的缺点，可采用图 2-12c 所示的按钮联锁的正、反转控制电路。这种控制电路的工作原理与接触器联锁的正、反转控制电路的工作原理基本相同，只是当电动机从正转变为反转时，可直接按下反转起动按钮 SB_2 即可实现，不必先按停止按钮 SB_3。因为当按下反转起动按钮 SB_2 时，串接在正转控制回路中 SB_2 的常闭触点先断开，使正转接触器 KM_1 线圈断电，KM_1 的主触点和自锁触点断开，电动机 M 断电惯性运转。SB_2 的常闭触点

断开后，其常开触点才随后闭合，接通反转控制电路，电动机 M 反转。这样既保证了 KM_1 和 KM_2 的线圈不会同时得电，又可不按停止按钮而直接按反转按钮实现反转。同样，若使电动机从反转变为正转时，只按下正转按钮 SB_1 即可。

这种电路的优点是操作方便，缺点是容易产生短路现象。如：当接触器 KM_1 的主触点熔焊或被杂物卡住时，即使接触器线圈断电，主触头也打不开，这时若按下反转按钮 SB_2，KM_2 线圈得电，主触点闭合，必然造成短路现象发生。在实际工作中，经常采用的是按钮、接触器双重联锁的正、反转控制电路，如图 2-12d 所示电路，该电路兼有以上两种控制电路的优点，电路安全可靠，操作方便。工作原理与图 2-12c 相似。

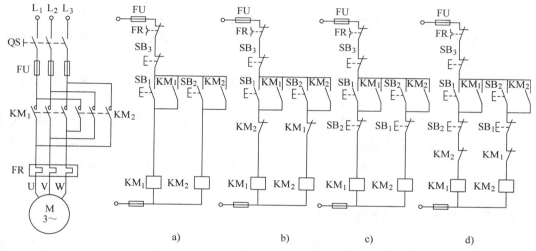

图 2-12　按钮控制的电动机正反转控制电路

a）无互锁控制　b）接触器互锁控制　c）按钮互锁控制　d）双重互锁控制

3. 自动往返控制电路

有些生产机械，如万能铣床，要求工作台在一定距离内能自动往返，而自动往返通常是利用行程开关控制电动机的正、反转来实现工作台的自动往返运动。

图 2-13a 为工作台自动往返运动的示意图。图中 SQ_1 为左移转右移的行程开关，SQ_2 为右移转左移的行程开关。SQ_3、SQ_4 分别为左右极限保护用行程开关。

图 2-13b 为工作台自动往返行程控制电路，工作过程如下：按下起动按钮 SB_1，KM_1 得电并自锁，电动机正转工作台向左移动，当到达左移预定位置后，挡铁 1 压下 SQ_1，SQ_1 常闭触点打开，使 KM_1 断电，SQ_1 常开触点闭合，使 KM_2 得电，电动机由正转变为反转，工作台向右移动。当到达右移预定位置后，挡铁 2 压下 SQ_2，

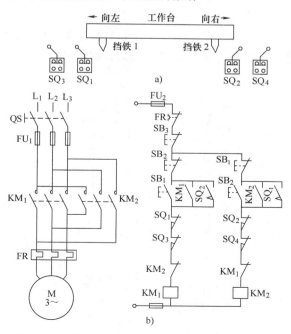

图 2-13　工作台自动往返运动的示意图和控制电路

a）示意图　b）控制电路

使 KM_2 断电，KM_1 得电，电动机由反转变为正转，工作台向左移动。如此周而复始地自动往返工作。当按下停止按钮 SB_3 时，电动机停转，工作台停止移动。若因行程开关 SQ_1、SQ_2 失灵，则由极限保护行程开关 SQ_3、SQ_4 实现保护，以避免运动部件因超出极限位置而发生事故。

2.3 三相异步电动机减压起动控制电路

直接起动是一种简单、经济、可靠的起动方法。但直接起动电流可达额定电流的 4～7 倍，过大的起动电流会导致电网电压大幅度下降，这不仅会减小电动机本身的起动转矩，而且会影响在同一电网上其他设备的正常工作。因此，较大容量的电动机需采用减压起动的方法来减小起动电流。

通常规定，电源容量在 180kVA 以上、电动机容量在 7kW 以下的三相异步电动机可采用直接起动。

三相笼型异步电动机减压起动的方法有：定子绕组串电阻（电抗）起动、自耦变压器减压起动、丫—△减压起动和延边三角形减压起动等。减压起动的实质是，起动时减小加在电动机定子绕组上的电压，以减小起动电流；而电动机起动后再将电压恢复到额定值，使电动机进入正常工作状态。

2.3.1 定子串电阻起动控制电路

图 2-14a 所示为电动机定子绕组串电阻减压自动起动控制电路。图中 SB_1 为起动按钮，SB_2 为停止按钮，R 为起动电阻，KM_1 为电源接触器，KM_2 为切除电阻用接触器，KT 为起动时间继电器。

电路的工作原理是，合上电源开关 QS，按下起动按钮 SB_1，KM_1 得电并自锁，电动机定子绕组串入电阻 R 减压起动，同时 KT 得电，经延时后 KT 常开触点闭合，KM_2 得电主触

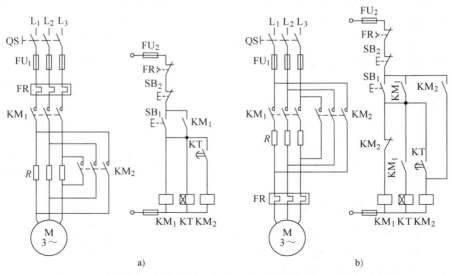

图 2-14 电动机定子绕组串电阻减压自动起动控制电路和改进电路
a）控制电路　b）改进电路

点将起动电阻 R 短接，电动机进入全压正常运行。

电动机定子绕组串电阻减压自动起动控制电路的缺点是，当电动机 M 全压正常运行时，接触器 KM_1 和时间继电器 KT 始终带电工作，从而使能耗增加，缩短电器寿命，增加了出现故障的几率。而图 2-14b 所示电路就是针对上述电路的缺陷而改进的，该电路中的 KM_1 和 KT 只作短时间的减压起动用，待电动机全压运行后就从电路中切除，从而延长了 KM_1 和 KT 的使用寿命，节省了电能，提高了电路的可靠性。

2.3.2 自耦变压器减压起动控制电路

自耦变压器减压起动是指电动机起动时利用自耦变压器来降低加在电动机定子绕组上的起动电压。待电动机起动后，再将自耦变压器脱离，使电动机在全压下正常运行。

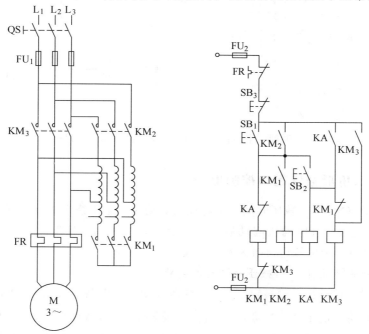

图 2-15 自耦变压器减压起动控制电路

1. 按钮、接触器控制自耦变压器减压起动控制电路

图 2-15 所示为按钮、接触器控制的自耦变压器减压起动控制电路。图中 KM_1 为变压器星点接触器，KM_2 为变压器电源接触器，KM_3 为运行接触器，KA 为起动中间继电器，SB_1 为起动按钮，SB_2 为运行按钮。工作原理如下。

合上电源开关 QS。电路的工作原理为：按下起动按钮 SB_1，KM_1、KM_2 吸合将变压器投入运行，电动机经变压器减压起动，待电动机转速接近额定转速时，按下 SB_2，KM_1、KM_2 断电将变压器切除，KM_3 吸合电动机全压运行。

2. 时间继电器控制自耦变压器减压起动控制电路

图 2-16 所示为时间继电器自动控制自耦变压器减压起动控制电路，该电路是在图 2-15 的基础上改进的，用时间继电器 KT 代替了按钮 SB_2 进行自动切换，并用个按钮实现两地控制。工作原理读者可自行分析。

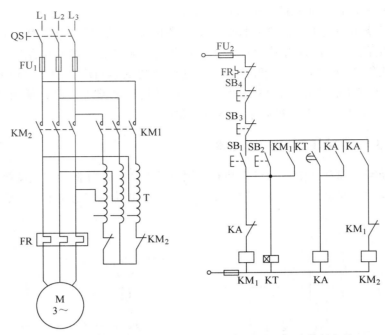

图 2-16 时间继电器自动控制自耦变压器减压起动控制电路

2.3.3 星形-三角形减压起动控制电路

星形-三角形（丫-△）减压起动是指电动机起动时，定子绕组为星形联结，以降低起动电压，减小起动电流；待电动机起动后，再把定子绕组改成三角形联结，使电动机全压运行。丫-△起动只能用于正常运行时为△的电动机。

1. 按钮、接触器控制丫-△减压起动控制电路

图 2-17a 和 b 为按钮、接触器控制丫-△减压起动控制电路，接触器 KM_1 用于引入电源，接触器 KM_2 为电动机定子绕组丫联结起动，接触器 KM_3 为△联结运行，SB_1 为起动按钮，SB_2 为丫-△切换按钮，SB_3 为停止按钮。电路的工作原理为，按下起动按钮 SB_1，KM_1、KM_2 得电吸合，KM_1 自锁，电动机定子绕组星形联结起动，待电动机转速接近额定转速时，按下 SB_2，KM_2 断电、KM_3 得电并自锁，电动机定子绕组转换成三角形联结全压运行。

2. 时间继电器控制丫-△减压起动控制电路

图 2-17c 为由时间继电器自动控制丫-△减压起动控制电路，星形-三角形减压起动控制电路是在图 2-17b 的基础上进行了改进，由时间继电器 KT 代替手动按钮 SB_2 进行自动切换。电路的工作原理是，按下起动按钮 SB_1，KM_1、KM_2 得电吸合，电动机定子绕组星形联结起动，同时 KT 也得电，经延时后时间继电器 KT 常闭触点打开，使得 KM_2 断电，常开触点闭合，使得 KM_3 得电闭合并自锁，电动机定子绕组由星形联结切换成三角形联结正常运行。

2.3.4 延边三角形减压起动控制电路

延边三角形减压起动是指当电动机起动时，把电动机定子绕组的一部分为△联结，而另一部分为丫联结，使整个定子绕组联结为延边三角形，待电动机起后，再把定子绕组切换成

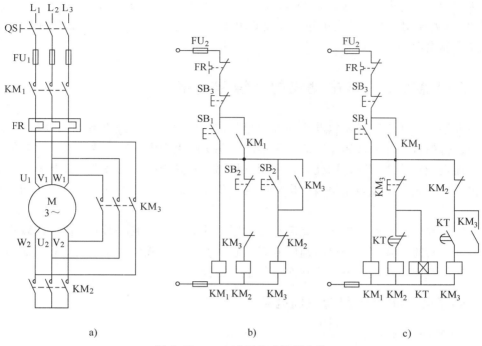

图 2-17 丫-△减压起动控制电路

△全压运行，如图 2-18b 所示。当电动机采用延边三角形联结减压起动时，每相绕组承受的起动电压比三角形联结时低，又比星形联结时高，起动电压介于星形联结和三角形联结之间，而起动电流和起动转矩也是介于星形和三角形联结之间。

图 2-18 所示为延边三角形减压起动控制电路，图 2-18a 所示为主电路，KM_1、KM_2 吸

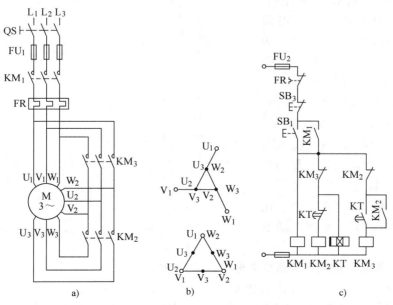

图 2-18 延边三角形减压起动控制电路

a）主电路　b）电动机绕组接线图　c）控制电路

合时，为延边三角形减压起动，当 KM_1、KM_3 吸合时，为三角形联结方式全压运行。图 2-18c 所示为控制电路，从主电路的控制要求来看，延边三角形减压起动控制电路与 Y-△减压起动控制电路完全一样。

2.4 三相绕线式异步电动机起动控制电路

前面介绍了三相笼型异步电动机的各种起动控制电路，三相笼型异步电动机的特点是，结构简单，价格低，起动转矩小，调速困难。而在实际生产中，有时要求电动机有较大的起动转矩，而且能够平滑调速，因此，常采用三相绕线式异步电动机来满足控制要求。绕线异步电动机的优点是可以在转子绕组中串接电阻，从而达到减小起动电流、增大起动转矩及平滑调速之目的。

起动时，在转子回路中串入三相起动变阻器，并把起动电阻调到最大值，以减小起动电流，增大起动转矩。随着电动机转速的升高，起动电阻逐级减小。起动完毕后，起动电阻减小到零，转子绕组被短接，电动机在额定状态下运行。

2.4.1 转子绕组串电阻起动控制电路

1. 按钮操作控制电路

图 2-19 所示为由按钮操作的转子绕组串电阻起动控制电路。工作原理为：合上电源开关 QS，按下 SB_1，KM 得电吸合并自锁，电动机串全部电阻起动，经一定时间后，按下 SB_2，KM_1 得电吸合并自锁，KM_1 主触点闭合切除第一级电阻 R_1，电动机转速继续升高，经一定时间后，按下 SB_3，KM_2 得电吸合并自锁，KM_2 主触点闭合切除第二级电阻 R_2，电动机转速继续升高，当电动机转速接近额定转速时，按下 SB_4，KM_3 得电吸合并自锁，KM_3 主触点闭合切除全部电阻，起动结束电动机在额定转速下正常运行。

该电路的缺点是操作不便，在生产实际中常采用自动短接起动电阻的控制电路。

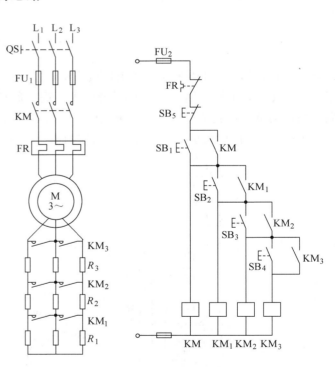

图 2-19 由按钮操作的转子绕组串电阻起动控制电路

2. 时间原则控制绕线式电动机串电阻起动控制电路

图 2-20 所示为时间继电器控制绕线式电动机串电阻起动控制电路，又称为时间原则控制，其中 3 个时间继电器 KT_1、KT_2、KT_3 分别控制 3 个接触器 KM_1、KM_2、KM_3 按顺序依次吸合，自动切除转子绕组中的三级电阻，与起动按钮 SB_1 串接的 KM_1、KM_2、KM_3 三个

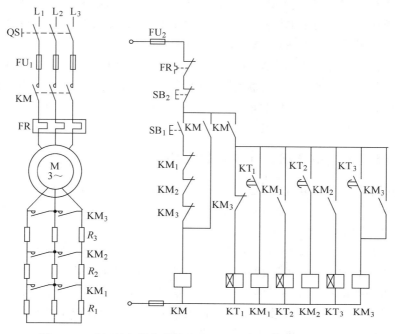

图 2-20　时间继电器控制绕线式电动机串电阻起动控制电路

常闭触点的作用是保证电动机在转子绕组中接入全部起动电阻的条件下才能起动。若其中任何一个接触器的主触点因熔焊或机械故障而没有释放时，电动机就不能起动。工作原理读者可自行分析。

3. 电流原则控制绕线式电动机串电阻起动控制电路

图 2-21 所示为电流继电器自动控制绕线式电动机串电阻起动控制电路，因根据电流大小进行控制故为电流原则控制。图中 KA_1、KA_2、KA_3 3 个欠电流继电器的线圈被串接在转子回路中，3 个欠电流继电器的吸合电流相同，但释放电流不同，KA_1 的释放电流最大，KA_2 其次，KA_3 最小。当电动机刚起动时，转子电流最大，3 个电流继电器 KA_1、KA_2、KA_3 都吸合，控制回路中的常闭触点都打开，接触器 KM_1、KM_2、KM_3 的线圈都不能得电吸合，主触点处于断开状态，全部起动电阻均串接在转子绕组中。随着电动机转速的升高，转子电流在逐渐减小，当电流减小至 KA_1 的释放

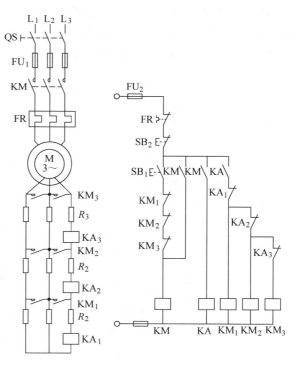

图 2-21　电流继电器自动控制绕线式
电动机串电阻起动控制电路

电流时，KA$_1$ 首先释放，其常闭触点复位，使接触器 KM$_1$ 得电主触点闭合，切除第一级电阻 R_1。当 R_1 被切除后，转子电流重新增大，电动机转速继续升高，随着转速的升高，转子电流又会减小，当减小至 KA$_2$ 的释放电流时，KA$_2$ 释放，KA$_2$ 的常闭触点复位，KM$_2$ 线圈得电主触点闭合，第二级电阻 R_2 被切除，如此继续下去，直到全部电阻被切除，电动机起动完毕为止，进入正常运行状态。中间继电器 KA 的作用是保证电动机在转子电路中接入全部电阻的情况下开始起动。因为刚开始起动时 KA 的常开触点切断了 KM$_1$、KM$_2$、KM$_3$ 线圈回路，从而保证了起动时串入全部外接电阻。

2.4.2 转子绕组串频敏变阻器起动控制电路

绕线式异步电动机转子串电阻起动，使用的电器较多，控制电路复杂，而且起动过程中，电流和转矩会突然增大，产生一定的电气和机械冲击。为了获得较理想的机械特性，常采用转子绕组串频敏变阻器起动。

频敏变阻器是一个铁心损耗很大的三相电抗器，是由铸铁板或钢板叠成的三柱式铁心组成，在每个铁心上装有一个线圈，线圈的一端与转子绕组相连，另一端作星形联结。

频敏变阻器等效阻抗的大小与频率有关。当电动机刚起动时，转速较低，转子电流的频率较高，相当于在转子回路中串接一个阻抗很大的电抗器，随着转速的升高，转子频率逐渐降低，其等效阻抗自动减小，实现了平滑无级起动。

1. 电动机单向旋转转子串频敏变阻器起动控制电路

图 2-22 所示为电动机单向旋转转子串频敏变阻器起动控制电路。图 2-22a 所示为主电路，KM 为电源接触器，KM$_1$ 为短接频敏变阻器用接触器。图 2-22b 所示为控制电路 1，其工作原理是，按下 SB$_1$，KM 得电吸合并自锁，电动机串频敏变阻器起动，同时 KT 得电吸合开始延时，在电动机起动完毕后，KT 的延时常开触点闭合，KM$_1$ 得电主触点闭合将频敏

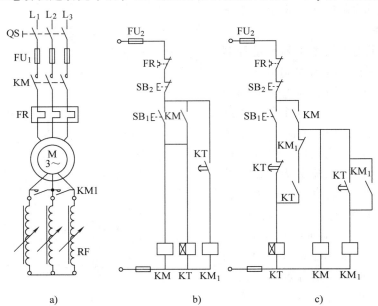

a)   b)   c)

图 2-22   电动机单向旋转转子串频敏变阻器起动控制电路
a）主电路 b）控制电路 1 c）控制电路 2

变阻器短接，电动机正常运行。该电路的缺点是，当 KM₁ 的主触点熔焊或机械部分被卡死时，电动机将直接起动；当 KT 线圈出现断线故障时，KM₁ 线圈将无法得电，电动机运行时频敏变阻器不能被切除。为了克服上述缺点，可采用图 2-22c 所示的控制电路 2，在电路操作时，按下 SB₁ 时间应稍长点，待 KM 常开触点闭合后才可松开。KM 为电源接触器，KM 线圈得电需在 KT、KM₁ 触点工作正常条件下进行，若发生 KT、KM₁ 触点粘连，KT 线圈断线等故障，KM 线圈将无法得电，从而避免了电动机直接起动和转子长期串接频敏变阻器的不正常现象发生。

2. 电动机转子串频敏变阻器正、反转起动控制电路

图 2-23 所示为电动机转子串频敏变阻器正、反转手动，自动控制电路。SA 为手动与自动转换开关，KM₁、KM₂ 为正、反转接触器，KM₃ 为短接频敏变阻器接触器，KT 为时间继电器，该电路的工作原理读者可自行分析。

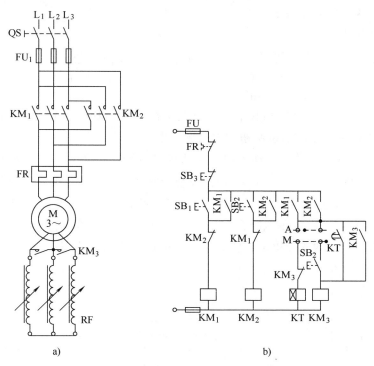

图 2-23　电动机转子串频敏变阻器正/反转手动、自动控制电路

a）主电路　b）控制电路

2.5　感应式双速异步电动机变速控制电路

由电动机的原理可知，感应式异步电动机的转速表达式为

$$n = n_0(1-s) = \frac{60f}{p}(1-s) \tag{2-1}$$

由此可知，电动机的转速与电源频率 f、转差率 s 及定子绕组的磁极对数 p 有关，要改变异步电动机的转速，可通过 3 种方法来实现：一是改变电源频率 f；二是改变转差率 s；三

是改变磁极对数 p。本节主要介绍通过改变磁极对数 p 的方法来实现电动机变极调速的基本控制电路。

1. 变极式双速电动机的接线方式

变极式双速电动机是通过改变半相绕组的电流方向来改变极数，图 2-24 所示为常用两种接线图（即△-丫丫 和丫-丫丫）双速电动机绕组接线图。

（1）△-丫丫联结

△-丫丫联结如图 2-24a 所示。当联结成△时，将 U_1、V_1、W_1 端接电源，U_2、V_2、W_2 端悬空；当联结成丫丫时，将 U_1、V_1、W_1 端接成 Y 点，将 U_2、V_2、W_2 端接电源。

（2）丫-丫丫联结

丫-丫丫联结如图 2-24b 所示。当联结成丫时，将 U_1、V_1、W_1 端接电源，U_2、V_2、W_2 端悬空；当

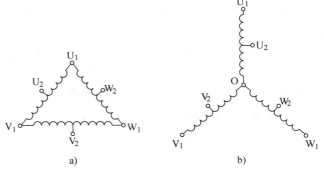

图 2-24 △-丫丫接法双速电动机绕组接线图
a）△-丫丫连接 b）丫-丫丫连接

联结成丫丫时，将 U_1、V_1、W_1 端和中性点 O 联结在一起，将 U_2、V_2、W_2 端接电源。

2. 由感应式双速异步电动机按钮控制的调速电路

图 2-25 所示为△-丫丫接法双速电动机按钮控制电路。图 2-25a 所示为主电路，KM_1 吸合为△联结，电动机低速运行，KM_2、KM_3 吸合为丫丫联结，电动机高速运行。图 2-25b 所示为控制电路 1，电路工作时：按下 SB_1，KM_1 吸合并自锁，电动机△联结低速运行，按下 SB_2，KM_1 断电，KM_2、KM_3 得电吸合并自锁，电动机丫丫联结高速运行。

注意： △-丫丫接法的双速电动机，起动时只能在△接法时低速起动，而不能在丫丫接法

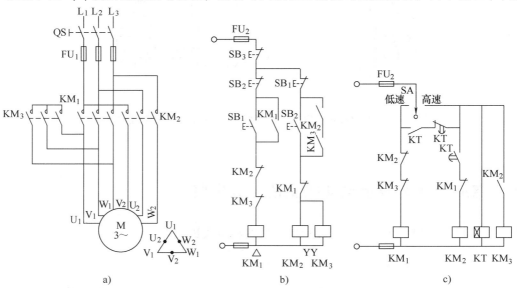

图 2-25 △-丫丫接法双速电动机按钮控制电路
a）主电路 b）控制电路 1 c）控制电路 2

下高速起动。另外，为保证转动方向不变，转换成 丫丫 联结时应使电源调相，否则电动机将反转。在图 2-25 中，已对电动机引出线相序已作调整，请读者注意。

2.6 三相异步电动机电气制动控制电路

在生产过程中，有些设备当电动机断电后由于惯性作用，停机时间拖得太长，影响生产效率，并造成停机位置不准确，工作不安全。为了缩短辅助工作时间，提高生产效率和获得准确的停机位置，必须对拖动电动机采取有效的制动措施。

停机制动有两种类型：一是机械制动，二是电气制动。常用的电气制动有反接制动和能耗制动，使电动机产生一个与转子原来转动方向相反的力矩来进行制动。

2.6.1 反接制动控制电路

反接制动是利用改变电动机电源的相序，使定子绕组产生相反方向的旋转磁场，从而产生制动转矩的一种制动方法。

当电动机反接制动时，定子绕组电流很大，为防止绕组过热和减小制动冲击，一般应在功率 10kW 以上电动机的定子电路中串入反接制动电阻。反接制动电阻的接线方法有对称和不对称两种接法，采用对称电阻接法可以在限制制动转矩的同时，也限制制动电流，而采用不对称制动电阻的接法，只是限制制动转矩，而未加制动电阻的那一相，仍具有较大的电流。反接制动的另一要求是在电动机转速接近于零时，及时切断反相序电源，以防止反向再起动。

反接制动的关键在于电动机电源相序的改变，且当转速下降接近于零时，能自动将电源切除。为此采用了速度继电器来检测电动机的速度变化。在 120～3000r/min，速度继电器触点动作，而当转速低于 100r/min 时，其触点复位。

图 2-26 所示为电动机单向反接制动控制电路，电动机正常运转时，KM_1 通电吸合，KS 的一对常开触点闭合，为反接制动做准备。当按下停止按钮 SB_1 时，KM_1 断

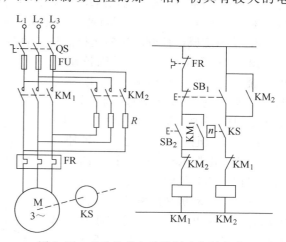

图 2-26 电动机单向反接制动控制电路

电，电动机定子绕组脱离三相电源，但电动机因惯性仍以很高速度旋转，KS 原闭合的常开触点仍保持闭合，当将 SB_1 按到底，使 SB_1 常开触点闭合，KM_2 通电并自锁，电动机定子串接电阻接上反序电源，电动机进入反接制动状态。电动机转速迅速下降，当电动机转速接近 100r/min 时，KS 常开触点复位，KM_2 断电，电动机断电，反接制动结束。

2.6.2 能耗制动控制电路

能耗制动是在电动机脱离三相交流电源后，给定子绕组加一直流电源，以产生静止磁场，起阻止旋转的作用，达到制动的目的。能耗制动比反接制动所消耗的能量小，其制动电

流比反接制动时要小得多。因此，能耗制动适用于电动机能量较大、要求制动平稳和制动频繁的场合，但能耗制动需要安装整流装置获得直流电源。

1. 按时间原则控制的单向运行能耗制动控制电路

图 2-27 所示为按时间原则控制的单向能耗制动的控制电路。图中 KM_1 为单向运行接触器，KM_2 为能耗制动接触器，KT 为时间继电器，TC 为整流变压器，VC 为桥式整流电路。

KM_1 通电并自锁电动机已单向正常运行后，若要停机，按下停止按钮 SB_1，使 KM_1 断电，电动机定子脱离三相交流电源；同时 KM_2 通电并自锁，将二相定子绕组接入直流电源进行能耗制动，在 KM_2 通电同时 KT 也通电。电动机在能耗制动作用下转速迅速下降，当接近零时，KT 延时时间到，其延时触点动作，使 KM_2、KT 相继断电，制动结束。

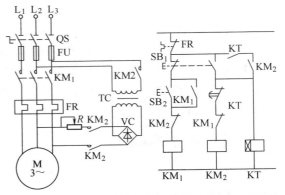

图 2-27 按时间原则控制的单向能耗制动控制电路

在该电路中，将 KT 常开瞬动触点与 KM_2 自锁触点串接，是考虑时间继电器断线或机械卡住致使触点不能动作时，不会使 KM_2 长期通电，造成电动机定子长期通入直流电源。按时间原则控制的单向运行能耗制动控制电路具有手动控制能耗制动的能力，只要使停止按钮 SB_1 处于按下的状态，电动机就能实现能耗电动。

2. 按速度原则控制的单向运行能耗制动控制电路

图 2-28 所示为按速度原则控制的单向能耗制动控制电路。该电路与图 2-27 所示的控制电路基本相同，仅是在控制电路中取消了时间继电器 KT 的线圈及其触电电路，在电动机轴伸端安装了速度电器 KS，并且用 KS 的常开触点取代了 KT 延时打开的常闭触点。这样一来，电动机在刚刚脱离三相交流电源时，由于电动机转子的惯性速度仍然很高，速度继电器 KS 的常开触点仍然处于闭合状态，所以接触器 KM_2 线圈能够依靠 SB_1 按钮的按下通电自锁。于是，两相定子绕组获得直流电源，电动机进入能耗制动状态。当电动机转子

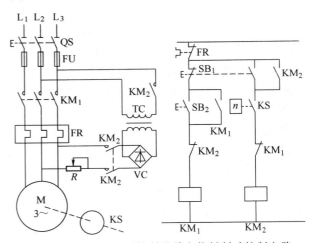

图 2-28 按速度原则控制的单向能耗制动控制电路

的惯性速度接近零时，KS 常开触点复位，接触器 KM_2 线圈断电而释放，能耗制动结束。

2.7 直流电动机控制电路

直流电动机具有良好的起动、制动与调速性能，容易实现各种运行状态的自动控制。因

此，在工业生产中直流拖动系统得到广泛的应用。直流电动机的控制已成为电力拖动自动控制的重要组成部分。

直流电动机可按励磁方式来分类，如电枢电源与励磁电源分别由两个独立的直流电源供电，则称为他励直流电动机；而当励磁绕组与电枢绕组以一定方式连接后，由一个电源供电时，则按其连接方式的不同而分并励、串励及复励电动机。在机床等设备中，以他励直流电动机应用较多，而在牵引设备中，则以串励直流电动机应用较多。

下面介绍工厂常用的直流电动机的起动、正反转、调速及制动的方法及电路。

1. 直流电动机起动控制

直流电动机起动特点之一是起动冲击电流大，可达额定电流的 $10 \sim 20$ 倍。这样大的电流将可能导致电动机换向器和电枢绕组的损坏，同时对电源也是沉重的负担，大电流产生的转矩和加速度对机械部件也将产生强烈的冲击。因此，一般不允许直流电动机全压直接起动，必须采用加大电枢电路电阻或减低电枢电压的方法来限制其起动电流。

图 2-29 所示为电枢串二级电阻、按时间原则起动的控制电路。图中 KA_1 为过电流继电器，KM_1 为起动接触器，KM_2、KM_3 为短接起动电阻接触器，KT_1、KT_2 为时间继电器，KA_2 为欠电流继电器，R_3 为放电电阻。

电路工作原理为：合上电源开关 Q_1 和控制开关 Q_2，KT_1 通电，KT_1 常闭触点断开，切断 KM_2、KM_3 电路。保证起动时串入电阻 R_1、R_2。按下起动按钮 SB_2，KM_1 通电并自锁，主触点闭合，接通电动机电枢电路，电枢串入二级电阻起动，同时 KT_1 断电，为 KM_2、KM_3 通电短接电枢回路电阻做准备。在电动机起动时，并接在 R_1 电阻两端的

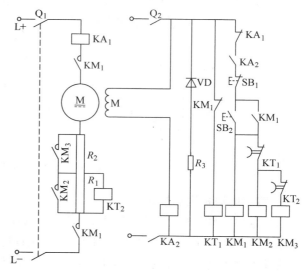

图 2-29　电枢串二级电阻、按时间原则起动的控制电路

KT_2 通电，其常闭触点打开，使 KM_3 不能通电，确保 R_2 串入电枢。

经一段时间延时后，KT_1 延时闭合触点闭合，KM_2 通电，短接电阻 R_1，随着电动机转速升高，电枢电流减小，为保持一定的加速转矩，在起动过程中将串接电阻逐级切除，就在 R_1 被短接的同时，KT_2 线圈断电，经一定延时，KT_2 常闭触点闭合，KM_3 通电，短接 R_2，电动机在全压下运转，起动过程结束。

电路中采用过电流继电器 KA_1 实现电动机过载保护和短路保护；采用欠电流继电器 KA_2 实现欠磁场保护；采用电阻 R_3 与二极管 VD 构成电动机励磁绕组断开电源时的放电回路，避免过电压。

2. 直流电动机正/反转控制

直流电动机的转向取决于电磁转矩 $M = C_M \phi I$ 的方向，因此改变直流电动机转向有两种方法，即：当电动机的励磁绕组端电压的极性不变，改变电枢绕组端电压的极性，或者电枢绕组两端电压极性不变，改变励磁绕组端电压的极性，都可以改变电动机的旋转方向。但当

两者的电压极性同时改变时，则电动机的旋转方向维持不变。由于前者电磁惯性大，对于频繁正/反向运行的电动机，通常采用后一种方法。

图 2-30 所示为直流电动机可逆运转的起动控制电路。图中 KM$_1$、KM$_2$ 为正、反转接触器，KM$_3$、KM$_4$ 为短接电枢电阻接触器，KT$_1$、KT$_2$ 为时间继电器，KA$_1$ 为过电流继电器，KA$_2$ 为欠电流继电器，R_1、R_2 为起动电阻，R_3 为放电电阻。其电路工作情况与图 2-29 所示相同，此处不再重复。在直流电动机正/反转控制电路中，通常都设有制动和联锁电路，以确保在电动机停转后，再作反向起动，以免直接反向产生过大的电流。

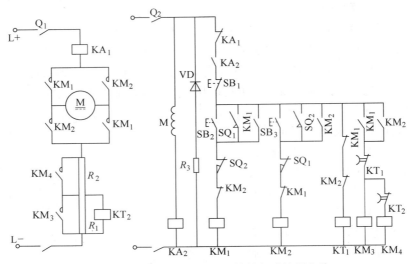

图 2-30　直流电动机可逆运转的起动控制电路

3. 直流电动机调速控制

直流电动机的突出优点是能在很大的范围内具有平滑、平稳的调速性能。转速调节的主要技术指标是，调速范围 D、负载变化时对转速的影响即静差率 s 以及调速时的允许负载性质等。

直流电动机转速调节主要有以下 4 种方法：改变电枢回路电阻值调速、改变励磁电流调速和改变电枢电压调速和混合调速。图 2-31 所示为改变励磁电流进行调速的控制电路，它是 T4163 坐标镗床主传动电路的一部分。电动机的直流电源采用两相零式整流电路，当起动时，电枢回路中串入起动电阻 R，以限制起动电流；在起动过程结束后，由接触器 KM$_3$ 切除。同时该电阻还兼作制动时的限流电阻。将电动机的并励绕组串入调速电阻 R_3，调节 R_3 即可对电动机实现调速。与励磁绕组并联的电阻 R_2 是为吸收励磁绕组的磁能而设，以免接触器断开瞬间因过高的自感电动势击穿绝缘，或使接触器火花太大而烧蚀。接触器 KM$_1$ 为能耗制动接触器，KM$_2$ 为工作接触器，KM$_3$ 为切除起动电阻用的接触器，它们的工作过程如下。

1）起动。按下起动按钮 SB$_2$，KM$_2$、KT 得电吸合并自锁，电动机 M 串电阻 R 起动，KT 经过一定时间的延时后，其延时闭合的常开触点闭合，使 KM$_3$ 吸合并自保，切除起动电阻 R，起动过程结束。

2）调速。在正常运行状态下，调节电阻器 R_3，即可改变电动机的转速。

3）停车及制动。在正常运行状态下，只要按下停止按钮 SB$_1$，接触器 KM$_2$ 及 KM$_3$ 就断电释放，切断电枢回路电源，同时 KM$_1$ 通电吸合，其主触点闭合，通过 R 使能耗制动回路接通，同

46

时通过 KM$_1$ 的另一对常开触点短接电容 C，使电源电压全部加于励磁绕组，以实现制动过程中的强励作用，加强制动效果。松开按钮 SB$_1$，制动结束，电路又处于准备工作状态。

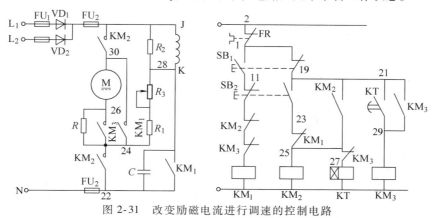

图 2-31　改变励磁电流进行调速的控制电路

4. 直流电动机制动控制

与交流电动机类似，直流电动机的电气制动方法有能耗制动、反接制动和再生发电制动等。为了能够准确、迅速停车，一般只采用能耗制动和反接制动。

（1）能耗制动控制电路

图 2-32 所示为直流电动机单向运行串二级电阻起动，停车采用单向运行能耗制动的控制电路。图中 KM$_1$ 为电源接触器，KM$_2$、KM$_3$ 为起动接触器，KM$_4$ 为制动接触器，KA$_1$ 为过电流继电器，KA$_2$ 为欠电流继电器，KA$_3$ 为电压继电器，KT$_1$、KT$_2$ 为时间继电器。电动机起动时电路工作情况与图 2-34 所示相同，停车时，按下停止按钮 SB$_1$、KM$_1$ 断电，切断电枢直流电源。此时电动机因惯性，仍以较高速度旋转，电枢两端仍有一定电压，并联在电枢两端的 KA$_3$ 经自锁触点仍保持通电，使 KM$_4$ 通电，将电阻 R_4 并接在电枢两端，电动机实

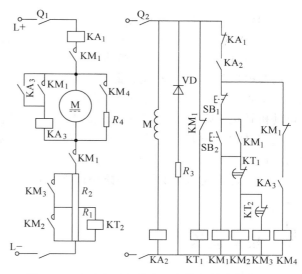

图 2-32　直流电动机单向运行能耗制动控制电路

现能耗制动，转速急剧下降，电枢电动势也随之下降，当降至一定值时，KA$_3$ 释放，KM$_4$ 断电，电动机能耗制动结束。

（2）反接制动控制电路

图 2-33 所示为电动机可逆旋转、反接制动控制电路。图中 KM$_1$、KM$_2$ 为正、反转接触器，KM$_3$、KM$_4$ 为起动接触器，KM$_5$ 为反接制动接触器，KA$_1$ 为过电流继电器，KA$_2$ 为欠电流继电器，KA$_3$、KA$_4$ 为反接制动电压继电器，KT$_1$、KT$_2$ 为时间继电器，R_1、R_2 为起动电阻，R_3 为放电电阻，R_4 为制动电阻，SQ$_1$ 为正转变反转行程开关，SQ$_2$ 为反转变正转行程开关。该电路采用时间原则两级起动，能正、反转运行，并能通过行程开关 SQ$_1$、SQ$_2$ 实

现自动换向。在换向过程中，电路能实现反接制动，以加快换向过程。下面以电动机正向运转反向为例说明电路工作情况。

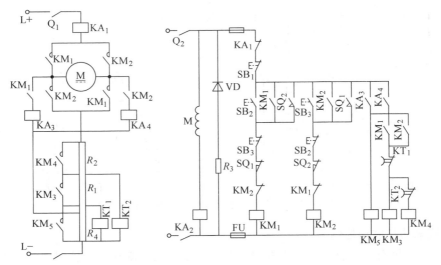

图 2-33 电动机可逆运转、反接制动控制电路

电动机正向运转，拖动运动部件，当撞块压下行程开关 SQ_1 时，KM_1、KM_3、KM_4、KM_5、KA_3 断电，KM_2 通电。使电动机电枢接上反向电源，同时 KA_4 通电。

由于机械惯性存在，电动机转速 n 与电动势 E_M 的大小和方向来不及变化，且电动势 E_M 的方向与电压降 IR 方向相反，此时反接电压继电器 KA_4 的线圈电压很小，不足以使 KA_4 通电，使 KM_3、KM_4、KM_5 线圈处于断电状态，电动机电枢串入全部电阻进行反接制动。随着电动机转速下降，E_M 逐渐减小，反接继电器 KA_4 上电压逐渐增加，当 $n \approx 0$，$E_M \approx 0$，加至 KA_4 线圈两端电压使它吸合，使 KM_5 通电，短接反接制动电阻 R_4 电机串入 R_1、R_2 进行反向起动，直至反向正常运转为止。

当反向运转拖动运动部件、撞块压下 SQ_2 时，由 KA_3 控制实现反转—制动—正向起动过程。

2.8 技能训练

2.8.1 训练项目 1 电动机连续运转控制

1. 目的
1）掌握电动机起动连续运转控制的工作原理。
2）熟悉接触器自锁控制电路的安装工艺与要求。
3）理解自锁的作用及欠电压、失电压保护的功能。
2. 仪器与器件
1）工具：尖嘴钳、试电笔、剥线钳、电工刀和螺钉旋具等。
2）仪器：万用表、绝缘电阻表。
3）设备：三相交流电动机。

① 控制电路盘。

② 导线：主电路采用 BV1.5mm² 和 BVR1.5mm²；控制电路采用 BV1mm²；按钮采用 BVR0.75mm²；导线颜色和数量根据实际情况而定。

③ 电气元器件：三相异步电动机（一台）、电源开关、螺旋式熔断器、交流接触器、三联按钮、端子排等，如图 2-34a 所示。

3. 安装工艺要求

1）安装元器件应使其位置合理、匀称，紧固程度适当，见图 2-34b。

2）按接线图的走线方法进行板前明线布线，如图 2-34c 所示，布线横平竖直、分布均匀，不能压绝缘层，不反圈，不露铜过长，不交叉。

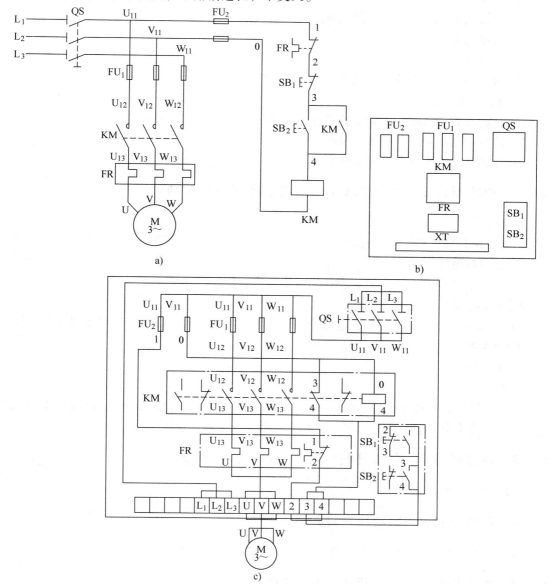

图 2-34　单向旋转接触器自锁控制电路图、元器件布置图和接线图

a）电路图　b）元器件布置图　c）接线图

3）在对控制盘与外部设备（如电动机、按钮等）连接时必须经过端子排。

4）一个接线端上的连接导线不得多于两根。

5）所有从一个接线端子到另一个接线端子的导线必须连续，中间不能有接头。

4. 安装步骤

1）将元器件逐一进行检验，看有无损伤，型号是否符合要求等。接触器线圈额定电压与电源电压是否一致。

2）根据元器件布置图安装电气元器件。

3）根据接线图安装控制电路，进行板前明线布线。

4）安装电动机。

5）连接电源、电动机等控制板外部接线。

6）自检和校验。

7）通电试车。

8）试车完毕，先拆除三相电源线，再拆除电动机线。

5. 注意事项

1）应将螺旋式熔断器的低端接电源，高端接负载，即"低进高出"。

2）热继电器的接线参照名牌说明。

3）对电动机的外壳必须可靠接地。

2.8.2 训练项目2 电动机既能点动又能连续运转控制

1. 目的

掌握电动机既能点动又能连续运转控制的工作原理，掌握控制电路的安装工艺与要求。

2. 仪器与器件

1）工具：尖嘴钳、试电笔、剥线钳、电工刀和螺钉旋具等。

2）仪器：万用表、绝缘电阻表。

3）设备：三相交流电动机、电源开关、熔断器、交流接触器、三联按钮和端子排等。

3. 电路图

见图2-7b。

4. 操作

按照图接线，检查无误后通电试运行，若能正常运行，则拉闸断电拆线；若不能正常运行，则应先检查电源和熔断器，再检查电路，直至电动机正常运行为止。

2.8.3 训练项目3 电动机顺序起动、逆序停止控制

训练项目3见图2-9c。

2.8.4 训练项目4 电动机两地控制

训练项目4见图2-10。注意，甲、乙两地都能起动和停止。

2.8.5 训练项目5 电动机正、反转控制

训练项目5见图2-12d。注意主回路调相和控制回路的双重互锁。

2.8.6　训练项目6　自动往返行程控制

训练项目6见图2-13。注意，只接入限位开关而不接极限开关。

2.8.7　训练项目7　电动机丫-△减压起动控制

训练项目7见图2-17c。注意时间继电器延时触点的使用和时间调整。

2.9　小结

本章重点介绍了各种电动机的起动、制动、调速等控制线路，这是电气控制的基础，应熟练掌握。

1. 电动机的起动控制

笼型异步电动机起动方法有直接起动、定子串电阻起动、丫-△起动、延边三角形-△起动和自耦变压器起动。

绕线式异步电动机起动方法有转子串电阻起动和转子串频敏变阻器起动。

直流电动机起动方法有电枢串电阻起动和减压起动。

2. 电动机的制动控制

电动机的制动方法有能耗制动、反接制动和再生发电制动。

3. 电动机的控制原则

在电力拖动控制系统中，常用的控制原则有时间原则、速度原则、电流原则、电势原则、行程原则和频率原则。

4. 电力拖动系统中的保护环节

在控制电路中，常用的联锁保护有电气联锁和机械联锁。常用的有互锁环节、动作顺序联锁环节、电气元器件与机械动作的联锁。

电动机常用的保护环节有短路保护、过电流保护、过载保护、失电压和欠电压保护以及弱磁保护和超速保护等。

2.10　习题

1. 在对图2-35所示的各控制电路按正常操作时会出现什么现象？若不能正常工作，则应做哪些改进？

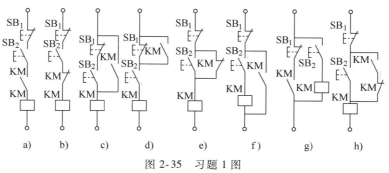

图2-35　习题1图

2. 试设计可从两地对一台电动机实现连续运行和点动控制的电路。

3. 试画出某机床主电动机控制电路图。要求：①可正反转；②可正向点动；③两处起停。

4. 如图 2-36 所示，要求按下起动按钮后能依次完成下列动作：

（1）运动部件 A 从 1 到 2。

（2）接着 B 从 3 到 4。

（3）接着 A 从 2 回到 1。

（4）接着 B 从 4 回到 3。

试画出电气控制电路图。

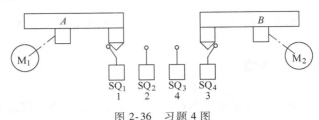

图 2-36　习题 4 图

5. 要求 3 台电动机 M_1、M_2、M_3 按下列顺序起动：M_1 起动后，M_2 才能起动；M_2 起动后，M_3 才能起动。停止时按逆序停止，试画出控制电路。

6. 什么叫作减压起动？常用的减压起动方法有哪几种？

7. 电动机在什么情况下应采用减压起动？定子绕组为丫接法的三相异步电动机能否用丫-△减压起动？为什么？

8. 试分析图 2-17b 所示的电路中，当 KT 延时时间太短及将延时闭合与延时打开的触点接反后，电路将出现什么现象？

9. 叙述图 2-21 所示电路的工作原理。

10. 一台 △-丫接法的双速电动机，按下列要求设计控制电路：①能低速或高速运行；②高速运行时，先低速起动；③能低速点动；④具有必要的保护环节。

11. 根据下列要求画出三相笼型异步电动机的控制线路。①能正、反转；②采用能耗制动；③有短路、过载、失电压和欠电压等保护。

12. 当直流电动机起动时，为什么要限制起动电流？限制起动电流的方法有哪几种？这些方法分别适用于什么场合？

13. 直流电动机的调速方法有哪几种？

14. 直流电动机的制动方法有哪几种？各有什么特点？

第3章 机床电气控制系统

生产机械种类繁多，其拖动控制方式和控制线路各不相同。在一般机械加工厂，金属切削机床约占全部设备的60%以上，是机械制造业中的主要技术装备。本章通过典型生产机械电气控制线路的实例分析，进一步阐述电气控制系统的分析方法与步骤，使读者掌握分析电气控制图的方法，培养读图能力，并掌握几种典型生产机械控制线路的原理，了解在电气控制系统中机械、液压与电气控制配合的意义，为电气控制的设计、安装、调试和维护打下基础。下面对平面磨床、摇臂钻床、铣床与镗床典型生产机械的电气控制进行分析和讨论。

3.1 电气控制系统分析基础

1. 电气控制系统分析的内容

分析电气控制系统是通过对各种技术资料的分析来掌握电气控制线路的工作原理、技术指标、使用方法、维护要求等。分析的具体内容和要求主要包括以下方面。

1) 设备说明书。设备说明书由机械（包括液压部分）与电气两部分组成。通过阅读这两部分说明书，可以了解以下内容：

① 设备的结构、主要技术指标、机械传动和液压气动的工作原理。

② 电动机规格型号、安装位置、用途及控制要求。

③ 设备的使用方法，包括各操作手柄、开关、旋钮、位置以及作用。

④ 与机械、液压部分直接关联的电器（行程开关、电磁阀和电磁离合器等）的位置、工作状态及作用。

2) 电气控制原理图。电气控制原理图由主电路、控制电路、辅助电路、保护和联锁环节以及特殊控制电路等部分组成，这是分析控制线路的中心内容。

3) 电气设备的总装配接线图。阅读分析总装接线图，可以了解系统的组成分布状况，各部分的连接方式、主要电气部件的布置和安装要求以及导线和穿线管的规格型号等。

4) 电气元器件布置图与接线图。在电气设备调试、检修中可通过布置图和接线图方便地找到各种电气元器件和测试点，进行必要的调试、检测和维修保养。

2. 电气原理图阅读分析的方法与步骤

1) 分析主电路。从主电路入手，根据每台电动机和执行电器的控制要求去分析各电动机和执行电器的控制内容，如电动机起动、转向、调速和制动等控制。

2) 分析控制电路。根据主电路中各电动机和执行电器的控制要求，逐一找出控制电器中的控制环节，将控制线路按不同功能划分成若干个局部控制电路来进行分析。分析控制电路最基本的方法是查线读图法。

查线读图法是，先从执行电路——电动机着手，从主电路上看有哪些元器件的触点，根据其组合规律看控制方式；然后在控制电路中由主电路控制元器件主触点的文字符号找到有关的控制环节及环节间的联系；接着从按起动按钮开始，查对电路，观察元器件的触点信号是如何控制其他控制元器件动作的，再查看这些被带动的控制元器件触点是如何控制执行电器或其他控制元器件动作的，并随时注意控制元器件的触点使执行电器有何运动或动作，进而驱动被控机械有何运动。

3）分析辅助电路。辅助电路包括执行元器件的工作状态显示、电源显示、参数测定、照明和故障报警等部分，其中很多部分是由控制电路中的元器件控制的，所以在分析时，还要回过头来对照控制电路进行分析。

4）分析联锁与保护环节。生产机械对于安全性、可靠性有很高的要求，因此，在控制电路中还设置了一系列电气保护和必要的电气联锁。在分析中不能遗漏。

5）分析特殊控制环节。在某些控制电路中，还设置了一些相对独立的特殊环节。如产品计数装置、自动检测系统等。这些部分往往自成一个小系统，可参照上述分析过程，并灵活运用所学过的电子技术、检测与转换等知识逐一分析。

6）总体检查。在逐步分析局部电路的工作原理及控制关系之后，还必须用"集零为整"的方法，检查整个控制电路，看是否有遗漏。特别要从整体角度去检查和理解各控制环节之间的联系，只有这样，才能清楚地理解每个电气元器件的作用、工作过程及主要参数。

3.2 M7120 型平面磨床的电气控制电路分析

磨床是用砂轮的周边或端面进行加工的精密机床。磨床的种类很多，按其工作性质可分为外圆磨床、内圆磨床、平面磨床、工具磨床以及一些专用磨床，如螺纹磨床、齿轮磨床、球面磨床、花键磨床、导轨磨床与无心磨床等。其中尤以平面磨床应用最为普遍。下面以M7120 卧轴矩台平面磨床为例进行分析。

3.2.1 M7120 型平面磨床概述

1. 主要结构及运动形式

M7120 型平面磨床的结构示意图如图 3-1 所示。它由床身、工作台、电磁吸盘、砂轮箱、滑座和立柱等部分组成。

在工作台上装有电磁吸盘，用以吸持工件，工作台在床身的导轨上作往返（纵向）运动，主轴可在床身的横向导轨上作横向进给运动，砂轮箱可在立柱导轨上的作垂直运动。

平面磨床的主运动是砂轮的旋转运动。工作台的纵向往返移动为进给运动，砂轮箱升降运动为辅助运动。当工作台每完成一次纵向进给时，砂轮自动作一次横向进给；在加工完整个平面以后，砂轮由手动作垂直进给。

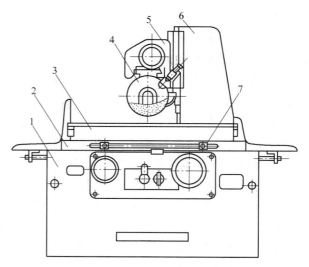

图 3-1　M7120 型平面磨床结构示意图
1—床身　2—工作台　3—电磁吸盘　4—砂轮箱
5—滑座　6—立柱　7—撞块

2. 电力拖动特点和控制要求

1）M7120型平面磨床采用分散拖动，液压泵电动机、砂轮电动机、砂轮箱升降电动机和冷却泵电动机，全部采用普通笼型交流异步电动机。

2）不要求磨床的砂轮、砂轮箱升降和冷却泵调速，换向是通过工作台上的撞块碰撞床身上的液压换向开关来实现的。

3）为减少工作在磨削加工中的热变形并冲走磨屑，以保证加工精度，需用冷却液。

4）为适应磨削小工件需要，也为工件在磨削过程中受热能自由伸缩，采用电磁吸盘来吸持工件。

5）只要求砂轮电动机、液压泵电动机和冷却泵电动机单方向旋转，并采用直接起动。

6）要求砂轮箱升降电动机能正、反转，并且冷却泵电动机与砂轮电动机具有顺序联锁关系，在砂轮电动机起动后才可开动冷却泵电动机。

7）应具有完善的保护环节，如电动机的短路保护、过载保护、零电压保护、电磁吸盘欠电压保护等。

8）要求具有必要的信号指示和局部照明。

3.2.2　M7120型平面磨床电气控制分析

M7120型平面磨床的电气控制电路如图3-2所示，由主电路、控制电路、电磁吸盘控制电路和辅助电路4部分组成。

1. 主电路分析

主电路中有4台电动机。其中 M_1 为液压泵电动机，由 KM_1 控制。M_2 为砂轮电动机，M_3 为冷却泵电动机，同由 KM_2 控制。M_4 为砂轮箱升降电动机，分别由 KM_3、KM_4 控制。FU_1 对电路进行短路保护，FR_1、FR_2、FR_3 分别对 M_1、M_2、M_3 进行过载保护。因砂轮升降电动机短时运行，所以不设置过载保护。

2. 控制电路分析

当电源正常时，合电源开关 QS_1，电压继电器 KV 的常开触点闭合，可进行操作。

1）液压泵电动机 M_1 控制，其控制电路位于6区。

起动过程：按下 SB_2，$SB_2^+ \rightarrow KM_1^+$（得电吸合）$\rightarrow M_1$ 起动；

停止过程：按下 SB_1，$SB_1^+ \rightarrow KM^-$（失电释放）$\rightarrow M_1$ 停转。

2）砂轮电动机 M_2 的控制，其控制电路位于7区。

起动过程：按下 SB_4，$SB_4^+ \rightarrow KM_2^+ \rightarrow M_2$ 起动；

停止过程：按下 SB_3，$SB_3^+ \rightarrow KM_2^- \rightarrow M_2$ 停转。

3）冷却泵电动机控制。冷却泵电动机由于通过插座 XS_2 与接触器 KM_2 主触点相联，因此 M_3 是与砂轮电动机 M_2 联动控制，按下 SB_4 时，M_3 与 M_2 同时起动，按下 SB_3 时同时停止。FR_2 与 FR_3 的常闭触点串联在 KM_2 线圈回路中，当 M_2、M_3 中任一台过载时，相应的热继电器动作，都将使 KM_2 线圈失电，M_2、M_3 同时停止。

4）砂轮升降电动机控制。其控制电路位于8区、9区，采用点动控制。

砂轮上升控制过程：按下 SB_5，$SB_5^+ \rightarrow KM_3^+ \rightarrow M_4$ 起动正转。

当砂轮上升到预定位置时，松开 SB_5，$SB_5^- \rightarrow KM_3^- \rightarrow M_4$ 停转。

砂轮下降控制过程：按下 SB_6，$SB_6^+ \rightarrow KM_4^+ \rightarrow M_4$ 起动反转。

当砂轮下降到预定位置时，松开 SB_6，$SB_6^- \rightarrow KM_4^- \rightarrow M_4$ 停转。

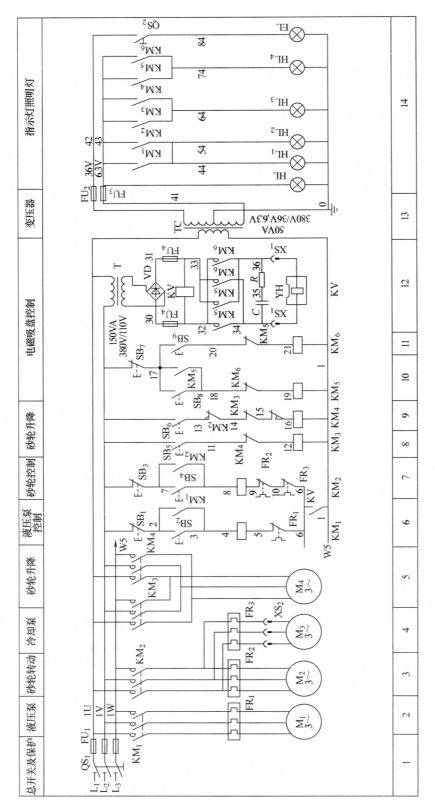

图 3-2 M7120 型平面磨床的电气控制电路图

3. 电磁吸盘控制电路分析

（1）电磁吸盘构造及原理

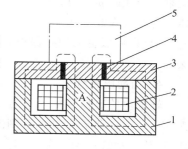

电磁吸盘外形有长方形和圆形两种。矩形平面磨床采用长方形电磁吸盘，圆台平面磨床用圆形电磁吸盘。电磁吸盘工作原理示意图如图3-3所示。图中所示1为钢制吸盘体，在它的中部凸起的心体A上绕有线圈（图中所示2）；钢制盖板（图中所示3）被隔磁层（图中所示4）隔开。在线圈中通入直流电流，芯体将被磁化，磁力线经由盖板、工件、盖板、吸盘体和芯体闭合，将工件（图中所示5）牢牢吸住。盖板中的隔磁层由铅、铜、黄铜及巴氏合金等非磁性材料制成，其作用是使磁力线都通过工件再回到吸盘体，不致于直接通过盖板闭合，以增强对工件的吸持力。

图3-3　电磁吸盘工作原理示意图
1—钢制吸盘体　2—线圈
3—钢制盖板　4—隔磁层　5—工件

电磁吸盘与机械夹紧装置相比，具有夹紧迅速、不损伤工件、工作效率高、能同时吸持多个小工件、在加工过程中工件发热可自由伸延以及加工精度高等优点。但也有夹紧力不及机械夹紧、调节不便、需用直流电源供电以及不能吸持非磁性材料工件等缺点。

（2）电磁吸盘控制电路

电磁吸盘控制电路由整流装置、控制装置及保护装置等组成。整流部分由整流变压器 T 和桥式整流器 VC 组成，输出110V的直流电压。

电磁吸盘充磁的控制过程：按下 SB_8，$SB_8^+ \rightarrow KM_5^+$（自锁）$\rightarrow YH^+$ 充磁。

当工件加工完毕需取下时，先按下 SB_7，切断电磁吸盘的电源，但由于吸盘和工件都有剩磁，所以必须对吸盘和工件退磁。退磁控制过程是，按 SB_9，$SB_9^+ \rightarrow KM_6^+ \rightarrow YH^+$ 退磁，此时电磁吸盘线圈通入反方向的电流，以消除剩磁。由于去磁时间太长会使工件和吸盘反向磁化，因此去磁采用点动控制，松开 SB_9 则去磁结束。

交流去磁器结构原理如图3-4所示。由硅钢片制成铁心（图中所示1），在其上套有线圈（图中所示2）并通以交流电，在铁心柱上装有极靴（图中所示3），在由软钢制成的两个极靴间隔有隔磁层（图中所示4）。去磁时线圈通入交流电，将工件在极靴平面上来回移动若干次，即可完成去磁要求。

（3）电磁吸盘保护环节

1）欠电压保护。当电源电压不足或整流变压器发生故障时，吸盘的吸力不足，在加工过程中，会使工件高速飞离而造成事故。为防止发生这种情况，在电路中设置了欠电压继电器 KV，将其线圈并联在电磁吸盘电路中，常开触点串联在 KM_1、KM_2 线圈回路中，当电源电压不足或为零

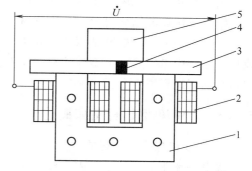

图3-4　交流去磁器结构原理图
1—铁心　2—线圈　3—极靴
4—隔磁层　5—工件

时，KV 常开触点断开，使 KM_1、KM_2 断电，液压泵电动机 M_1 和砂轮电动机 M_2 停转，以确保生产安全。

2）电磁吸盘线圈的过电压保护。电磁吸盘匝数多，电感大，通电工作时储有大量磁场

能量。当线圈断电时，两端将产生高压，若无放电回路，则将使线圈绝缘及其他电气设备损坏。为此，在线圈两端接有 RC 放电回路，以吸收断开电源后放出的磁场能量。

3）电磁吸盘的短路保护。在整流变压器二次侧或整流装置输出端装有熔断器作为短路保护。

4. 辅助电路分析

辅助电路有信号指示和局部照明电路，位于 14 区，其中 EL 为局部照明灯，工作电压为 36V，由手动开关 QS_2 控制。其余信号灯工作电压为 6.3V。HL 为电源指示灯；HL_1 为 M_1 运转指示灯；HL_2 为 M_2 运转指示灯；HL_3 为 M_4 运转指示灯；HL_4 为电磁吸盘工作指示灯。

5. 平面磨床电气设备常见故障分析

平面磨床电气控制的特点是采用电磁吸盘，在此仅对电磁吸盘的常见故障进行分析。

1）电磁吸盘没有吸力。首先应检查三相交流电源是否正常，然后检查 FU_1、FU_2 与 FU_4 是否完好，接触是否正常，再检查接插器 XS_1 接触是否良好。如上述检查未发现故障，则进一步检查电磁吸盘电路，包括 KV 线圈是否断开、吸盘线圈是否断路等。

2）电磁吸盘吸力不足。常见的原因有交流电源电压低，导致直流电压相应下降，以致吸力不足。若直流电压正常，有可能系 XS_1 接触不良。

另一原因是桥式整流电路的故障。如整流桥一臂发生开路，将使直流输出电压下降一半左右，使吸力减少。若有一臂整流元器件击穿形成短路，与它相邻的另一桥臂的整流元器件会因过电流而损坏，此时 T 也会因短路而造成过电流，致使吸力很小甚至无吸力。

3）电磁吸盘退磁效果差，造成工件难以取下。其故障原因在于退磁电压过高或去磁回路被断开，无法去磁或去磁时间掌握不好等。

3.3 Z3040 型摇臂钻床的电气控制

钻床是孔加工机床。用来钻孔、扩孔、铰孔、攻丝及修刮端面等多种形式的加工。

钻床按用途和结构可分为立式钻床、台式钻床、多轴钻床、摇臂钻床及其他专用钻床等。在各类钻床中，摇臂钻床操作方便、灵活，适用范围广，具有典型性，特别适用于单件或批量生产中带有多孔大型零件的孔加工，是一般机械加工车间常见的机床。下面对 Z3040 型摇臂钻床进行重点分析。

3.3.1 Z3040 型摇臂钻床概述

1. 主要结构及运动形式

摇臂钻床主要由底座、内立柱、外立柱、摇臂、主轴箱及工作台等部分组成，其结构及运动情况示意图如图 3-5 所示。将内立柱固定在底座的一端，外面套有外立柱，外立柱可绕内立柱回转 360°，摇臂的一端为套筒，套装在外立柱上，并借助丝杠的正、反转可沿外立柱作上下移动，由于该丝杠与外立柱连成一体，而升降螺母固定在摇臂上。所以，摇臂不能绕外立柱转动，只能与外立柱一起绕内立柱回转。将主轴箱安装在摇臂的水平导轨上，可以通过手轮操作使其在水平导轨上沿摇臂移动。当进行加工时，由特殊的夹紧装置将主轴箱紧固在摇臂导轨上，外立柱紧固在内立柱上，摇臂紧固在外立柱上，然后进行钻削加工。钻削加工时，钻头一面旋转进行切削，一面进行纵向进给。可见，摇臂钻床的运动方式如下。

主运动：主轴的旋转运动。

进给运动：主轴的纵向进给。

辅助运动：摇臂沿外立柱垂直移动；主轴箱沿摇臂长度方向移动；摇臂与外立柱一起绕内立柱回转运动。

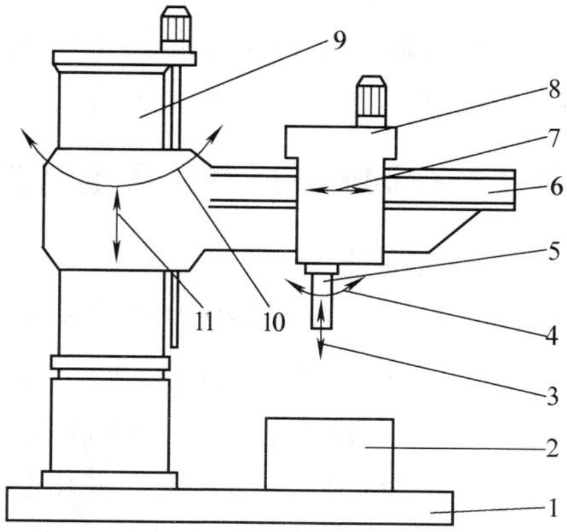

2. 电力拖动特点及控制要求

1）摇臂钻床运动部件较多，为简化传动装置，采用多电动机拖动。设有主轴电动机、摇臂升降电动机、立柱夹紧放松电动机及冷却泵电动机。

2）摇臂钻床为适应多种形式的加工，要求主轴及进给有较大的调速范围。

3）由一台电动机拖动摇臂钻床的主运动与进给运动，分别经主轴与进给传动机构实现主轴旋转和进给。

4）为加工螺纹，主轴要求正、反转。由机械方法获得，主轴电动机只需单方向旋转。

图3-5 摇臂钻床结构及运动情况示意图
1—底座 2—工作台 3—主轴纵向进给
4—主轴旋转运动 5—主轴 6—摇臂
7—主轴箱沿摇臂径向运动 8—主轴箱
9—内外立柱 10—摇臂回转运动
11—摇臂垂直运动

5）对内/外立柱、主轴箱及摇臂的夹紧放松和其他一些环节，采用先进的液压技术。

6）具有必要的联锁与保护。

3. 液压系统简介

该摇臂钻床具有两套液压控制系统，一个是操纵机构液压系统；一个是夹紧机构液压系统。将前者安装在主轴箱内，用以实现主轴正/反转、停车制动、空档、预选及变速；后者安装在摇臂背后的电器盒下部，用以夹紧/松开主轴箱、摇臂及立柱。

（1）操纵机构液压系统

该系统压力油由主轴电动机拖动齿轮泵供给。在主轴电动机转动后，由操作手柄控制，使压力油进行不同的分配，以获得不同的动作。操作手柄有5个位置："空档""变速""正转""反转""停车"。

1）"停车"。主轴停转时，将操作手柄扳向"停车"位置，这时主轴电动机拖动齿轮泵旋转，使制动摩擦离合器作用，主轴不能转动实现停车。所以主轴停车时主轴电动机仍在旋转，只是使动力不能传到主轴。

2）"空档"。将操作手柄扳向"空档"位置，这时压力油使主轴传动系统中滑移齿轮脱开，用手可轻便地转动主轴。

3）"变速"。当主轴变速与进给变速时，将操作手柄板向"变速"位置，改变两个变速旋钮，进行变速，主轴转速和进给量的大小由变速装置实现。在变速完成、松开操作手柄后，操作手柄在机械装置的作用下自动由"变速"位置回到主轴"停车"位置。

4）"正转"和"反转"。将操作手柄扳向"正转"或"反转"位置，主轴在机械装置的作用下，可实现主轴的正转或反转。

（2）夹紧机构液压系统

夹紧机构液压系统压力油由液压泵电动机拖动液压泵供给，以实现主轴箱、立柱和摇臂的松开与夹紧。其中，主轴箱和立柱的松开与夹紧由一个油路控制，摇臂的松开与夹紧由另一个油路控制，这两个油路均由电磁阀操纵，主轴箱和立柱的夹紧与松开由液压泵电动机点动就可实现。摇臂的夹紧与松开与摇臂的升降控制有关。

3.3.2 Z3040 型摇臂钻床电气控制分析

1. 主电路分析

图 3-6 所示为 Z3040 型摇臂钻床电气控制电路图。图中 M_1 为主轴电动机，M_2 为摇臂升降电动机，M_3 为液压泵电动机，M_4 为冷却泵电动机。

M_1 为单方向旋转，由接触器 KM_1 控制，主轴的正、反转则由机床液压系统操纵机构配合正、反转摩擦离合器实现，并由热继电器 FR_1 作电动机长期过载保护。

M_2 由正、反转接触器 KM_2、KM_3 控制实现正、反转。控制电路保证在操纵摇臂升降时，首先使液压泵电动机起动旋转，供出压力油，经液压系统将摇臂松开，然后才使电动机 M_2 起动，拖动摇臂上升或下降。在移动到位后，保证 M_2 先停下，再自动通过液压系统将摇臂夹紧，最后液压泵电动机才停下。M_2 为短时工作，不设长期过载保护。

M_3 由接触器 KM_4、KM_5 实现正、反转控制，并有热继电器 FR_2 作长期过载保护。

M_4 电动机容量小，125kW，由开关 SA 控制。

2. 控制电路分析

由变压器 T 将 380V 交流电压降为 110V，作为控制电源。指示灯电源为 6.3V。

（1）主轴电动机的控制

按下起动按钮 SB_2，接触器 KM_1 吸合并自锁，使主轴电动机 M_1 起动并运转。按下停止按钮 SB_1，接触器 KM_1 释放，使主轴电动机 M_1 停转。

（2）摇臂升降电动机的控制

控制电路要保证在摇臂升降时，先使液压泵电动机起动运转，供出压力油，经液压系统将摇臂松开，然后才使摇臂升降电动机 M_2 起动，拖动摇臂上升或下降。在移动到位后，又要保证 M_2 先停下，再通过液压系统将摇臂夹紧，最后使液压泵电动机 M_3 停转。

按上升按钮 SB_3，时间继电器 KT 线圈通电，其瞬动常开触点（图中所示 13-14）闭合，接触器 KM_4 线圈通电，使 M_3 正转，液压泵供出正向压力油。同时，KT 断电延时断开常开触点闭合（图中所示 1-17），接通电磁阀 YV 线圈，使压力油进入摇臂，松开油腔，推动松开机构，使摇臂松开并压下行程开关 SQ_2，其常闭触点断开，使接触器 KM_4 线圈断电，M_3 停止转动。同时，SQ_2 常开触点（图中所示 6-7）闭合，使接触器 KM_2 线圈通电，摇臂升降电动机 M_2 正转，拖动摇臂上升。

当摇臂上升到所需位置时，松开按钮 SB_3，接触器 KM_2 和时间继电器 KT 均断电，摇臂升降电动机 M_2 脱离电源，但还在惯性运转，经 $1 \sim 3s$ 延时后，摇臂完全停止上升，KT 的断电延时闭合常闭触点（图中所示 17-18）闭合，KM_5 线圈通电，M_3 反转，供给反向压力油。因 SQ_3 的常闭触点（图中所示 1-17）是闭合的，YV 线圈仍通电，故使压力油进入摇臂夹紧油腔，推动夹紧机构使摇臂夹紧。夹紧后，压下 SQ_3，其触点（图中所示 1-17）断开，KM_5 和电磁阀 YV 因线圈断电而使液压泵电动机 M_3 停转，摇臂上升完毕。

摇臂下降，只需按下 SB_4 即可，KM_3 得电，M_2 反转，其控制过程与上升类似。

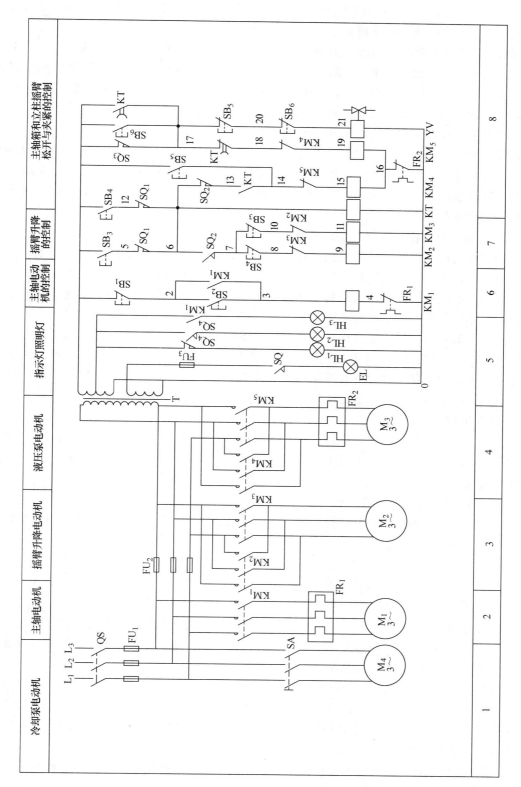

图 3-6 Z3040 型摇臂钻床电气控制电路图

时间继电器 KT 是为保证夹紧动作在摇臂升降电动机完全停转后而设的，KT 延时时间的长短依摇臂升降电机切断电源到停止惯性运转的时间而定。

摇臂升降的极限保护由组合开关 SQ_1 来实现。SQ_1 有两对常闭触点，当摇臂上升或下降到极限位置时，相应触点动作，切断对应上升或下降接触器 KM_2 与 KM_3，使 M_2 停止旋转，摇臂停止移动，实现极限位置保护，平时应将 SQ_1 开关两对触点调整在同时接通的位置上；一旦动作，就应使一对触点断开，而另一对触点仍保持闭合。

行程开关 SQ_2 保证摇臂完全松开后才能升降。

摇臂夹紧后，由行程开关 SQ_3 常闭触点（图中所示 1-17）的断开实现液压泵电动机 M_3 的停转。如果液压系统出现故障使摇臂不能夹紧，或 SQ_3 调整不当，都会使 SQ_3 常闭触点不能断开而使液压泵电动机 M_3 过载。因此，液压泵电动机虽是短时运转，但仍需要热继电器 FR_2 作过载保护。

（3）主轴箱和立柱松开与夹紧的控制

主轴箱和立柱的松开或夹紧是同时进行的。按松开按钮 SB_5，接触器 KM_4 通电，液压泵电动机 M_3 正转。与摇臂松开不同，这时电磁阀 YV 并不通电，压力油进入主轴箱松开油缸和立柱松开油缸中，推动松紧机构使主轴箱和立柱松开。行程开关 SQ_4 不受压，其常闭触点闭合，指示灯 HL_1 亮，表示主轴箱和立柱松开。

若要使主轴箱和立柱夹紧，则可按夹紧按钮 SB_6，使接触器 KM_5 通电，液压泵电动机 M_3 反转。这时，电磁阀 YV 仍不通电，压力油进入主轴箱和立柱夹紧油缸中，推动松紧机构使主轴箱和立柱夹紧。同时行程开关 SQ_4 被压，其常闭触点断开，指示灯 HL_1 灭，其常开触点闭合，指示灯 HL_2 亮，表示主轴箱和立柱已夹紧，可以进行工作。

3. 辅助电路

变压器 T 的另一组二次绕组提供 AC 36V 照明电源。照明灯 EL 由开关 SQ 控制。照明电路由熔断器 FU_3 作短路保护。指示灯也由 T 供电，工作电压为 6.3V。HL_1、HL_2 分别为主轴箱和立柱松开、夹紧指示灯，HL_3 为主轴电动机运转指示灯。

4. 电气控制电路常见故障分析

摇臂钻床电气控制的特点是摇臂的控制，它是机、电、液的联合控制。下面仅以摇臂移动的常见故障为例进行分析。

1）摇臂不能上升。常见故障为 SQ_2 安装位置不当或发生移动。这样摇臂虽已松开，但活塞杆仍压不上 SQ_2，致使摇臂不能移动；也许因液压系统发生故障，使摇臂没有完全松开，活塞杆压不上 SQ_2。为此，应配合机械、液压，调整好 SQ_2 位置并安装牢固。

有时将电动机 M_3 电源相序接反，此时按下摇臂上升按钮 SB_3 时，电动机 M_3 反转，使摇臂夹紧，更压不上 SQ_2，摇臂也不会上升。所以，机床大修或安装完毕，必须认真检查电源相序及电动机正/反转是否正确。

2）摇臂移动后夹不紧。摇臂升降后，摇臂应自动夹紧，而夹紧动作的结束由开关 SQ_3 控制。若摇臂夹不紧，则说明摇臂控制电路能够动作，只是夹紧力不够。这往往是由于 SQ_3 安装位置不当或松动移位，过早地被活塞杆压上，其结果是致使液压泵电动机 M_3 在摇臂还未充分夹紧时就停止旋转。

3）液压系统的故障。有时电气控制系统工作正常，而电磁阀芯被卡住或油路堵塞，造成液压控制系统失灵，也会造成摇臂无法移动。

3.4 X62W 型万能铣床的电气控制

万能铣床是一种通用的多用途铣床，它可以用铣刀对各种零件进行平面、斜面、沟槽、齿轮及成型表面的加工，还可以加装万能铣头和圆工作台来铣切凸轮及弧形槽。这种铣床可以进行多种内容的加工，故称其为万能铣床。

3.4.1 X62W 型万能铣床概述

1. 主要结构与运动形式

X62W 型卧式万能铣床具有主轴转速高、调速范围宽、操作方便和工作台能自动循环加工等特点，其结构简图如图 3-7 所示。它主要由底座、床身、悬梁、刀杆支架、工作台和升降台等部分组成。

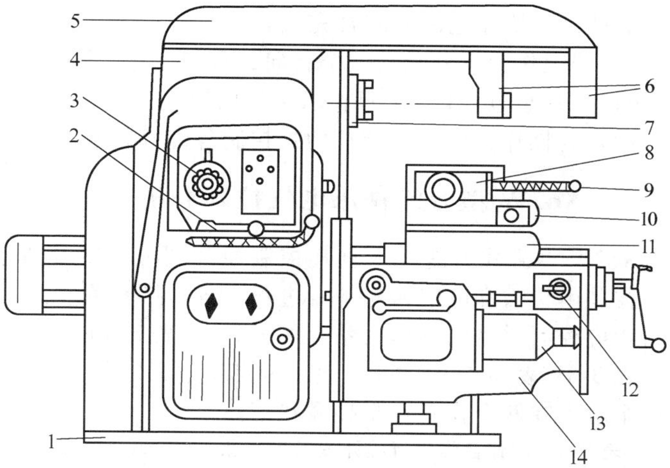

将铣刀装在与主轴联在一起的刀杆（图中所示 6）上，在床身的前面有垂直导轨，升降台沿其上下移动；在升降台上面的水平导轨上，装有可在平行于主轴轴线方向移动（横向移动）的溜板，在溜板上部转动部分的导轨上可做垂直于主轴轴线方向的移动（纵向移动），这样，工作台上的工件就可以在 6 个方向（上、下、左、右、前、后）调整位置及进给。

图 3-7 X62W 型万能铣床结构简图

1—底座 2—主轴变速手柄 3—主轴变速数字盘 4—床身（立柱）
5—悬梁 6—刀杆支架 7—主轴 8—工作台 9—工作台纵向操纵
手柄 10—回转台 11—床鞍 12—工作台升降及横向操纵手柄
13—进给变速手轮及数字盘 14—升降台

为了快速调整工件与刀具之间的相对位置，可以改变传动比，使工作台在上、下、左、右、前、后这 6 个方向作快速移动。此外，由于转动部分对溜板可绕垂直轴线左右转一个角度（通常为 45°），所以工作台在水平面上除了能平行或垂直于主轴轴线方向进给外，还能在倾斜方向进给，可以加工螺旋槽。工作台上还可以安装圆工作台以扩大铣削能力。

由上述可知，X62W 型万能铣床的运动方式如下。

主运动：铣刀旋转。

进给运动：工作台的上、下、左、右、前、后 6 个方向运动。

辅助运动：工作台在 6 个方向快速运动。

2. 电力拖动特点和控制要求

1）在 X62W 型万能铣床的主运动和进给运动之间，没有速度比例协调的要求，各自采用单独的笼型异步电动机拖动。

2）为了能进行顺铣和逆铣加工，要求主轴能够实现正、反转。

63

3）为提高主轴旋转的均匀性，并消除铣削加工时的振动，在主轴上装有飞轮，其转动惯量较大。因此，要求主轴电动机有停车制动控制。

4）为适应加工的需要，主轴转速与进给速度应有较宽的调节范围。X62W 型铣床采用机械变速的方法，为保证变速时齿轮易于啮合，减小齿轮端面的冲击，要求变速时有电动机瞬时冲动。

5）进给运动和主轴运动应有电气联锁。为了防止主轴未转动时，工作台将工件送进可能损坏刀具或工件，进给运动要在铣刀旋转之后进行。为降低加工工件的表面粗糙度，必须在铣刀停转前停止进给运动。

6）工作台在 6 个方向上运动要有联锁。在任何时刻，工作台在上、下、左、右、前、后 6 个方向上，只能有一个方向的进给运动。

7）为了适应工作台在 6 个方向上运动的要求，进给电动机应能正、反转。快速运动由进给电动机与快速电磁铁配合完成。

8）圆工作台运动只需一个转向，且与工作台进给运动要有联锁，不能同时进行。

9）冷却泵电动机 M_3 只要求单方向转动。

10）为操作方便，应能在两处控制各部件的起动和停止。

3.4.2　X62W 型万能铣床电气控制分析

X62W 型卧式万能铣床电气控制原理图如图 3-8 所示。这种机床控制电路的显著特点是，控制由机械和电气密切配合进行。各转换开关、行程开关的作用，各指令开关的状态以及与相应控制手柄的动作关系，如表 3-1～表 3-4 所示。

表 3-1～表 3-4 中，"+"表示触点接通，"-"表示触点断开。一个触点有两个"+"表示这个触点在两个位置都是接通状态。

表 3-1　工作台纵向行程开关工作状态

位置 触点	向左	中间 （停）	向右
SQ_{1-1}	-	-	+
SQ_{1-2}	+	+	-
SQ_{2-1}	+	-	-
SQ_{2-2}	-	+	+

表 3-2　工作台升降、横向行程开关工作状态

位置 触点	向前 向下	中间 （停）	向后 向上
SQ_{3-1}	+	-	-
SQ_{3-2}	-	+	+
SQ_{4-1}	-	-	+
SQ_{4-2}	+	+	-

表 3-3　圆工作台转换开关工作状态

位置 触点	接通圆工作台	断开圆工作台
SA_{1-1}	-	+
SA_{1-2}	+	-
SA_{1-3}	-	+

表 3-4　主轴转换开关工作状态

位置 触点	左转	停止	右转
SA_{5-1}	+	-	-
SA_{5-2}	-	-	+
SA_{5-3}	-	-	+
SA_{5-4}	+	-	-

1. 主电路分析

主电路有 3 台电动机，其中 M_1 为主轴电动机，M_2 为工作台进给电动机，M_3 为冷却泵电动机。QS 为电源开关，各电动机的控制过程分别如下。

主轴电动机由接触器 KM_3 控制，M_1 旋转方向由组合开关 SA_5 预先选择。M_1 的起动、停止的控制可在两地操作，采用串电阻反接制动。通过机械机构和接触器 KM_2 进行变速冲动控制。

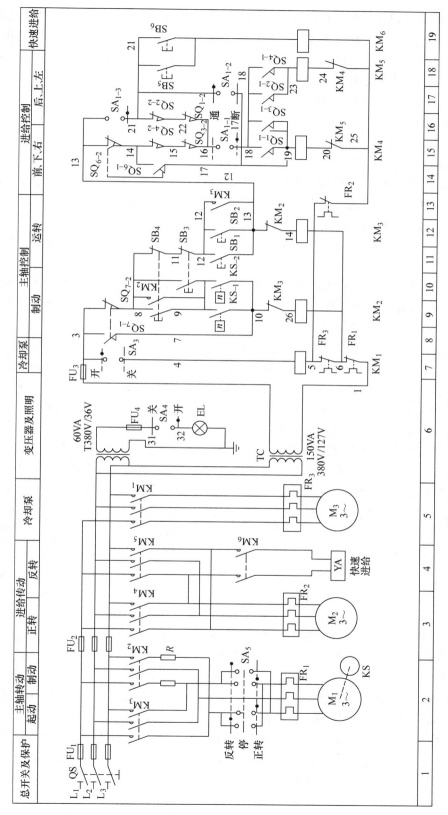

图 3-8 X62W 型卧式万能铣床电气控制原理图

工作台进给电动机 M_2 由接触器 KM_4、KM_5 控制，并由接触器 KM_6 控制快速电磁铁，决定工作台移动速度，KM_6 接通为快速，断开为慢速。正/反转接触器 KM_4、KM_5 是由两个机械操作手柄控制的。一个是纵向操作手柄，另一个是垂直与横向操作手柄。这两个机械操作手柄各有两套，分设在铣床工作台正面与侧面，实现两地操作。

冷却泵电动机 M_3 由接触器 KM_1 控制，单方向运转。

2. 控制电路分析

控制电路电压为 127V，由控制变压器 TC 供给。

（1）主电动机的控制电路

1）主电动机的起动。主电动机起动前应首先选择好主轴的转速。然后将电源开关 QS 扳到接通位置，根据所用的铣刀，由 SA_5 选择所需的转向。这时按下起动按钮 SB_1（装在机床正面）或 SB_2（装在机床侧面），起动过程如下：

SB_1^+（或 SB_2^+）→ KM_3^+（自锁）→ M_1^+ 直接起动 → 达一定 n 值时 KS^+（为反接制动作准备）

2）主电动机的制动。当主轴制动停车时，按下 SB_3（机床正面）或 SB_4（机床侧面），KM_3 断电而 KM_2 通电，电动机 M_1 串入电阻进行反接制动。当电动机转速较低时，速度继电器复位，触点 KS 断开，KM_2 断电，电动机反接制动结束：

SB_3^+（或 SB_4^+）→ KM_3^- → KM_2^+ → M_1 反接制动 $n\downarrow n$ 低于一定值时 → KS^- → KM_2^- → M_1 停车

在操作停止按钮时应注意，要将停止按钮按到底，否则只将其常闭触点断开而未将常开触点闭合，反接制动环节便没有接入，电动机仍处于自由停车状态；也不能一按到底就立即松开，这样主轴电动机反接制动时间太短，制动效果差，应在速度继电器触点断开后，再将按钮松开，以保证在整个停车过程中大部分时间进行反接制动。

3）主轴变速控制。X62W 型卧式万能铣床主轴的变速采用孔盘机构，集中操纵。从控制电路的设计结构来看，既可以在停车时变速，也可以 M_1 运转时进行变速。图 3-9 所示为 X62W 主轴变速操纵结构简图。变速时，将主轴变速手柄扳向左边。在手柄扳向左边过程中，扇形齿轮带动齿条、拨叉，在拨叉推动下将变速孔盘向右移动，并离开齿杆；然后旋转变速数字盘，经伞形齿轮带动孔盘旋转到对应位置，即选择好速度；再迅速将主轴变速手柄扳回原位，这时经传动机构，拨叉将变速孔盘推回，若恰好齿杆正对变速孔盘中的孔，则变速手柄就能推回原位，这说明齿轮已啮合好，变速过程结束；若齿杆无法插入盘孔，则发生了顶齿现象而啮合不上。这时，需再次拉出变速手柄，再推上，直至齿杆能插入孔盘、手柄能被推回原位为止。

从上面的分析可知，在变速手柄推拉过程中，使变速冲动开关 SQ_7 动作，即 SQ_{7-2} 分断，SQ_{7-1} 闭合，接触器 KM_2 线圈短时通电，电动机 M_1 低速冲动一下，使传动齿轮顺利啮合，完成变速过程。这就是主轴变速冲动。在推回变速手柄时，动作要迅速，以免压合 SQ_7 时间过长，主轴电动机转速升得过高，不利于齿轮啮合甚至打坏齿轮。但在变速手柄推回，接近原位时，应减慢推动速度，以利齿轮啮合。

主轴变速既可在主轴不转时进行，也可在主轴旋转时进行，无需再按停止按钮。因电路中触点 SQ_{7-2} 在变速时先断开，使 KM_3 先断电，触点 SQ_{7-1} 后闭合，再使 KM_2 通电，对 M_1 先进行反接制动，电动机转速迅速下降，再进行变速操作。变速完成后，尚需再次起动电动机，主轴将在新转速下旋转。

（2）工作台进给控制

工作台进给控制电路的电源从图 3-8 所示的 13 点引出，串入 KM_3 的自锁触点，以保证主轴旋转与工作台进给的顺序联锁要求。工作台的左右、上下、前后运动是通过操纵手柄和机械联动机构控制相应的行程开关使进给电动机正转或反转实现的。行程开关 SQ_1 和 SQ_2 控制工作台向右和向左运动，SQ_3 和 SQ_4 控制工作台向前、向下和向后、向上运动。

1）工作台的左右（纵向）运动。工作台的左右运动由纵向手柄操纵，当将手柄扳向右侧时，手柄通过联动机构接通了纵向进给离合器，同时压下了行程开关 SQ_1，SQ_1 的动合触点闭合，使进给电动机的正转接触器 KM_1 线圈通过 13-14-15-16-18-19-20-25 得电，使进给电动机正转，带动工作台向右运动。当将纵向进给手柄扳向左侧时，行程开关 SQ_2 被压下，行程开关 SQ_1 复位，进给电动机反转接触器 KM_5 线圈通过图 3-8 所示的 13-14-15-16-18-23-24-25 得电，使进给电动机反转，带动工作台向左运动。控制过程如下：

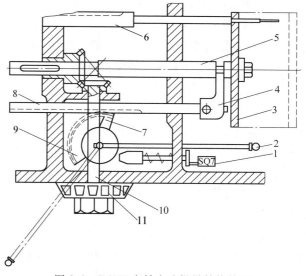

图 3-9　X62W 主轴变速操纵结构简图
1—变速冲动开关　2—变速手柄　3—变速孔盘　4—拨叉
5、10—轴　6—齿轮　7—凸轮　8—齿条　9—扇形齿轮　11—变速盘

$$将手柄扳向右\begin{cases}合上纵向进给机械离合器\\压下 SQ_1（SQ_{1-2}分断、SQ_{1-1}闭合）\rightarrow KM_4^+ \rightarrow M_2 正转 \rightarrow 工作台右移\end{cases}$$

$$将手柄扳向左\begin{cases}合上纵向进给机械离合器\\压下 SQ_2（SQ_{2-2}分断、SQ_{2-1}闭合）\rightarrow KM_5^+ \rightarrow M_2 反转 \rightarrow 工作台左移\end{cases}$$

在工作台纵向进给时，应将横向及升降操纵手柄放在中间位置，不使用圆工作台。将圆工作台转换开关 SA_1 处于断开位置，即 SA_{1-1}，SA_{1-3} 接通，SA_{1-2} 断开。

工作台左、右运动的行程长短，由安装在工作台前方操作手柄两侧的挡铁来决定。当工作台左、右运动到预定位置时，挡铁撞动纵向操作手柄，使它自动返回中间位置，使工作台停止，实现限位保护。

2）工作台前后（横向）和上下（升降）进给控制。由工作台控制升降与横向操纵的手柄，共有 5 个位置，即上、下、前、后和中间位置。在扳动操纵手柄的同时，将有关机械离合器挂上，同时压合行程开关 SQ_3 或 SQ_4。其中，SQ_4 在操作手柄向上或向后扳动时被压下，而 SQ_3 在手柄向下或向前扳动时被压下。

① 工作台向上运动。操作手柄扳在向上位置上，接通垂直运动的离合器，同时压下 SQ_4，SQ_{4-2} 断开，SQ_{4-1} 闭合，正转接触器 KM_5 线圈通过图 3-8 所示的 13-21-22-16-18-23-24-25 得电，M_2 反转，工作台向上运动，即

$$将手柄扳向上\begin{cases}合上垂直进给机械离合器\\压下 SQ_4 \rightarrow KM_5^+ \rightarrow M_2 反转 \rightarrow 工作台向上运动\end{cases}$$

若欲停止上升，则将操作手柄扳回中间位置即可。工作台向下运动，只要将十字手柄扳向下，则 KM_4 线圈得电，M_2 正转即可，其控制过程与上升类似。

② 工作台向前运动。若将操作手柄扳在向前位置，则横向运动机械离合器挂上，同时压下 SQ_3，触点 SQ_{3-1} 闭合，SQ_{3-2} 断开，KM_4 通电，M_2 电动机正转，拖动工作台在升降台上向前运动，路径为图 3-8 所示的 13-21-22-16-18-19-20-25，即。

将手柄扳向前 $\begin{cases} 合上横向进给机械离合器 \\ 压下 SQ_3 \rightarrow KM_{4} \rightarrow M_2 正转 \rightarrow 工作台向前运动 \end{cases}$

③ 工作台向后运动。控制过程与向前类似，只需将十字手柄扳向后，使 SQ_4 被压下，KM_5 线圈得电，M_2 反转，工作台向后运动。

工作台上、下、前、后运动都有限位保护。当工作台运动到极限位置时，利用固定在床身上的挡铁，撞击十字手柄，使其回到中间位置，工作台停止运动。

3）工作台的快速移动。工作台 3 个方向的快速移动也是由进给电动机拖动的，当工作台已经进行工作时，如再按下快速移动按钮 SB_5 或 SB_6，使 KM_6 通电，接通快速移动电磁铁 YA，衔铁吸上，经杠杆将进给传动链中的摩擦离合器合上，减少中间传动装置，工作台按原运动方向实现快速移动。当将 SB_5 或 SB_6 松开时，KM_6、YA 相继断电，衔铁释放，摩擦离合器脱开，快速移动结束，工作台仍按原进给速度原方向继续运动。

工作台也可在主轴电动机不转的情况下进行快速移动，这时应将主轴换向开关 SA_5 扳在"停止"位置，然后按下 SB_1 或 SB_2，使 KM_1 通电并自锁，操纵工作台手柄，使进给电动机 M_2 起动旋转，再按下快速移动按钮 SB_5 或 SB_6，工作台便可获得主轴不转情况下的快速移动。

4）进给变速时"冲动"控制。在进给变速时，为使齿轮易于啮合，在电路中设有变速"冲动"控制环节。进给变速冲动是由进给变速手柄配合进给变速冲动开关 SQ_6 实现的。操作顺序是，将蘑菇形进给变速手柄向外拉出，转动蘑菇手柄，速度转盘随之转动，将所需进给速度对准箭头；然后再把变速手柄继续向外拉至极限位置，随即推回原位，若能推回原位，则完成变速。就在将蘑菇手柄拉到极限位置的瞬间，其联动杠杆，压合行程开关 SQ_6，使触点 SQ_{6-2} 先断开，而触点 SQ_{6-1} 后闭合，使 KM_4 通电，M_2 正转起动。由于在操作时只使 SQ_6 瞬时压合，所以电动机只瞬动一下，拖动进给变速机构瞬动，利于变速齿轮啮合。

（3）圆工作台进给控制

为加工螺旋槽、弧形槽等，X62W 型万能铣床附有圆形工作台及其传动机构。使用时，将附件安装在工作台和纵向进给传动机构上，由进给电动机拖动回转。

当圆工作台工作时，先将开关 SA_1 扳到"接通"位置，使触点 SA_{1-2} 闭合，SA_{1-1} 与 SA_{1-3} 断开；接着将工作台两个进给操纵手柄置于中间位置。按下主轴起动按钮 SB_1 或 SB_2，主轴电动机 M_1 起动旋转，而进给电动机也因接触器 KM_4 得电而旋转，电动机 M_2 正转并带动圆工作台单向运转，其旋转速度也可通过蘑菇状变速手轮进行调节。

当圆工作台要停止工作时，只需按下主轴停止按钮 SB_3 或 SB_4，此时 KM_3、KM_4 相继断电，圆工作台停止回转。

（4）冷却泵电动机的控制

由转换开关 SA_3 控制接触器 KM_1 来控制冷泵电动机 M_3 的起动与停止。

3. 辅助电路分析

机床的局部照明由变压器 T 供给 36V 安全电压，转换开关 SA_4 控制照明灯。

4. 联锁与保护

X62W 型万能铣床的运动较多，电气控制电路较为复杂，为安全可靠地工作，应具有完善的联锁与保护。

1）进给运动与主运动的顺序联锁。将进给电气控制电路接在主电动机接触器 KM_3 触点（13 区）之后。这就保证了主轴电动机起动后（若不需 M_1 旋转，则可将 SA_5 开关扳至中间位置）才可起动进给电动机。而当主轴停止时，进给会立即停下。

2）工作台各运动方向的联锁。在同一时间内，工作台只允许向一个方向运动，这种联锁是利用机械和电气的方法来实现的。例如，工作台向左、向右控制是由同一个手柄操作的，手柄本身起到左、右运动的联锁作用；同理，工作台横向和升降运动 4 个方向的联锁是由十字手柄本身来实现的。而工作台的纵向与横向、升降运动的联锁，则是利用电气方法来实现的。由纵向进给操作手柄控制的 SQ_{1-2}、SQ_{2-2} 和横向、升降进给操作手柄控制的 SQ_{4-2}、SQ_{3-2} 组成两个并联支路控制接触器 KM_4 和 KM_5 的线圈，若两个手柄都扳动，则这两个支路都断开，使 KM_4 或 KM_5 都不能工作，这就达到联锁的目的，这就防止两个手柄同时操作而损坏机构。

3）长工作台与圆工作台间的联锁。由于圆工作台控制电路是经行程开关 $SQ_1 \sim SQ_4$ 的 4 对常闭触点形成闭合回路的，所以操作任何一个长工作台进给手柄，都将切断圆工作台控制电路，这就实现了圆工作台和长工作台的联锁控制。

4）保护环节。M_1、M_2、M_3 为连续工作制，由 FR_1、FR_2、FR_3 实现过载保护，当 M_1 过载时，FR_1 动作切除整个控制电路的电源，当冷却泵电动机 M_3 过载时，FR_3 动作切除 M_2、M_3 的控制电源，当进给电动机 M_2 过载时，FR_2 动作切除自身控制电源。

FU_1、FU_2、FU_3、FU_4 分别实现主电路、控制电路和照明电路的短路保护。

5. X62W 铣床电气控制常见故障分析

X62W 型万能铣床主轴电动机采用反接制动，进给电动机采用电气与机械联合控制，主轴及进给变速均有"冲动"，控制电路联锁较多，常见故障如下。

1）主轴停车制动效果不明显或无制动。该故障主要原因在于速度继电器 KS 出现故障，其触点不能正常动作，使主轴制动不起作用。若将速度继电器触点复位弹簧调得过紧，在制动过程中过早地切断反接制动电路，将使制动效果不明显。

2）主轴停车后产生短时反向旋转。由于将速度继电器触点复位弹簧调得过松，使触点复位过迟，以致使得在反接的惯性作用下主轴电动机会出现短时反向旋转。

3）主轴变速时无瞬时冲动。由于主轴变速冲动开关 SQ_7 在频繁压合下，开关位置改变以至压不上，或 SQ_7 触点接触不良，无法接通 KM_2，都将造成主轴变速无瞬时冲动。

4）工作台不能快速移动。如果快速电磁铁 YA 发生故障，如线圈烧毁、接线松动、接触不良、YA 不起作用等，就都将无法获得快速传动链。此外，造成接触器 KM_5 线圈电路断电的各种原因都会导致无快速移动。

3.5 T68 型卧式镗床的电气控制

镗床是冷加工中使用比较普遍的设备，除镗孔外，在万能镗床上还可以进行钻孔、铰孔、扩孔；用镗轴或平旋盘铣削平面；加上车螺纹附件后，还可以车削螺纹；装上平旋盘刀架可加工大的孔径、端面和外圆。因此，镗床工艺范围广、调速范围大、运动多。

按用途不同，可将镗床分为卧式镗床、立式镗床、坐标镗床、金刚镗床和专门化镗床等。其中以卧式镗床应用最为广泛。下面介绍常用的卧式镗床。

3.5.1 T68型卧式镗床概述

1. 主要结构和运动形式

T68型卧式镗床的结构示意图如图3-10所示。它主要由床身、前立柱、镗头架、工作台、后立柱和尾架等部分组成。床身是个整体的铸件。前立柱被固定在床身上，镗头架装在前立柱的导轨上，并可在导轨上作上下移动。镗头架里装有主轴、变速箱、进给箱和操纵机构等。切削刀具被装在镗轴前端或花盘的刀具溜板上，在切削过程中，镗轴一面旋转，一面沿轴向作进给运动。花盘也可单独旋转，装在花盘上的刀具可作径向的进给运动。后立柱在床身的另一端，后立柱上的尾架用来支持镗杆的末端，尾架与镗头架可同时升降，前后立柱可随镗杆的长短来调整它们之间的距离，可将工作台安装在床身中部导轨上，可借助于溜板作纵向或径向运动，并可绕中心作垂直运动。由以上可知，T68镗床的运动如下。

主运动：镗轴和花盘的旋转运动。

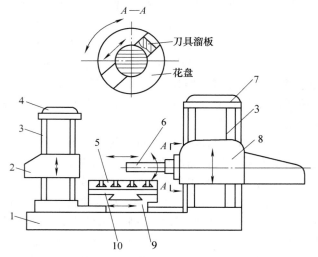

图3-10 T68型卧式镗床的结构示意图
1—床身 2—尾架 3—导轨 4—后立柱 5—工作台
6—镗轴 7—前立柱 8—镗头架 9—下溜板 10—上溜板

进给运动：镗轴的轴向运动，花盘刀具溜板的径向运动，工作台的横向运动，工作台的纵向运动和镗头架的垂直运动。

辅助运动：工作台的旋转运动、后立柱的水平移动和尾架的垂直运动及各部分的快速移动。

2. 电力拖动特点及控制要求

镗床加工范围广，运动部件多，调速范围广，对电力拖动及控制提出了如下要求。

1）为了扩大调速范围和简化机床的传动装置，采用双速笼型异步电动机作为主拖动电动机，低速时将定子绕组接成三角形，高速时将定子绕组接成双星形。

2）进给运动和主轴及花盘旋转采用同一台电动机拖动，为适应调整的需要，要求主拖动电动机应能正、反向点动，并有准确的制动。此镗床采用电磁铁带动的机械制动装置。

3）主拖动电动机在低速时可以直接起动，在高速时控制电路要保证先接通低速，经延时再接通高速，以减小起动电流。

4）为保证变速后齿轮进入良好的啮合状态，在主轴变速和进给变速时，应设有变速低速冲动环节。

5）为缩短辅助时间，机床各运动部件应能实现快速移动，采用快速电动机拖动。

6）在工作台或镗头架的自动进给与主轴或花盘刀架的自动进给之间应有联锁，两者不能同时进行。

3.5.2 T68 型卧式镗床电气控制分析

1. 主电路分析

T68 型卧式镗床的电气原理示意图如图 3-11 所示。

主电路中有两台电动机，M_1 为主轴与进给电动机，是一台 4/2 极的双速电动机，绕组接法为 △/YY。M_2 为快速移动电动机。

电动机 M_1 由 5 只接触器控制，KM_1 和 KM_2 控制 M_1 的正、反转，KM_3 控制 M_1 的低速运转，KM_4、KM_5 控制 M_1 的高速运转。FR 对 M_1 进行过载保护。

YB 为主轴制动电磁铁的线圈，由 KM_3 和 KM_5 的触点控制。

M_2 由 KM_6、KM_7 控制其正、反转，实现快进和快退。因短时运行，故不需过载保护。

2. 控制电路分析

（1）主轴电动机的正、反向起动控制

合上电源开关 QS，信号灯 HL 亮，表示电源接通。调整好工作台和镗头架的位置后，便可开动主轴电动机 M_1，拖动镗轴或平旋盘正、反转起动运行。

由正、反转起动按钮 SB_2、SB_3，接触器 KM_1~KM_5 等构成主轴电动机正、反转起动的控制环节。另设有高、低速选择手柄，用来选择高速或低速运动。

1）低速起动控制。当要求主轴低速运转时，将速度选择手柄置于低速挡，此时与速度选择手柄有联动关系的行程开关 SQ_1 不受压，触点 SQ_1（16 区）断开。按下正转起动按钮 SB_3，KM_1 通电自锁，其常开触点（13 区）闭合，KM_3 通电，电动机 M_1 在 △ 接法下全压起动并低速运行。其控制过程为

$$SB_3^+ \rightarrow KM_1^+（自锁）\rightarrow KM_3^+ \rightarrow YB^+ \rightarrow M_1 \text{ 低速起动}$$

2）高速起动控制。若将速度选择手柄置于高速挡，经联动机构将行程开关 SQ_1 压下，触点 SQ_1（16 区）闭合，同样按下正转起动按钮 SB_3，在 KM_3 通电的同时，时间继电器 KT 也被通电。于是，电动机 M_1 低速 △ 接法起动并经一定时间后，KT 通电延时断开触点 KT（13 区）被断开，使 KM_3 断电；KT 延时闭合触点（14 区）闭合，使 KM_4、KM_5 通电，从而使电动机 M_1 由低速 △ 接法自动换接成高速 YY 接法。这就构成了双速电动机高速运转起动时的加速控制环节，即电动机按低速挡起动再自动换接成高速挡运转的自动控制，控制过程为

$$SB_3^+ \rightarrow KM_1^+（自锁）\xrightarrow[]{\quad KT^+ \quad YB^+} KM_3^+ \rightarrow M_1 \text{ 低速起动} \xrightarrow{KT \text{ 延时到}} KM_3^- \xrightarrow[]{\quad KM_4^+ \quad KT^-} KM_5^+ \rightarrow M_1 \text{ 高速起动}$$

反转的低速、高速起动控制只需按 SB_2 即可，其控制过程与正转相同。

（2）主轴电动机的点动控制

主轴电动机由正/反转点动按钮 SB_4、SB_5，接触器 KM_1、KM_2 和低速接触器 KM_3 实现低速正/反转点动调整。点动控制时，按 SB_4 或 SB_5，其常闭触点切断 KM_1 和 KM_2 的自锁回路，KM_1 或 KM_2 线圈通电使 KM_3 线圈得电，M_1 低速正转或反转，在松开点动按钮后，电动机自然停车。

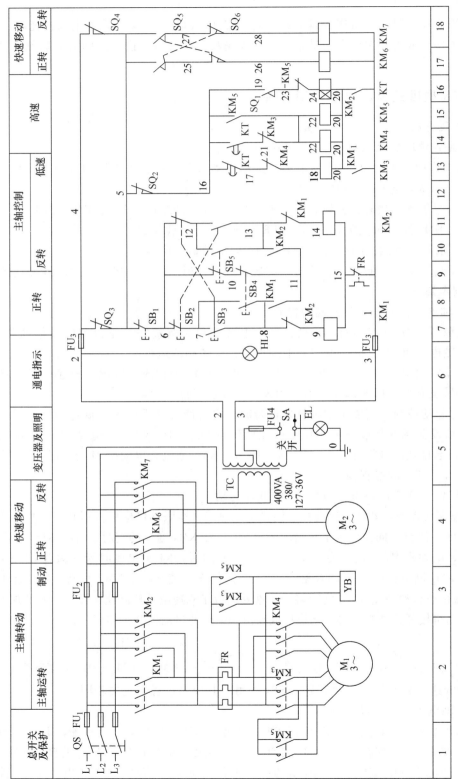

图 3-11 T68 型卧式镗床的电气原理示意图

72

（3）主轴电动机的停车与制动

在主轴电动机 M_1 运行中，可按下停止按钮 SB_1 来实现主轴电动机的制动停止。主轴旋转时，按下停止按钮 SB_1，便切断了 KM_1 或 KM_2 的线圈回路，接触器 KM_1 或 KM_2 断电，主触点断开电动机 M_1 的电源，在此同时，电动机进行机械制动。

T68 型卧式镗床采用电磁操作的机械制动装置，主电路中的 YB 为制动电磁铁的线圈，不论 M_1 正转或反转，YB 线圈均通电吸合，松开电机轴上的制动轮，电动机即自由起动。当按下停止按钮 SB_1 时，电动机 M_1 和制动电磁铁 YB 线圈同时断电，在弹簧作用下，杠杆将制动带紧箍在制动轮上进行制动，电动机迅速停转。

还有些卧式镗床采用由速度继电器控制的反接制动控制电路。

（4）主轴变速和进给变速控制

主轴变速和进给变速是在电动机 M_1 运转时进行的。当主轴变速手柄拉出时，限位开关 SQ_2（12 区）被压下，接触器 KM_3 或 KM_4、KM_5 都断电而使电动机 M_1 停转。在选择好主轴转速后，推回变速手柄，SQ_2 恢复到变速前的接通状态，M_1 便自动起动工作。同理，当需进给变速时，拉出进给变速操纵手柄，限位开关 SQ_2 受压而断开，使电动机 M_1 停车，选好合适的进给量之后，将进给变速手柄推回，SQ_2 便恢复原来的接通状态，电动机 M_1 便自动起动工作。

当推不上变速手柄时，可来回推动几次，使手柄通过弹簧装置作用于限位开关 SQ_2，SQ_2 便反复断开、接通几次，使电动机 M_1 产生冲动，带动齿轮组冲动，以便于齿轮啮合。

（5）镗头架、工作台快速移动的控制

为缩短辅助时间、提高生产率，由快速电动机 M_2 经传动机构拖动镗头架和工作台进行各种快速移动。运动部件及其运动方向的预选由装设在工作台前方的操作手柄进行，而镗头架上的快速操作手柄控制快速移动。当扳动快速操作手柄时，相应压合行程开关 SQ_5 或 SQ_6，接触器 KM_6 或 KM_7 通电，实现 M_2 的正、反转，再通过相应的传动机构使操纵手柄预选的运动部件按选定方向进行快速移动。当镗头架上的快速移动操作手柄复位时，行程开点 SQ_5 或 SQ_6 不再受压，KM_6 或 KM_7 断电释放，M_2 停止旋转，快速移动结束。

3. **辅助电路分析**

控制电路采用一台控制变压器 TC 供电，控制电路电压为 127V，并有 36V 安全电压给局部照明 EL 供电，SA 为照明灯开关，HL 为电源指示灯。

4. **联锁保护环节分析**

1）主轴进刀与工作台互锁。T68 型镗床运动部件较多，为防止机床或刀具损坏，保证主轴进给和工作台进给不能同时进行，为此设置了两个联锁保护行程开关 SQ_3 与 SQ_4。其中 SQ_4 是与工作台和镗头架自动进给手柄联动的行程开关，SQ_3 是与主轴和平旋盘刀架自动进给手柄联动的行程开关。将行程开关 SQ_3、SQ_4 的常闭触点并联后串接在控制电路中，当将以上两个操作手柄中任一个扳到"进给"位置时，SQ_3、SQ_4 中只有一个常闭触点断开，电动机 M_1、M_2 都可以起动，实现自动进给；当两种进给运动同时选择时，SQ_3、SQ_4 都被压下，其常闭触点断开，将控制电路切断，M_1、M_2 无法起动，于是两种进给都不能进行，实现联锁保护。

2）其他联锁环节。对主电动机 M_1 的正/反转控制电路、高/低速控制电路、快速电动机 M_2 正/反转控制电路也设有互锁环节，以防止误操作而造成事故。

3）保护环节。熔断器 FU_1 对主电路进行短路保护，FU_2 对 M_2 及控制变压器进行短路保护，FU_3 对控制电路进行短路保护，FU_4 对局部照明电路进行短路保护。

FR 对主电动机 M_1 进行过载保护，并由按钮和接触器进行失电压保护。

5．T68 卧式镗床常见电气故障分析

T68 卧式镗床采用双速电动机拖动，机械、电气联锁与配合较多，常见电气故障如下。

1）主轴电动机只有高速档或无低速档。产生这一种故障的因素较多，常见的有时间继电器 KT 不动作；或行程开关 SQ_1 因安装位置移动，造成 SQ_1 始终处于通或断的状态，若 SQ_1 常通，则主轴电动机只有高速，否则只有低速。

2）主轴电动机无变速冲动或变速后主轴电动机不能自行起动。主轴的变速冲动由与变速操纵手柄有联动关系的行程开关 SQ_2 控制，而 SQ_2 采用的是 LX1 型行程开关，往往由于安装不牢、位置偏移、触点接触不良，无法完成上述控制。甚至有时因 SQ_2 开关绝缘性能差，造成绝缘击穿，致使触点 SQ_2 发生短路。这时，即使拉出变速操纵手柄，电路仍断不开，主轴仍以原速旋转，根本无法进行变速。

3.6　技能训练

3.6.1　训练项目 1　X62W 型万能铣床电气故障检测

1．目的

1）熟悉常用低压电器的结构、原理。

2）借助 X62W 型万能铣床电气控制原理分析，排除常见故障。

3）提高学生的动手能力和技能操作水平。

2．电气原理图

X62W 型万能铣床控制电路模拟教学设备的电气控制原理图如图 3-12 所示，其工作原理可以参考前面 X62W 型机床的工作原理进行分析，不再多述。

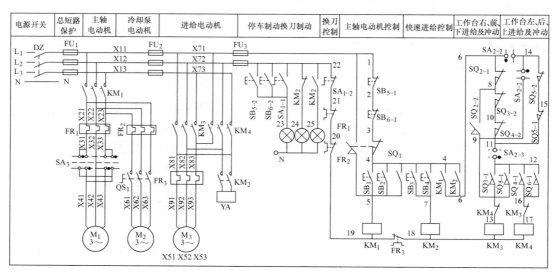

图 3-12　X62W 型万能铣床电气控制原理图

3. X62W 型万能铣床模拟盘

图 3-13 所示为 X62W 型万能铣床教学模拟电路配线图。配线方法采取主电路、控制电路、按钮电路各部分以标注线号代替电路连通的方法绘出实际走线电路。

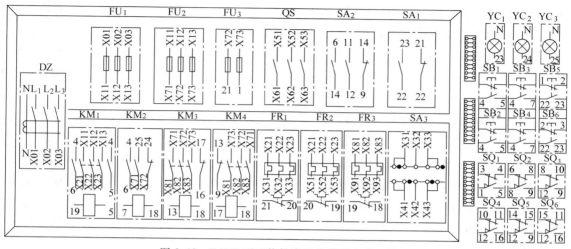

图 3-13 X62W 型万能铣床教学模拟电路配线图

4. 元件明细表

X62W 型万能铣床元器件明细见表 3-5。

表 3-5 X62W 万能铣床元器件明细表

名称	功能	名称	功能
M_1	主轴电动机	SB_1、SB_2	两地起动按钮
M_2	冷却泵电动机	SB_3、SB_4	快速进、退按钮
M_3	进给电动机	SB_5、SB_6	两地停止按钮
KM_1	主轴控制接触器	FR_1、FR_2	主电路热继电器
KM_2	快速控制接触器	FR_3	控制电路热继电器
KM_3	快速正转(快进)接触器	FU_1	主轴熔断器
KM_4	快速反转(快退)接触器	FU_2	冷却泵熔断器
QS_1	冷却泵控制开关	FU_3	进给熔断器
SQ_2	进给变速行程开关	YA	牵引电磁铁(信号灯)
SQ_3	工作台向右进给行程开关	YC1	制动电磁铁(信号灯)
SQ_4	工作台向左进给行程开关	YC3	制动电磁铁(信号灯)
SQ_5	工作台向前、下进给行程开关	SA_1	换刀控制开关
SQ_6	工作台向后、上进给行程开关	SA_2	圆工作台控制开关
DZ	漏电断路器(电源总开关)	SA_3	主轴正反转控制开关
TD	接线端子排		

5. 常见故障与检修

（1）主轴停车时没有制动作用

主要原因是两地的停止按钮 SB_5、SB_6 的常开按钮接触不良，脱线及制动电磁铁 YC 线圈接头脱线和开路等，另外，停车操作时，一定要将停止按钮 SB_5 或 SB_6 按到底，使常开触点（22-23）接通，才能使停车制动电磁铁得电，实现制动停车。

（2）按停止按钮后主轴不停

主轴电动机起动、制动频繁，往往造成接器 KM_1 的主触点产生熔焊，以致无法分断主轴电动机的电源。处理方法：拉下电源总开关后，将 KM_1 主触点拆下更换。

（3）工作台控制电路的故障

1）工作台不能向上进给运动。经检查发现 KM_3 不动作，但控制电源正常，行程开关 SQ_3 已压合使常开触点（12-9）接通，KM_4 常闭联锁触点（9-13）接触不良，热继电器也没有动作，最后查到是已将工作台的操作手柄已扳到右边，使 SQ_{5-2} 受压分断，所以工作台进给电机不能起动。将操作手柄扳到零位后，进给电动机即能起动使工作台向上运动。如果操纵手柄位置无误，是由于受机械磨损、操纵不灵等因素的影响，使相应的电气元器件动作不正常造成的。

2）工作台向左、向右不能进给，向前、向后进给正常。如果工作台向前、向后进给正常，则证明进给电动机 M_3 主回路及接触器 KM_3、KM_4 及行程工关 SQ_{5-1} 或 SQ_{4-1} 的工作都正常，而 SQ_{5-1} 和 SQ_{4-1} 同时发生故障的可能性也较小。这样故障的范围就缩小到 3 个行程开关的 3 对触头 SQ_{2-1}、SQ_{3-2}、SQ_{4-2} 上。这 3 对触点只要有一对接触不良或损坏，就会使工作台向左或向右不能进给。此时，可用万用表分别测量这 3 个触点之间的电压来判断哪对触点损坏。在这 3 对触点中，SQ_2 是变速瞬动时冲动开关，常因变速时手柄扳动过猛而损坏。

3）工作台各个方向都不能进给。用万用表光检查控制回路电压是否正常，若控制回路电压正常，则可扳动操作手柄至任一运动方向，观察其相关接触器是否吸合；若吸合，则断定控制回路正常。这时，着重检查电动机主回路，常见故障有接触器主触点接触不良、电动机接线脱落和绕组断路等。

4）工作台不能快速进给。在主轴电动机起动后，工作台按预定方向进给。当按 SB_3 或 SB_4 时，接触器 KM_2 获电吸合，牵引电磁铁 YA 接通，工作台按预定方向快速移动。若不能快速移动，则常见的原因是牵引电磁铁电路不通，线圈损坏或机械卡死。若按下 SB_3 或 SB_4 后，牵引电磁铁吸合正常，有时会释放过头，使动铁心卡死。这时，不仅不能快速进给，还将使牵引电磁铁线圈流过很大的电流，故绝不能再快速进给。若按下按钮 SB_3 或 SB_4 不放，则使线圈烧毁。

3.6.2　训练项目 2　T68 型卧式镗床电气故障检测

1. 目的

1）熟悉 T68 型卧式镗床电气控制原理。

2）了解 T68 型卧式镗床电气故障检修方法。

2. 电气原理图

3. T68 型卧式镗床模拟盘

T68 镗床模拟教学设备的主轴采用双速电动机驱动。对 M_1 电动机的控制包括正、反转的控制和正、反向的点动控制以及高低速互相转换及制动的控制。

T68 型卧式镗床电气原理图由主电路和控制电路两部分组成，如图 3-14 所示。

图 3-15 所示为 T68 型卧式镗床教学模拟电路配线图。配线方法采取主电路、控制电路、按钮电路各部分以标注线号代替电路连通的方法绘出实际走线电路。

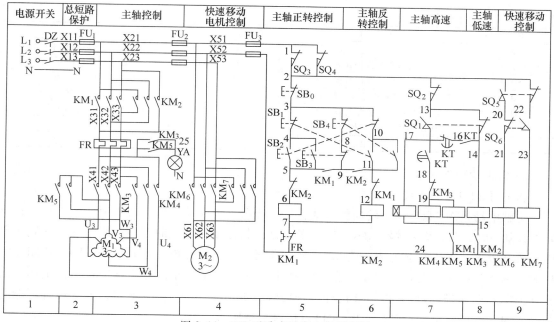

图 3-14 T68 型卧式镗床电气原理图

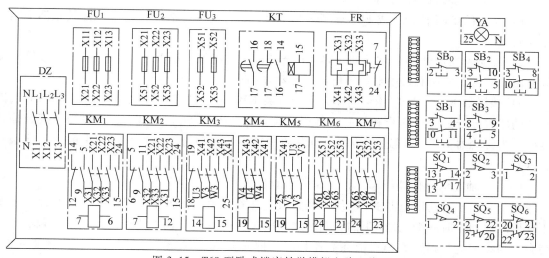

图 3-15 T68 型卧式镗床教学模拟电路配线图

4. 元器件明细表（见表 3-6）

表 3-6 T68 卧式镗床元件明细表

名称	功　能	名称	功　能
M_1	主轴电动机	KM_6	快速（快进）接触器
M_2	快速电动机	KM_7	快速（快退）接触器
KM_1	主轴正转接触器	SB_0	主轴停止按钮
KM_2	主轴反转接触器	SB_1	主轴反转起动按钮
KM_3	主轴低速（△）接触器	SB_2	主轴正转起动按钮
KM_4	主轴高速（双Y）接触器	SB_3	主轴正转点动按钮
KM_5	主轴高速（双Y）接触器	SB_4	主轴反转点动按钮

（续）

名称	功　　能	名称	功　　能
SQ_1	主轴电动机变速行程开关	KT	主轴变速延时时间继电器
SQ_2	变速联锁行程开关	FU_1	电路总保险熔断器
SQ_3	主轴与平旋盘联锁行程开关	FU_2	M_2 线路短路保护熔断器
SQ_4	工作台与主轴箱进给联锁行程开关	FU_3	主电动机过载保护熔断器
SQ_5	快速移动正转控制行程开关	DZ	电源总开关-漏电断路器
SQ_6	快速移动反转控制行程开关	TD	接线端子排
YA	主轴制动电磁铁		

5. 常见故障与检修

（1）主轴电动机不能起动

主轴电动机 M_1 只有一个转向能起动，另一转向不能起动。这类故障通常由于控制正反转的按钮 SB_2、SB_1 及接触器 KM_1、KM_2 的主触点接触不良，线圈断线或联接导线松脱等原因所致。以正转不能起动为例，按 SB_2 时，接触器 KM_1 不动作，检查接触器 KM_1 线圈及按钮 SB_1 的常闭接触情况是否完好。若 KM_1 动作，而 KM_3 不动作，则检查 KM_3 线圈上的 KM_1 常开辅助触点（15-24）是否闭合良好；若接触器 KM_1 和 KM_3 均能动作，则电动机不能起动的原因，一般是由于接触器 KM_1 主触点接触不良所造成的。

（2）正、反转都不能起动

1）主电路熔断器 FU_1 或 FU_2 熔断（L_3 相），这种故障可造成继电器、接触器都不能动作的故障。

2）控制电路熔断器 FU_3 熔断、热继电器 FR 的常闭触点断开、停止按钮 SB_0 接触不良等原因，同样造成所有接触器、继电器不能动作的现象。

3）接触器 KM_1、KM_2 均会动作，而接触器 KM_3 不能动作。可检查接触器 KM_3 的线圈和它的联接导线是否有断线和松脱，行程开关 SQ_1、SQ_2、SQ_3 或 SQ_4 的常闭触点接触是否良好。当接触器 KM_3 线圈通电动作，而电动机还不能起动时，应检查它的主触点的接触是否良好。

（3）主轴电动机低档能起动，高速档不能起动

主要是由于时间继电器 KT 的线圈断路或变速行程开关 SQ1 的常开触点（13-17）接触不良所致。如果时间继电器 KT 的线圈断线或联接线松脱，它就不能动作，其常开触点不能闭合，当将变速行程开关 SQ_1 扳在高速档时，即常开触点（13-17）闭合后，接触器 KM_4、KM_5 等均不能通电动作，因而高速档不能起动。当变速行程开关 SQ_1 的常开触点（13-17）接触不良时，也会发生同样情况。

（4）主轴电动机在低速起动后又自动停止

在正常情况下电动机低速起动后，时间继电器 KT 控制自动换接，使接触器 KM_3 断电释放，KM_4、KM_5 获电而转入高速运转，但由于接触器 KM_4、KM_5 线圈断线，或 KM_3 常闭辅助触点、KM_4 的主触点及时间继电器 KT 的延时闭合常开触点（17-18）接触不良等原因，电动机以低速起动后，虽然时间继电器 KT 已自动换接，但若接触器 KM_4、KM_5 等有关触点接触不良，电动机便会停止。

（5）进给部件快速移动控制电路的故障

进给部件快速移动控制电路是正、反转点动控制电路，使用电气元器件较少。它的故障

一般是电动机 M_2 不能起动。如果 M_2 正、反转都不能起动，同时主轴电动机 M_1 也不能起动，这大多是主电路熔断器 FU_1、FU_2 或控制电路熔断器 FU_3 熔断。若主轴电动机 M_1 能起动，但只能快速转动，而电动机 M_2 正、反转都不能起动，则应检查熔断器 FU_2、接触器 KM_6、KM_7 的线圈及主触点接触是否良好；如果 M_2 只是正转或反转不能起动，则分别检查 KM_6、KM_7 的线圈，主触点及行程开关 SQ_5、SQ_6 的触点接触是否良好。

3.7 小结

本章的主要内容是在掌握常用控制电器及电气控制基本环节的基础上，通过典型机床电路的分析，归纳总结出分析一般生产机械电气控制原理的方法，并在掌握继电器—接触器控制环节基础上，培养分析常用机床电气控制电路的分析能力和排除电路故障的能力，也为设计一般电气控制电路打下牢固的基础。同时在阅读电气原理图的基础上，学会分析电气原理图和诊断故障、排除故障的方法。

M7120 型平面磨床具有电磁吸盘，且有退磁电路。

Z3040 型摇臂钻床采用机电液密切配合，具有两套液压控制系统及摇臂的松开—移动—夹紧的自动控制。

X62W 型卧式万能铣床主轴采用反接制动，变速时有短时冲动，在机械操作手柄与行程开关、机械挂档的操作控制及 3 个方向进给之间具有联锁关系。

T68 型卧式镗床采用双速电机控制，具有正、反转机械制动及变速时的低速冲动等。

3.8 习题

1. M7120 平面磨床中为什么采用电磁吸盘来夹持工件？电磁吸盘线圈为何要用直流供电而不能用交流供电？

2. 在 M7120 型平面磨床电气控制原理图中，电磁吸盘为何要设欠电压继电器 KV？它在电路中怎样起保护作用？与电磁吸盘并联的 RC 电路起什么作用？

3. 在 Z3040 摇臂钻床电路中，时间继电器 KT 与电磁阀 YV 在什么时候动作？YV 动作时间比 KT 长还是短？YV 什么时候不动作？

4. Z3040 摇臂钻床在摇臂升降过程中，液压泵电动机和摇臂升降电动机应如何配合工作？以摇臂上升为例叙述电路工作情况。

5. Z3040 摇臂钻床电路中具有哪些联锁与保护？为什么要有这些联锁与保护？它们是如何实现的？

6. 假设 Z3040 摇臂钻床发生下列故障，请分别分析其故障原因。

1）摇臂上升时能够夹紧，但在摇臂下降时没有夹紧的动作。

2）摇臂能够下降和夹紧，但不能放松和上升。

7. 说明 X62W 型万能铣床工作台各方向运动情况，包括慢速进给和快速移动的控制过程，并说明在主轴变速及制动控制过程，主轴运动与工作台运动联锁关系是什么？

8. 在 X62W 万能铣床控制电路中，变速冲动控制环节的作用是什么？说明控制过程。

9. 说明 X62W 万能铣床控制电路中工作台 6 个方向进给联锁保护的工作原理。

10. 假设在 X62W 万能铣床控制电路中发生下列故障，请分别分析其故障原因。

1）主轴停车时，正、反方向都没有制动作用。

2）在进给运动中，不能向前右，能向后左，也不能实现圆工作台运动。

3）在进给运动中，能上、下、左、右、前，不能后。

11. 试叙述 T68 型镗床主轴电动机高速起动时操作过程及电路工作情况。

12. 分析 T68 型镗床主轴变速和进给变速控制过程。

13. 对于 T68 型镗床，为防止两个方向同时进给而出现事故，应采取什么措施？

14. 说明 T68 型镗床快速进给的控制过程。

第 4 章　PLC 的基本知识

4.1　PLC 的产生

  工业产品已经出现了多品种、小批量的发展趋势，而各种生产流水线的自动控制系统基本上是由继电器接触器控制系统构成的，产品的每一次改型都直接导致继电器接触器控制系统的重新设计和安装。为了尽可能减少重新设计和安装的工作量，降低成本，缩短周期，人们设想把计算机系统的功能完备、灵活、通用与继电器接触器控制系统的简单易懂、操作方便、价格便宜等优点结合起来，制造一种新型的工业控制装置。为此，美国通用汽车公司在 1968 年公开招标，要求用新的控制装置取代继电器接触器控制系统。1969 年，美国数字设备公司（DEC）研制出了第一台可编程序逻辑控制器（Programmable Logic Controller，PLC），型号为 PDP-14，用它取代传统的继电器接触器控制系统，在美国通用汽车公司的汽车自动装配线上使用，取得了巨大成功。这种新型的工业控制装置以其简单易懂、操作方便、可靠性高、通用灵活、体积小和使用寿命长等一系列优点，很快在美国其他工业领域推广应用。

  随着 PLC 应用领域的不断拓宽，PLC 的定义也在不断完善中。国际电工委员会（IEC）在 1987 年 2 月颁布的可编程序控制器标准草案的第三稿中将 PLC 定义为："可编程序控制器是一种数字运算操作的电子系统，专为在工业环境下应用而设计。它采用可编程序的存储器，用来在其内部存储执行逻辑运算、顺序控制、定时、计数和算术运算等操作的指令，并通过数字式、模拟式的输入和输出，控制各种类型的机械或生产过程。可编程序控制器及其有关设备，都应按易于与工业控制器系统连成一个整体、易于扩充其功能的原则设计。"

  实际上，目前 PLC 的功能早已超出了它的定义范围。目前它主要应用于开关量逻辑控制、运动控制、闭环过程控制、数据处理和通信联网等领域。

4.2　PLC 特点

可编程序控制器为了适应在工业环境中使用，具有如下的特点。

1. 可靠性高，抗干扰能力强

  工业生产一般对控制设备的可靠性提出很高的要求，应具有很强的抗干扰能力。PLC 能在恶劣的环境中可靠地工作，平均故障间隔时间长，故障修复时间短。这是 PLC 控制优于微机控制的一大特点。例如，日本三菱公司 F1、F2 系列平均故障间隔时间长达 30 万小时，而 FX、A 系列的可靠性比 F1、F2 系列更高。

  任何电子设备产生的故障通常有两种：一种故障是偶发性故障，即由于外界恶劣环境（如电磁干扰、超高温、超低温、过电压、欠电压等）引起的故障。这类故障只要不破坏系统部件内部存储的信息环，一旦环境条件恢复正常，系统也就随之恢复正常。但若在 PLC 受外界影响后，内部存储的信息被破坏，则必须从初始状态重新起动；另一种故障是由元器件不可恢复的破坏而引起的故障，称为永久性故障。

PLC 本身具有较强的自诊断功能，保证在"硬核"（如 CPU、RAM 和 I/O 总线等）都正常的情况下执行用户的控制程序。一旦出现 CPU 故障、RAM 或 I/O 总线故障，就立即给出 CPU 出错信号，并停止用户程序的执行，切断所有输出信号，等待修复。有些高档的 PLC 具有 CPU 并行操作（如 C2000 型 PLC），即使某个 CPU 出现故障，系统仍能正常工作，并给出"带病工作信号"，要求修复出现故障的 CPU（两个 CPU 同时发后故障的概率极低），这就增加了 PLC 的可靠性。另外，在硬件、软件上 PLC 也采取了提高可靠性的措施。

2. 控制程序可变，具有很好的柔性

在改变生产工艺流程或更新生产线设备的情况下，不必改变 PLC 的硬设备，只需改编程序就可以满足要求。PLC 不仅可以取代传统的继电器控制，而且具有继电器控制无可比拟的优点。因此，PLC 除应用于单机控制外，还在柔性制造单元（FMC）、柔性制造系统（FMS）以及工厂自动化（FA）中被大量采用。

3. 编程简单，使用方便

这是 PLC 优于微型计算机的另一个特点。目前大多数 PLC 均采用继电控制形式的"梯形图编程方式"，既继承了传统控制电路的清晰直观，又考虑了大多数工矿企业电气技术人员的读图习惯和微型计算机应用水平，易于接受，因此受到普遍欢迎。这种面向生产的编程方式与目前微型计算机控制生产对象中常用的汇编语言相比，更容易被操作人员所接受。虽然在 PLC 内部增加了解释程序，从而增加了执行程序的时间，但对大多数的机电控制设备来说，这是微不足道的。为了进一步简化编程，当今的 PLC 还针对具体问题设计了诸如步进梯形指令、功能图及功能指令等。

PLC 是为车间操作人员而设计的，一般只要提供为期五、六天的训练课程就能学会编程和使用。而微型计算机控制系统则要求具有一定计算机知识的人员操作。当然，PLC 的功能开发需要有软件专家的帮助。

4. 功能完善

现代 PLC 具有数字和模拟量输入输出、逻辑和算术运算，还具有定时、计数、顺序控制、功率驱动、通信、人机对话、自检、记录和显示等功能，使设备控制水平大大提高。

5. 扩充方便，组合灵活

PLC 产品具备各种扩展单元，可以方便地适应不同工业控制需要的不同输入/输出点数及不同输入/输出方式的系统。

6. 减少了控制系统设计及施工的工作量

由于 PLC 采用软件编程实现控制功能，不同于继电器控制采用硬接线实现控制功能，因此，减少了设计及施工工作量。同时，又能事先进行模拟调试，更减少了现场的工作量。并且，PLC 监视功能很强，功能模块化大大减少了维修量。

7. 体积小、重量轻，是"机电一体化"特有的产品

一台收录机大小的 PLC 具有相当于 3 个 1.8m 高的继电器柜的功能，节电 50% 以上。

PLC 是专为工业控制而设计的专用计算机，其结构紧密、坚固和体积小巧，并具备很强的抗干扰能力，易于装入机械设备内部，成为实现"机电一体化"较理想的控制设备。

它把微型计算机技术与继电器控制技术很好地融合在一起。最新发展的 PLC 产品，还把直接数字控制（DDC）技术加进去，并具有与监控计算机联网的功能，因而它的应用几乎覆盖了所有工业企业。PLC 既能改造传统机械产品成为机电一体化的新一代产品，又适用于生产过程控制，实现工业生产的优质、高产、节能与降低成本。总之，PLC 技术代表了当前电气程序控制的世界先进水平，它与数控技术和工业机器人已成为机械工业自动化的三大支柱。

4.3 PLC 的应用和发展

4.3.1 PLC 的应用

近年来，随着 PLC 的成本下降和功能大大增强，它也能解决复杂的计算和通信问题，应用面日益扩大。目前，PLC 在国内外已广泛应用于钢铁、采矿、水泥、石油、化工、电力、机械制造、汽车、装卸、造纸、纺织、环保和娱乐等各行各业。PLC 的应用范围通常可分为 5 种类型，现说明如下。

1. 顺序控制

顺序控制是今日 PLC 应用最广泛的领域，它取代传统的继电器顺序控制。PLC 应用于单机控制、多机群控制和生产自动线控制。例如，注塑机、印刷机械、订书机械、切纸机械、组合机床、磨床、装配生产线、包装生产线、电镀流水线及电梯控制等。

2. 运动控制

PLC 制造商目前已提供了拖动步进电动机或伺服电动机的单轴或多轴位置控制模块。在多数情况下，PLC 把描述目标位置的数据送给模块，模块移动一轴或数轴到目标位置上。当每个轴移动时，位置控制模块保持适当的速度和加速度，以确保运动平滑。

3. 过程控制

PLC 能控制大量的物理参数。例如，温度、压力、速度和流量。PID（Proportional Integral Derivative）模块的提供使 PLC 具有了闭环控制的功能，即一个具有 PID 控制能力的 PLC 可用于过程控制。

4. 数据处理

在机械加工中，出现了把支持顺序控制的 PLC 和计算机数值控制（CNC）设备紧密结合的趋向。著名的日本 FANUC 公司推出的 System10、11、12 系列，已将 CNC 控制功能作为 PLC 的一部分。

5. 通信

为了适应工厂自动化（FA）系统发展的需要，首先，必须发展 PLC 之间、PLC 与上级计算机之间的通信功能。作为实时控制系统，PLC 数据通信速率要求高，而且要考虑出现停电、故障时的对策等。日本富士电机公司开发的 MICREX-F 系列就是一例。I/O 模块按功能各自放置在生产现场分散控制，然后采用网络联结构成集中管理信息的分布式网络系统。

4.3.2 PLC 的发展

1. 产品规模向大、小两个方向发展

出现了 I/O 点数达 14 336 点的超大型 PLC，使用 32 位微处理器，多 CPU 并行工作和大

容量存储器，使 PLC 的扫描速度高速化。如日本三菱公司的 A3H 的顺序指令执行速度达 $0.2 \sim 0.4 \mu s$。

小型 PLC 由整体结构向小型模块结构发展，增加了配置的灵活性。最小配置的 I/O 点数为 8~16 点，可以用来代替最小的继电器控制系统，如三菱公司 FX 系列 PLC。

2. PLC 向过程控制渗透与发展

随着微电子技术迅速发展，大大加强了 PLC 的数学运算、数据处理、图形显示和联网通信等功能，使 PLC 得以向过程控制渗透和发展。

3. PLC 加强了通信功能

为了满足柔性制造单元（FMC）、柔性制造系统（FMS）和工厂自动化（FA）的要求，近年来开发的 PLC 都加强了通信功能。

4. 新器件和模块不断推出

为满足工业自动化各种控制系统的需要，近年来，一些工业发达国家利用微电子学、大规模集成电路（Large Scale Integrated Circuit，LSI）等新技术成果，先后开发了不少新器件和模块。高档的 PLC 一般都采用多 CPU，以提高处理速度，用 32 位微处理器为 CPU，使每条指令处理速度达 $0.5 \mu s$ 的 PLC 产品已不是少数。西门子公司的磁泡存储器存储数据达 256KB。一些带处理器、EPROM 或 RAM 的智能 I/O 模块，既扩展了功能，又灵活方便。PLC 不断推出功能模块，如高速计数模块、温度控制模块、远程 I/O 模块、通信和人机接口模块等。这些模块的开发和应用，不仅提高了功能，减少了体积，而且大大地扩大了 PLC 的应用范围。

5. 编程工具丰富多样，功能不断提高，编程语言趋向标准化

近年来，用配置相应软件的 IBM PC 个人计算机作为编程器。1984 年西屋公司首先推出以 IBM 便携式计算机改装成的 NLPL-150 型程序输入器，用来为该公司的 Nema-Logic 系列 PLC 编程。1985 年 6 月，在英国首届 PLC 会议上，展出了世界上第一台光笔编程器。它可以在屏幕上画出标准的继电器控制电路图，从屏幕下部的菜单中选出元件，再把它移到屏幕的适当部位，画好后程序就编成了，并可转存到可编程控制器中。此外，不少厂家近年先后开发了各具特色的智能编程器，可进行在线或离线编程。

采用梯形图、功能图和语句表等常用的编程语言编程，简单易懂，故仍然在广泛地使用。目前国外各大厂商的指令系统十分注意向制造自动化协议（MAP）靠拢。

6. 发展容错技术

一些国外公司为了推出高度可靠或绝对可靠的系统，发展容错技术，采用冗余结构和热备用或并行工作、多数表决的工作方式。

4.4 常用 PLC 产品

目前，世界上 PLC 产品按地域可分成 3 大类，即美国、欧洲和日本的产品。美国和欧洲的 PLC 技术是在相互隔离情况下独立研究开发的，产品有明显的差异性；日本的 PLC 技术是从美国引进的，对美国的 PLC 产品有一定的继承性。另外，日本的主推产品定位在小型 PLC 上，而欧美以大、中型 PLC 为主。

1. 美国 PLC 产品

美国有多家 PLC 生产厂商，包括 A-B 公司、通用电气（GE）公司、莫迪康（MODICON）

公司、德州仪器（Ⅱ）公司和西屋公司等。其中 A-B 公司是美国最大的 PLC 制造商，其产品约占美国 PLC 产品市场的一半。

A-B 公司产品规格齐全、种类丰富，其主推的大、中型 PLC 产品是 PLC-5 系列。PLC 系列为模块式结构，CPU 模块为 PLC-5/10、PLC-5/12、PLC-5/15、PLC-5/25 型号的，属于中型 PLC，I/O 点配置范围为 256~1024 点；CPU 模块为 PLC-5/60、PLC-5/40L、PLC-5/60L 型号的，属于大型 PLC，I/O 点最多可配置到 3072 点。该系列中 PLC-5/250 功能最强，最多可配置到 4096 个 I/O 点，具有强大的控制和信息管理功能。大型机 PLC-3 最多可配置到 8096 个 I/O 点。小型 PLC 产品有 SLC500 系列等。

GE 公司的代表产品是小型机 GE-1、GE-1/J、GE-1/P 等，除 GE-1/J 外，均采用模块结构。GE-1 用于开关量控制系统，最多可配置到 112 个 I/O 点。GE-1/P 是 GE-1 的增强型产品，增加了部分应用指令（数据操作指令）、功能模块（如 A/D、D/A 等），其 I/O 点最多可配置到 168 点。中型机 GE-Ⅲ，最多可配置到 400 个 I/O 点。大型机 GE-V，增加了部分数据处理、表格处理和子程序控制等功能，并具有较强的通信功能，最多可配置到 2048 个 I/O 点。

2. 欧洲 PLC 产品

德国的西门子（SIEMENS）公司、AEC 公司和法国的 TE 公司是欧洲著名的 PLC 制造商。德国西门子电子产品以性能精良而久负盛名，在大、中型 PLC 产品领域与美国的 A-B 公司齐名。

西门子的 PLC 主要产品是 S5、S7 系列。在 S5 系列中，S5-90U、S5-95U 属于微型整体式 PLC；S5-100U 是小型模块式 PLC，最多可配置到 256 个 I/O 点；而 S7 系列是西门子公司在 S5 系列的基础上近年推出的新产品，其性价比高，其中 S7-200 系列属于微型 PLC、S7-300 系列属于中小型 PLC、S7-400 系列属于中高性能的大型 PLC。图 4-1 所示是西门子 S7-300 外形。图 4-2 所示是西门子 S7-400 外形图。它们都是西门子公司的 PLC 产品。

图 4-1　西门子 S7-300 外形图

图 4-2　西门子 S7-400 外形图

3. 日本 PLC 产品

日本的小型 PLC 很有特色，某些需要用欧美的中型机或大型机才能实现的控制，日本的小型机就可以解决。在开发较复杂的控制系统方面，日本小型机明显优于欧美的小型机，所以十分受用户欢迎。日本有许多 PLC 制造商，如三菱、欧姆龙、松下、富士、日立和东芝等，在世界小型 PLC 市场上，日本产品约占有 70% 的份额。

三菱公司的 PLC 是较早进入中国市场的产品。其小型机 F1/F2 系列是 F 系列的升级产品，早期在我国的销量也不小。F1/F2 系列加强了指令系统，增加了特殊功能单元和通信功能，比 F 系列具有更强的控制能力。FX2 系列是在 20 世纪 90 年代开发的整体式高功能小型机，它配有各种通信适配器和特殊功能单元。FX$_{2N}$系列是近几年推出的高功能整体式小型机，它是FX2系列的换代产品。近年来三菱公司还不断推出了满足不同要求的微型PLC，如FX$_{1S}$、FX$_{0N}$、FX$_{1N}$、FX$_{2N}$、FX$_{3U}$等系列产品。

三菱公司的大中型机有A系列、QnA系列、Q系列，具有丰富的网络功能，I/O点数达8 192点。其中Q系列具有超小的体积、丰富的机型、灵活的安装方式、双CPU协同处理、多存储器和远程口令等特点，是三菱公司现有PLC中最高性能的PLC。图4-3所示是日本三菱公司的FX系列PLC产品。

图4-3　日本三菱公司的FX系列PLC产品

欧姆龙（OMRON）公司的PLC产品，大、中、小、微型规格齐全。微型机以SP系列为代表，其体积极小，速度极快。小型机有P型、H型、CPM1A系列、CPM2A系列、CPM2C系列和CQM1系列等。

在松下公司的PLC产品中，FP0为微型机，FP1为整体式小型机，FP3为中型机，FP5/FP10S（FP10的改进型）和FP20为大型机，其中FP20是最新产品。

4. 我国PLC产品

目前，我国有许多自主研发的PLC设备，如厦门海为科技有限公司的S系列可编程序控制器，南大傲拓科技有限公司的NA系列可编程序控制器，上海正航电子科技有限公司A系列PLC、和利时公司HOLLiAS-LEC ® G3、黄石科威自控有限公司的PLC产品以及北京凯迪恩自控有限公司的PLC产品。

（1）海为（Haiwell）系列PLC

厦门海为科技有限公司（Xiamen Haiwell Technology Co., Ltd）是一家集自主研发、生产销售及服务为一体的高新技术型企业。

Haiwell系列PLC是一款通用型高性价比的小型可编程序控制器，产品广泛应用于塑料、包装、纺织、医疗和数控机床等。

S系列可编程序控制器除自身带有各种外设接口（开关量输入/输出、模拟量输入/输出、电源、高速计数）外，还可扩展各种类型的扩展模块，进行灵活的配置，图4-4所示为海为S系列PLC的CPU模块。图4-5所示为海为S系列PLC的扩展模块HW-S24XD024。

图4-4　海为S系列PLC的CPU模块

（2）南大傲拓

NA系列可编程序控制器（简称NA-PLC）由南大傲拓科技有限公司自主设计与研发，汲取了国际主流PLC的成功经验，改进了其不足之处，瞄准了当今PLC的最新发展方向，采用了计算机、通信、电子和自动控制等方面的国际先进技术，在 CPU 操作系统、I/O 信号处理、网络通信、软件开发及生产工艺等方面具有优越的性能，是适用于各种自动化控制的可编程序控制器。NA400 PLC 是对传统 PLC 功能的极大提升，其组网的灵活性、系统平台的开放性、编程软件的灵活性以及模块的智能性可使复杂的控制项目得以完美地实现。

图 4-5　海为 S 系列 PLC 的扩展模块 HW-S24XD024

与其他厂家 PLC 相比，NA 系列 PLC 功能更加强大，配置简单，编程方便。NA 系列可编程序控制器有小型 NA200、中型 NA400 和大型 NA600。自主研发的 NAControl 组态软件，NA 系列触摸屏，文本显示器。

（3）和利时

和利时公司推出的 HOLLiAS-LEC® G3 系列可编程序控制器是新一代高性能小型一体化 PLC 产品。和利时公司多年来一直致力于自动化控制产品的研究与开发，并向用户提供完善的自动化解决方案。如今，针对离散工业自动化（逻辑联锁和运动控制）应用需求，投入大量资金和技术人员成功开发出新一代小型一体化 PLC 产品 HOLLiAS-LEC G3。HOLLiAS-LEC G3 产品充分融合了计算机技术、通信技术、电子技术和自动控制技术的最新研发成果，全面吸收了众多自动化技术和应用专家多年来在 PLC 领域的技术精华。HOLLiAS-LEC G3 系列 PLC（其外形如图 4-6 所示）由和利时自主设计、自主开发，该产品在方案设计、硬件选择、软件功能、网络通信和用户接口等方面充分考虑用户的使用习惯和应用现场的特点，是一款高性能、高品质的 PLC 产品。

图 4-6　HOLLiAS-LEC G3 系列的 PLC 外形图

（4）上海正航 PLC

上海正航电子科技有限公司，是一家致力于 PLC 产品开发、生产、销售和服务的高科技企业，是工业自动化及过程自动化领域领先的技术与服务提供者，也是成长最为迅速的控制系统制造厂商之一。

目前公司面向市场推出了 3 个系列的产品，分别是引进德国技术生产的新产 CHION-驰恩系列 PLC、拥有自主知识产权的 A 系列 PLC 和作为 PLC 产品有益补充的 H 系列人机界面。

正航电子推出完全兼容 S7-200 系列的 A 系列 PLC，其外形如图 4-7 所示。

CHION 系列 PLC 产品是引进德国技术、在国内生产的高品质

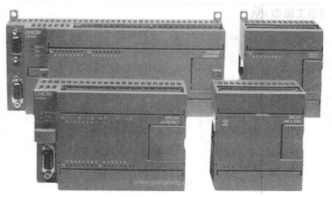

图 4-7　正航 A 系列 PLC 外形图

PLC，与 S7-200 系列产品完全兼容。可以使用 S7-200 的软件进行编程调试，且其 CPU、模块可以完全互换使用。

CN100-CPU224XP-AR，24 点数字量，晶体管输出，2 点模拟量入 1 点模拟量出——支

持 STEP7-Micro/Win，正航 CHION-驰恩 CN100 系列 PLC 作为 CHION-驰恩 CN200 系列的精简版本，同样具有许多出色的特点。

4.5 PLC 的工作原理

可编程序控制器是一种工业控制计算机，其核心就是一台计算机。但由于有接口器件及监控软件的包围，因此其外形不像计算机，操作使用方法、编程序语言甚至工作原理都与计算机有所不同。另外，作为继电控制盘的替代物，由于其核心为计算机芯片，因此与继电器控制逻辑的工作原理也有很大区别。以下通过一个电路实例进行说明。

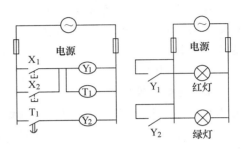

图 4-8 指示灯控制电路

图 4-8 所示是一个很简单的继电器控制系统，它控制指示灯的接通和断开。图中，X_1、X_2 是两个按钮开关，Y_1、Y_2 是两个继电器，T_1 是时间继电器。它的工作过程是：当 X_1 或 X_2 任何一个按钮被按下后，继电器线圈 Y_1 接通，继电器 Y_1 的常开触点闭合，指示灯红灯被点亮。此时，时间继电器线圈 T_1 同时接通，继电器开始计时，时间继电器的整定值是 20s。当时间继电器线圈接通 20s 后，继电器线圈 Y_2 接通，继电器 Y_2 的常开触点接通指示灯绿灯。

可编程序控制的工作过程：先读入 X_1、X_2 触点信息，然后对 X_1、X_2 状态进行逻辑运算，若逻辑条件满足，则 Y_1 和 T_1 线圈接通，此时外触点 Y_1 接通，外电路形成回路，红灯亮；在定时时间未到时，T_1 触点接通的条件不满足，因此 Y_2 线圈不通电，绿灯不亮。T_1 的定时时间到时，Y_2 线圈才接通，Y_2 触点动作，绿灯亮。

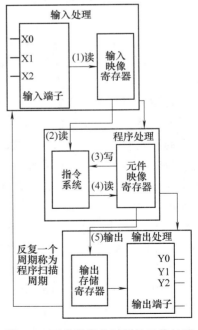

图 4-9 可编程序控制器的工作过程

由此可见，整个工作过程需要读入开关状态、逻辑运算和输出运算结果这 3 步。输入的是给定量或反馈量，输出的是被控量。因为计算机每一瞬间只能做一件事，所以工作的次序是输入→第一步运算→第二步运算……最后一步运算→输出。这种工作方式称为周期循环扫描工作方式。从输入到输出的整个执行时间称为扫描周期。

可编程序控制器的工作过程如图 4-9 所示，分以下 3 个阶段。

1. 输入处理

程序执行前，可编程序控制器的全部输入端子的通/断状态读入输入映像寄存器中。在程序执行中，即使输入状态变化，输入映像寄存器的内容也不变。直到下一扫描周期的输入处理阶段才读入这一变化。另外，输入触点从通（ON）→断（OFF）或从断（OFF）→通（ON）变化到处于确定状态止，输入滤波器还有一响应延迟时间（约 10ms）。

2. 程序处理

对应用户程序存储器所存的指令，从输入映像寄存器和其他软元件的映像寄存器中将有关软元件的通/断状态读出，从 0 步开始顺序运算，每次结果都写入有关的映像寄存器，因此，各软元件（X 除外）的映像寄存器的内容随着程序的执行在不断变化。输出继电器的内部触点的动作由输出映像寄存器的内容决定。

3. 输出处理

全部指令执行完毕，将输出映象寄存器的通/断状态向输出锁存寄存器传送，成为可编程序控制器的实际输出。可编程序控制器的外部输出触点对输出软元件的动作有一个响应时间，即要有一个延迟才动作。

4.6 PLC 的组成

PLC 的种类繁多，型号各异，下面以三菱电机公司的 FX 系列 PLC 为例说明其型号格式及其各项意义。

4.6.1 FX 系列型号及意义

FX 系列可编程序控制器型号的意义如下。

系列序号：0、2、ON、2C，即 FX_0、FX_2、FX_{ON}、FX_{2C}

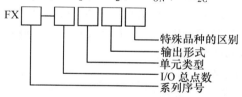

I/O 总点数：16~256 点

单元类型：M—基本单元

    E—输入输出混合扩展单元及扩展模块

    EX—输入专用扩展模块

    EY—输出专用扩展模块

输出形式：R—继电器输出

    T—晶体管输出

    S—晶闸管输出

特殊品种区别：D—DC 电源，DC 输入

     A1—AC 电源，AC 输入

     H—大电流输出扩展模块（1A/1 点）

     V—立式端子排的扩展模块

     C—接插口输入输出方式

     F—输入滤波器 1ms 的扩展模块

     L—TTL 输入型扩展模块

S—独立端子（无公共端）扩展模块

若特殊品种一项无符号，则说明通指 AC 电源，DC 输入，横式端子排；继电器输出 2A/点，驱动非频繁动作的交/直流负载；晶体管输出 0.5A/点，驱动直流负载；晶闸管输出 0.3A/点，驱动频繁动作的交/直流负载。

综上所述，FX 系列 PLC 分 FX$_2$、FX$_{2C}$、FX$_0$、FX$_{0N}$ 四大类。这四大类均由基本单元、扩展单元及特殊功能单元构成。基本单元由 CPU、存储器、I/O 和电源组成，并且是 PLC 的主要部分；扩展单元用于扩展 I/O 点数，内部有电源；扩展模块用于增加 I/O 点数和改变 I/O 点数的比例，内部无电源，由基本单元和扩展单元供给。而扩展单元和扩展模块内部没有 CPU，因此必须与基本单元一起使用。特殊功能单元是一些特殊用途的装置。

图 4-10 所示为 PLC 原理框图。

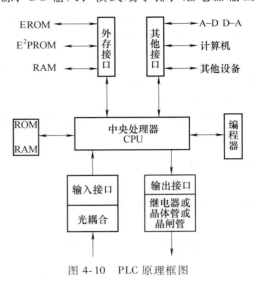

图 4-10　PLC 原理框图

4.6.2　硬件组成

可编程序控制器实际上是一种工业计算机，只不过它比一般的计算机具有更强的与工业过程相连接的接口和更直接的适应于控制要求的编程语言，故可编程控制器与计算机组成十分相似。它主要由中央处理器（CPU）、存储器（ROM/RAM）、输入/输出单元（I/O 单元）、编程器和电源等主要部件组成。

1. CPU（Central Process Unit）

CPU 是 PLC 的核心组成部分，与通用微型计算机的 CPU 一样，它在 PLC 系统中的作用类似于人体的神经中枢，故称为"电脑"。其功能如下。

1）PLC 中系统程序赋予的功能，接收并存储从编程器输入的用户程序和数据。

2）用扫描方式接收现场输入装置的状态，并存入输入映象寄存器中。

3）诊断电源、PLC 内部电路工作状态和编程过程中的语法错误。

4）在 PLC 进入运行状态后，从存储器中逐条读取用户程序，按指令执行规定的任务，产生相应的控制信号，去启闭有关控制电路。分时分渠道地去执行数据的存取、传送、组合、比较和变换等动作，完成用户程序中规定的逻辑或算术运算等任务。根据运算结果，更新有关标志位的状态和输出映象寄存器的内容，再由输出映象寄存器的位状态或数据寄存器的有关内容，实现输出控制、制表、打印或数据通信等。

2. 存储器

可将 PLC 的存储器分为系统程序存储器、用户程序存储器和工作数据存储器 3 种类型。

（1）系统程序存储器

它用来存放由 PLC 生产厂家编写的系统程序，并固化在 ROM 内，用户不能直接更改。它可以使 PLC 具有基本智能，系统程序质量的好坏很大程度上决定了 PLC 的性能。

（2）用户程序存储器

用以存放用户程序。通常 PLC 产品资料中所指的存储器形式或存储方式及容量，是指用户程序存储器而言的。常用的存储器形式或存储方式有 CMOS RAM、EPROM 和 E^2PROM。信息外存常用盒式磁带和磁盘。

CMOS RAM 存储器是一种中高密度、低功耗和价格便宜的半导体存储器，可用锂电池作备用电源。一旦交流电源停电，用锂电池来维持供电，可保存 RAM 内停电前的数据。锂电池寿命一般为 1~5 年左右。

EPROM 存储器是一种常用的只读存储器，写入时加高电平，擦除时用紫外线照射。

E^2PROM 存储器是一种可用电改写的只读存储器。

（3）工作数据存储器

工作数据存储器用来存储工作数据，即用户程序中使用的 ON/OFF 状态、数值数据等。

3. 电源

小型 PLC 内部有一个开关式稳压电源。电源一方面可为 CPU、I/O 及扩展单元提供工作电源（DC 5V），另一方面可为外部输入元件提供 DC 24V 电源。

4. 扩展接口

扩展接口用于将扩展单元与基本单元相连，使 PLC 配置更加灵活。

5. 通信接口

为了实现"人—机"或"机—机"之间的对话，PLC 配有多种通信接口。通过这些接口可以实现与监视器、打印机、其他 PLC 或计算机的相连。

6. I/O 单元

I/O 模块是 CPU 与现场 I/O 装置或其他外部设备之间的连接部件。PLC 提供了各种操作电平与驱动能力的 I/O 模块和各种用途的 I/O 元件供用户选用，如输入/输出电平转换、电气隔离、串/并行转换、数据传送、误码校验、A-D 或 D-A 变换以及其他功能模块等。I/O 模块将外部输入信号变换成 CPU 能接受的信号，或将 CPU 的输出信号变换成需要的控制信号去驱动控制对象，以确保整个系统正常工作。

7. 编程器

编程器除了适用于用户程序的编制、编辑、调试检查和监视之外，还可以通过其键盘去调用和显示 PLC 的一些内部状态和系统参数。它通过通信端口与 CPU 联系，完成人机对话连接。编程器上有供编程用的各种功能键和显示灯以及编程/监控转换开关。编程器的键盘采用梯形图语言键符或命令语言助记键符，也可以采用软件指定的功能键符，通过屏幕对话方式进行编程。

8. 外部设备

一般 PLC 都配有盒式录音机、打印机、EPROM 写入器、高分辨率屏幕彩色图形监控系统等外部设备。

4.6.3 软件组成

可编程序控制器软件由系统程序和用户程序两大部分组成。

1. 系统程序

1）检测程序。PLC 一经加电，先由检测程序检查 PLC 各部件操作是否正常。

2）翻译程序。将用户输入的程序变换成由微型计算机指令组成的程序，然后执行，还可以对用户程序进行语法检测。

3）监控程序。根据需要调用相应的内部程序。

2. 用户程序

由可编程序控制器的使用者编制的，用于控制被控装置的运行。PLC 的编程语言多种多样，不同厂家、不同系列 PLC 采用的编程语言不尽相同。常用的编程语言有：梯形图（LAD）、语句表（STL）、逻辑符号图（FBD）、功能表图（SFC）以及高级语言（如 BASIC、C 语言）等。其中，最常用的是梯形图和语句表。

4.7　三菱 FX 系列 PLC 逻辑元件

PLC 中的逻辑元件也称为软元件，它只是在编程中用到的符号而不是真实的物理元件。不同厂家、不同系列的 PLC、其编程元件的功能和编号也不同，因此，用户在编程时，必须熟悉选用 PLC 涉及的编程元件的功能和编号。

下面介绍 FX_{2N} 系列 PLC 部分元件的功能。

1. 输入继电器（X0~X177）

PLC 的输入端子是从外部开关接收信号的窗口。与输入端子连接的输入继电器（X）是光电隔离的电子继电器，其常开触点和常闭触点（输入输出继电器等效电路见图 4-11）使用次数不限。输入继电器必须由外部信号驱动，不能用程序驱动，所以在程序中不能出现其线圈。FX2 的输入继电器最多可达 128 点，采用八进制编号。

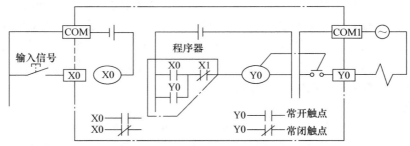

图 4-11　输入输出继电器等效电路

2. 输出继电器（Y0~Y177）

PLC 的输出继电器用来将 PLC 内部信号输出传送给外部负载（用户输出设备）。输出继电器线圈是由 PLC 内部程序驱动的，其线圈状态传送给输出单元，再由输出单元对应的硬触点来驱动外部负载。

输出继电器的电子常开和常闭触点使用次数不限，在 PLC 中可自由使用。

FX2 的输出继电器最多可达 128 点，且编号为八进制。

扩展单元和扩展模块的输入/输出元件号与基本单元连接也采用八进制编号。

3. 辅助继电器（M）

PLC 有很多辅助继电器。辅助继电器的线圈与输出继电器一样，由 PLC 内各软元件的触点驱动。辅助继电器的电子常开和常闭触点使用次数不限，但是，这些触点不能直接驱动

92

外部负载。外部负载的驱动必须由输出继电器实行。

在逻辑运算中经常需要一些中间继电器作为辅助运算用。这些元件经常用做状态暂存、移动运算等。它的数量常比 X、Y 多。另外，在辅助继电器中还有一类特殊辅助继电器，它有各种特殊的功能，如定时时钟、进/借位标志、启动/停止、单步运行、通信状态和出错标志等。这类元件数量的多少，在某种程度上反映了可编程序控制器功能的强弱，能对编程提供许多方便。

1）通用辅助继电器（M0~M499）。在 PLC 运行时，如果电源突然断电，则全部线圈均处于 OFF 状态。

注：除输入/输出继电器 X/Y 外，其他所有的软元件号均按十进制编号。

2）断电保持辅助继电器 M500~M1023（524 点）。PLC 在运行中若发生停电，断电保持辅助继电器具有的断电保护功能将被启用，即能记忆电源中断瞬时的状态，并在重新启动后再现其状态。停电保持由 PLC 内装的后备电池支持。

3）特殊辅助器 M8000~M8255（256 点）。PLC 内有很多特殊辅助继电器。这些特殊辅助继电器各自具有特定的功能，可以分成以下两大类。

① 触点型。其线圈由 PLC 自动驱动，用户只可以利用其触点。

M8000：运行（RUN）监控（PLC 运行时接通）。

M8002：初始脉冲（仅在运行开始瞬间接通）。

M8012：100ms 时钟脉冲。

② 线圈型。用户驱动线圈后，PLC 作特定动作。

M8030：使 BATT LED（锂电池欠压指示灯）熄灭。

M8033：PLC 停止时输出保持。

M8034：禁止全部输出。

4. 状态元件（S）

在步进顺控系统的编程中状态元件 S 是重要的软元件。它与后述的步进顺控指令 STL 组合使用，有以下几种类型。

初始状态：S0~S9（10 点）。 通用：S10~S499（480 点）。

断电保持：S500~S899（400 点）。 报警器：S900~S999（100 点）。

图 4-12 所示为顺序步进型控制状态转移图。

启动信号 X0 接通，S20 就置位（ON）。同时，下降电磁阀 Y0 动作。随后，下限位开关 X1 变为 ON，状态 S21 置位（ON），夹紧电磁阀 Y1 动作。夹紧确认限位开关 X2 变为 ON，状态 S22 置位（ON）。随着状态动作的转移，原来的状态自动复位（OFF）。各状态元件的常开和常闭触点在 PLC 内可以自由使用，使用次数不限。不用步进顺控指令时，状态元件（S）可作为辅助继电器（M）在程序中使用。

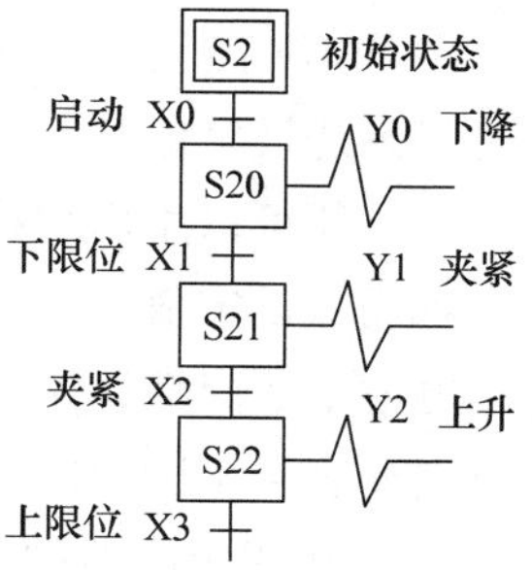

图 4-12　顺序步进型
控制状态转移图

5. 指针（P/I）

（1）分支指令用指针 P0~P63（64 点）

分支指令用指针如图 4-13 所示。CJ、CALL 等分支指令是为了指定跳转目标，用指针 P0~P63 作为标号。而 P63 表示跳转至 FEND 指令步的意思。

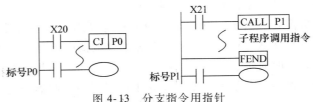

图 4-13 分支指令用指针

X20—接通（ON），程序就向标号 P0 的步序跳转。

X21—接通（ON），就执行在 FEND 指令后标号为的 P1 子程序，并根据 SRET 指令返回。在编程时，编号不能重复使用。

（2）中断用指针 I0□□~I8□□（9 点）

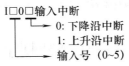

注意：1）中断指针必须编在 FEND 指令后面作为标号。

2）断点数不能多于 9 点。

3）中断嵌套级不多于 2 级。

4）中断指针中百位数上的数字不可重复使用。例如，用了 I100 就不能用 I101，用了 I610 就不能用 I620。

5）用于中断的输入端子，就再也不能用于 SPD 指令或其他高速处理。

6. 定时器（T）（字、bit）

定时器在可编程序控制器中的作用相当于一个时间继电器，它可以提供无数对常开、常闭延时触点。通常一个可编程序控制器中有几十至数百个定时器，可用于定时操作。

在 PLC 内，定时器是根据时钟脉冲累积计时的，时钟脉冲有 1ms、10ms、100ms，当所计时间到达设定值时，其输出触点动作。

定时器可以用用户程序存储器内的常数 K 作为设定值，也可将后述的数据寄存器（D）的内容用做设定值。在后一种情况下，一般使用有停电保持功能的数据寄存器。即便如此，若锂电池电压降低，定时器、计数器也均可能发生误动作，需加注意。定时器编号与设定时间范围如表 4-1 所示。

（1）通用定时器的工作方式

通用型定时器如图 4-14a 所示。当定时器线圈 T200 的驱动输入 X0 被接通时，T200 的当前值计数器以 10ms 的时钟脉冲进行累积计数，当该值与设定值 K123 相等时，定时器的输出触点就接通，即输出触点是在驱动线圈后的 1.23s 时动作。

当驱动输入 X0 断开或发生停电时，计数器就复位，输出触点也复位。

表 4-1 定时器编号与设定时间范围

定时器编号	时间/ms	K 的设定范围	设定时间范围/s
T0～T199（通用型）	100	1～32767	0.1～3276.7
T200～T245（通用型）	10	1～32767	0.01～327.67
T246～T249（积算型）	1	1～32767	0.001～32.767
T250～T255（积算型）	100	1～32767	0.1～32767.7

（2）积算型定时器的工作方式

积算型定时器如图 4-14b 所示。当定时器 T250 线圈的驱动输入 X1 接通时，当前值计数器开始累积 100ms 的时钟脉冲的个数，当该值与设定值 K345 相等时，定时器的输出触点接通。计数中途，即使输入 X1 断开或发生停电，当前值仍保持。当输入 X1 再接通或复电时，计数继续进行，其累积时间为 34.5s 时的触点动作。

当复位输入 X2 接通时，计数器复位，输出触点也复位。

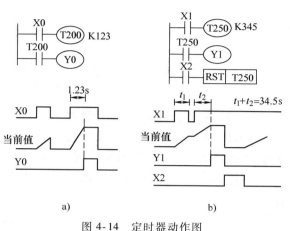

图 4-14 定时器动作图
a）通用型定时器 b）积算型定时器

7. 计数器（C）（字、bit）

计数器的编号与设定值范围如表 4-2 所示。

表 4-2 计数器的编号与设定时间范围

计数器编号	K 的设定范围	功能
C0～C99	1～32767	16 位通用型增计数器
C100～C199	1～32767	16 位停电保持型计数器
C200～C219	−2147483648～+2147483647	32 位通用型增/减计数器
C220～C234	−2147483648～+2147483647	32 位停电保持型增/减计数器
C235～C255	−2147483648～+2147483647	32 位高速计数器

（1）内部信号计数器

内部信号计数器是在执行扫描操作时对内部元件（如 X、Y、M、S、T 和 C）的信号进行计数的计数器。因此，其接通（ON）时间和断开（OFF）时间应比 PLC 的扫描周期稍长。

1）16 位增计数。这类计数器为递加计数，应用前先对其设置一设定值，当输入信号的个数累加到设定值时，计数器动作，其常开触点闭合、常闭触点断开。计数器的设定值除了可由常数 K 设定外，还可间接通过指定数据寄存器的元件号来设定，如指定 D10，而 D10 的内容为 123，则与设定 K123 等效。

例如，图 4-15 所示的梯形图和动作时序图。图中 X11 为计数输入，每次 X11 接通时，计数器当前值增 1。当计数器的当前值为 10 时，即计数输入达到第 10 次时，计数器 C0 的输出触点接通，之后即使输入 X11 再接通，计数器的当前值仍保持不变。当复位输入 X10 接通（ON）时，执行 RST 指令，计数器当前值复位为 0，输出触点也断开（OFF）。

如果将大于设定值的数置入当前值寄存器（例如用 MOV 指令）中，则当计数输入端为

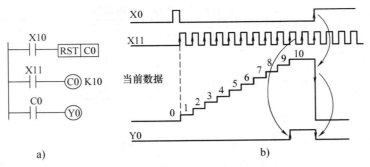

图 4-15　梯形图和动作时序图

a）梯形图　b）动作时序图

ON 时，计数器继续计数。其他计数器也是如此。

2）32bit 的增/减计数器。计数的方向由特殊辅助继电器 M8200 ~ M8234 决定。当特殊辅助继电器接通（置 1）时为减计数，否则为增计数。

双向计数器如图 4-16 所示。图中用 X14 作为计数输入，驱动 C200 线圈进行加计数或减计数。

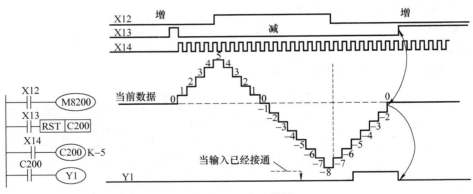

图 4-16　双向计数器

当计数器的当前值由 -6→-5（增加）时，其触点接通（置 1）；由 -5→-6（减少）时，其触点断开（置 0）。

当前值的增减虽与输出触点的动作无关，但从 +2147483647 起再进行加计数，当前值就成为 -2147483648。同样从 -2147483648 起进行减计数，当前值就成了 +2147483647（这种动作称为循环计数）。当复位输入 X13 接通（ON）时，计数器的当前值就为 0，输出触点也复位。

使用停电保持的计数器，其当前值和输出触点状态均能停电保持。

（2）高速计数器（C235 ~ C255）

高速计数器是按中断原则运行的，因而它独立于扫描周期。选定计数器的线圈应以连续方式驱动以表示这个计数器及其有关输入连续有效，其他高速处理不能再用其输入端子。高速计数器如图 4-17 所示。当 X20 接通时，选中高速计数器 C235，C235 对应计数输入 X0，因此，计数输入脉冲应从 X0，而不是 X20 输入。当 X20 断开时，线圈 C235 断开；同时，C236 接通，因此，选中计数器 C236，其计数输入为 X1 端。

适合用来作为高速计数器输入的 PLC 输入端口有 X0～X5, 其中 X0、X2、X3 的最高频率为 10kHz, X1、X4、X5 最高频率为 7kHz。

警告: 不要用计数输入端作计数器线圈的驱动触点。

8. 数据寄存器 (D) (字)

可编程序控制器用于模拟量控制、位置量控制、数据 I/O 控制时, 需要许多数据寄存器存储参数及工作数据。数据寄存器为 16 位, 最高位为符号位。可用两个数据寄存器来存储 32 位数据, 最高位仍为符号位。

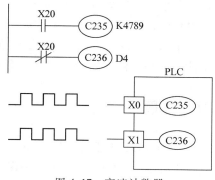

图 4-17　高速计数器

(1) 通用数据寄存器 D0～D199 (200 点)

只要不写入其他数据, 已写入的数据就不会变化。当 M8033 为 ON 时, D0～D199 有断电保护功能; 当 M8033 为 OFF 时, 则无断电保护功能, 当 PLC 状态由运行 (RUN)→停止 (STOP) 时, 全部数据均清零。

(2) 停电保持数据寄存器 D200～D7999 (7800 点)

D200～D511: 有断电保持功能, 可以利用外部设备的参数设定改变通用数据寄存器与有断电保持功能数据寄存器的分配。

D490～D509: 在两台 PLC 作点对点的通信时可供通信用。

D512～D7999: 断电保持功能不能用软件改变。根据参数设定可以将 D1000 以上作为文件寄存器。在 PLC 运行中, 用 BMOV 指令可以将文件寄存器中的数据读到通用数据寄存器中, 但不能用指令将数据写入文件寄存器。

(3) 特殊数据寄存器 D8000～D8255 (256 点)

这些数据寄存器用来监控 PLC 中各种元件的运行方式, 其内容在电源接通 (ON) 时, 写入初始化值 (全部先清零, 然后由系统 ROM 安排写入初始化值)。

例如, D8000 所存放警戒监视时钟 (Watchdog Timer) 的时间是由系统 ROM 制定的。要改变时, 用传送指令将目的时间送入 D8000 中, 该值在由运行 (RUN)→停止 (STOP) 时, 保持不变。

注: 未定义的特殊数据寄存器用户不要使用。

9. 变址寄存器 (V/Z) (字)

变址寄存器的作用类似于 Z 80 中的变址寄存器 IX、IY, 通常用于修改软元件的元件号。V 与 Z 都是 16 bit 数据寄存器, 可像其他的数据寄存器一样进行数据的读、写。进行 32 bit 操作时, 将 V、Z 合并使用, 指定 Z 为低位。用 V、Z 的内容改变软元件的元件号, 称为软元件的变址。例如 V＝8, K 20V 就意味着 K 28(20＋8＝28)。可以用变址寄存器进行变址的软元件有 X、Y、M、S、P、T、C、D、K、H、KnX。

对于用于指定十进制元件号的 Kn 进行修改是不允许的。例如: K4 M0Z 允许; K0 ZM0 不允许。

4.8　小结

PLC 为周期循环扫描的工作方式, 工作过程分输入处理、程序处理和输出处理 3 个阶段，这 3 个阶段的处理时间为一个扫描周期。

PLC 的逻辑元件有 X、Y、M、S、T、C、D、V、Z、P、I。各元件均有自身固定的编号，其中 X、Y 以八进制为编号，其他元件以十进制为编号。有些元件有电池后备为掉电保护元件。这些元件有些为位元件，有些为字元件，还有些为字位混合元件。

4.9　习题

1. 目前 PLC 有哪些主要品牌？
2. FX2 系列 PLC 中有哪些逻辑元件？它们的编号和作用是什么？
3. 为什么可编程序控制器中的触点可以使用无穷多次？
4. 警戒时钟的功能是如何实现的？
5. FX2 系列 PLC 的高速计数器有哪几种类型？如何设定计数器 C200～C234 的计数方向？
6. 如果要提高可编程序控制器输出电流容量，应采取什么措施？
7. PLC 的特点及工作方式是什么？
8. 三菱 PLC 逻辑元件的地址编号是几进制？

第5章 基本逻辑指令

PLC 是专为工业自动化控制而开发的装置，其主要使用对象是电气技术人员及操作人员。为了适应他们的习惯和便于掌握使用，通常采用以继电器逻辑控制为基础的梯形图进行编程。

前面已经介绍了 PLC 的各种逻辑软元件，相当于继电器控制系统中已经确定了要采用的器件。进一步的问题是如何设计继电器控制电路，即在 PLC 中如何编制用户程序。而基本逻辑指令是 PLC 中最基本的编程语言，掌握了基本逻辑指令也就初步掌握了 PLC 的使用方法。

PLC 的生产厂家很多，所采用的指令也不尽相同。本章以三菱公司生产的 FX_{2N} 系列可编程序控制器的基本逻辑指令为例，说明指令的含义、梯形图的编制方法以及对应的指令表程序。

5.1 基本逻辑指令概述

FX_{2N} 系列 PLC 基本逻辑指令有 27 条。

5.1.1 触点起始/输出线圈指令 （LD/LDI/OUT）

LD（取）：常开触点起始指令。操作元件为 X、Y、M、S、T、C，程序步为 1。

LDI（取反）：常闭触点起始指令。操作元件为 X、Y、M、S、T、C，程序步为 1。

OUT（输出）：线圈驱动指令。操作元件为 Y、M、S、T、C，程序步 Y、M 为 1，特 M 为 2，T 为 3，C 为 3~5。

【例 5-1】 触点起始/输出线圈指令的使用如图 5-1 所示。

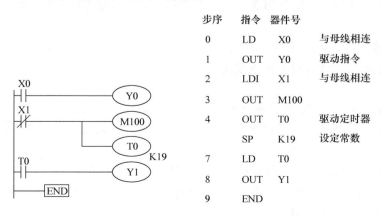

步序	指令	器件号	
0	LD	X0	与母线相连
1	OUT	Y0	驱动指令
2	LDI	X1	与母线相连
3	OUT	M100	
4	OUT	T0	驱动定时器
	SP	K19	设定常数
7	LD	T0	
8	OUT	Y1	
9	END		

图 5-1 触点起始/输出线圈指令的使用

说明：

1) LD 、LDI 指令用于将触点接到母线上。另外，在后述的 ANB 指令中分支起点处也可使用。

2) OUT 指令是对输出继电器、辅助继电器、状态继电器、定时器和计数器的线圈的驱动指令，对于输入继电器不能使用。

3) OUT 指令可以连续使用多次（上例中 OUT M100 和 OUT T0）。

4) 双线圈输出时，后面的线圈输出有效。

【例 5-2】 图 5-2 所示为输出线圈重复（双线圈）使用的示例。设 X1 = ON，X3 = OFF。因为 X1 为 ON，Y1 的映象寄存器为 ON，输出 Y2 也为 ON。而后面因 X3 = OFF，故 Y1 的映象寄存器改写为 OFF，因此，实际最终的输出为 Y1 = OFF，Y2 = ON，即输出线圈重复使用，后面线圈的动作状态有效。

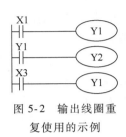

图 5-2 输出线圈重复使用的示例

5.1.2 触点串联/并联指令

1. 触点串联指令（AND/ANI）

AND（与）：常开触点串联指令。操作元件为 X、Y、M、S、T、C，程序步为 1。

ANI（与非）：常闭触点串联指令。操作元件为 X、Y、M、S、T、C，程序步为 1。

【例 5-3】 触点串联指令的使用如图 5-3 所示。

步序	指令	器件号	
0	LD	X0	
1	AND	X1	串联常开触点
2	OUT	Y3	
3	LDI	Y3	
4	ANI	X2	串联常闭触点
5	OUT	M100	
6	AND	T1	串联常开触点
7	OUT	Y4	连续输出

图 5-3 触点串联指令的使用

说明：

1) AND 和 ANI 指令是用于串联单个触点的指令，串联触点的数量不限，该指令可以多次重复使用。

2) "连续输出"是指在执行 OUT 指令后，通过与触点的串联可驱动其他线圈执行 OUT 指令。如果顺序不错，就可以多次重复使用。

注意：

图 5-3 可以在驱动 M100 之后通过触点 T1 驱动 Y4。但是，如果将驱动顺序换成如图 5-4 所示的形式，则必须用后文中提到的 MPS 指令，这将使程序步增多。

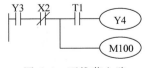

图 5-4 不推荐电路

另外，虽然对触点的数目和纵接的次数没有限制，但受图形编程器和打印机的功能限制，建议尽量做到一行不超过 10 个触点，连续输出总共不超过 24 行。

2. 触点并联指令（OR/ORI）

OR（或）：常开触点并联指令。操作元件为 X、Y、M、S、T、C，程序步为 1。

ORI（或非）：常闭触点并联指令。操作元件为 X、Y、M、S、T、C，程序步为 1。

说明：

1）OR 和 ORI 用于并联连接单个触点，并联多个串联的触点不能用此指令。

2）OR 和 ORI 指令是从该指令的当前步开始，对前面的 LD、LDI 指令并联连接。并联连接的次数无限制，但是由于图形编程器和打印机的功能对此有限制，所以并联连接的次数实际上是有限制的（一般在 24 行以下）。

【例 5-4】 触点并联指令的使用如图 5-5 所示。

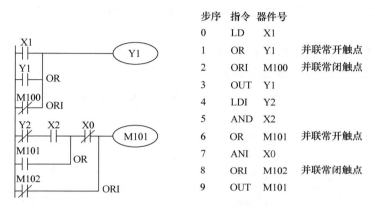

步序	指令	器件号	
0	LD	X1	
1	OR	Y1	并联常开触点
2	ORI	M100	并联常闭触点
3	OUT	Y1	
4	LDI	Y2	
5	AND	X2	
6	OR	M101	并联常开触点
7	ANI	X0	
8	ORI	M102	并联常闭触点
9	OUT	M101	

图 5-5　触点并联指令的使用

5.1.3　电路块指令

1. 串联电路块的并联（ORB）指令

ORB（电路块或）串联电路块的并联连接指令，无操作元件，程序步为 1。

【例 5-5】 串联电路块并联指令的使用如图 5-6 所示。

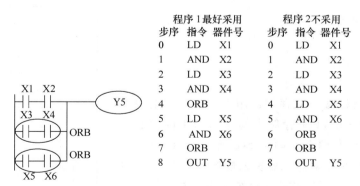

	程序1最好采用			程序2不采用	
步序	指令	器件号	步序	指令	器件号
0	LD	X1	0	LD	X1
1	AND	X2	1	AND	X2
2	LD	X3	2	LD	X3
3	AND	X4	3	AND	X4
4	ORB		4	LD	X5
5	LD	X5	5	AND	X6
6	AND	X6	6	ORB	
7	ORB		7	ORB	
8	OUT	Y5	8	OUT	Y5

图 5-6　串联电路块并联指令的使用

说明：

1）两个以上触点串联连接的电路称为串联电路块。当将串联电路块并联连接时，分支的开始用 LD 和 LDI 指令，分支的结束用 ORB 指令。

2）ORB 指令与后述的 ANB 指令等均为无操作元件的指令。

3）程序 1 是并联每一个串联电路块后加 ORB 指令，对并联电路块的个数没有限制。程序2是将ORB指令集中起来使用，这种并联电路块的个数不能超过8个，最好采用程序1，而不采用程序2。

2. 并联电路块的串联（ANB）指令

ANB（电路块与）并联电路块之间串联连接指令，无操作元件，程序步为1。

说明：

1）两个或两个以上触点并联连接的电路称为并联电路块。将并联电路块与前面电路串联时用ANB指令。并联电路块起点用LD或LDI指令。

2）若将多个并联电路块顺次用ANB指令与前面电路串联连接，则对ANB的使用次数没有限制。

3）ANB指令可以连续使用，但与ORB指令一样，使用次数限制在8次以下。

【例5-6】 并联电路块串联指令的使用如图5-7所示。

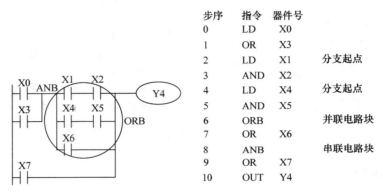

步序	指令	器件号	
0	LD	X0	
1	OR	X3	
2	LD	X1	分支起点
3	AND	X2	
4	LD	X4	分支起点
5	AND	X5	
6	ORB		并联电路块
7	OR	X6	
8	ANB		串联电路块
9	OR	X7	
10	OUT	Y4	

图5-7 并联电路块串联指令的使用

5.1.4 多重输出电路/主控触点指令

1. 多重输出指令

MPS（push）进栈指令。

MRD（read）读栈指令。

MPP（POP）出栈指令。

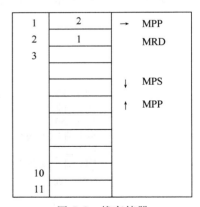

这组指令可将连接点先存储，用于连接后面的电路。在FX系列PLC中有11个存储中间运算结果的存储器，这些存储器称为栈存储器，如图5-8所示。每使用一次MPS指令，该时刻的运算结果就推入栈的第一层。当再次使用MPS指令时，就得当前的运算结果推入栈的第一层，先推入的数据依次向栈的下一层推移。

图5-8 栈存储器

使用MPP指令，将各数据依次向上层压移。最上层的数据在读出后就从栈内消失。MRD是最上层所存在的最新数据的读出专用指令。栈内的数据不发生下压或上托。这些指令都是没有操作元件的指令。

（1）简单梯形图（1层栈）

【例5-7】 一层栈梯形图如图5-9所示。

步序	指令	器件号	步序	指令	器件号
0	LD	X1	14	LD	X7
1	AND	X2	15	MPS	
2	MPS		16	AND	X10
3	AND	X3	17	OUT	Y4
4	OUT	Y0	18	MRD	
5	MPP		19	AND	X11
6	OUT	Y1	20	OUT	Y5
7	LD	X4	21	MRD	
8	MPS		22	AND	X12
9	AND	X5	23	OUT	Y6
10	OUT	Y2	24	MPP	
11	MPP		25	AND	X13
12	AND	X6	26	OUT	Y7
13	OUT	Y3			

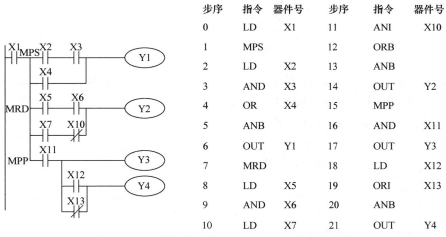

图 5-9　一层栈梯形图

（2）一层栈梯形图和 ANB、ORB 指令

【例 5-8】　一层栈梯形图和 ANB、ORB 指令的应用如图 5-10 所示。

步序	指令	器件号	步序	指令	器件号
0	LD	X1	11	ANI	X10
1	MPS		12	ORB	
2	LD	X2	13	ANB	
3	AND	X3	14	OUT	Y2
4	OR	X4	15	MPP	
5	ANB		16	AND	X11
6	OUT	Y1	17	OUT	Y3
7	MRD		18	LD	X12
8	LD	X5	19	ORI	X13
9	AND	X6	20	ANB	
10	LD	X7	21	OUT	Y4

图 5-10　一层栈梯形图和 ANB、ORB 指令的应用

（3）二层栈梯形图

【例 5-9】　二层栈梯形图如图 5-11 所示。

（4）多层栈梯形图

【例 5-10】　多层栈梯形图如图 5-12 所示。

2. 主控触点（MC/MCR）指令

MC（主控）主控电路块起点指令，操作元件为 Y、M（不允许使用特 M），程序步为 3。

MCR（主控复位）主控电路块终点指令，程序步为 2。

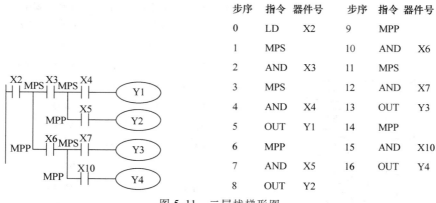

步序	指令	器件号	步序	指令	器件号
0	LD	X2	9	MPP	
1	MPS		10	AND	X6
2	AND	X3	11	MPS	
3	MPS		12	AND	X7
4	AND	X4	13	OUT	Y3
5	OUT	Y1	14	MPP	
6	MPP		15	AND	X10
7	AND	X5	16	OUT	Y4
8	OUT	Y2			

图 5-11 二层栈梯形图

步序	指令	器件号	步序	指令	器件号
0	LD	X1	9	OUT	Y12
1	MPS		10	MPP	
2	AND	X2	11	OUT	Y13
3	MPS		12	MPP	
4	AND	X3	13	OUT	Y14
5	MPS		14	MPP	
6	AND	X4	15	OUT	Y15
7	MPS		16	MPP	
8	AND	X5	17	OUT	Y16

图 5-12 多层栈梯形图

在编程时，遇到许多线圈同时受控于一个触点的情况，为节省存储单元，可用主控指令建立一个主控触点，此触点为与母线相连的垂直触点，相当于受控电路的总开关。

【例 5-11】 主控触点指令的应用如图 5-13 所示。

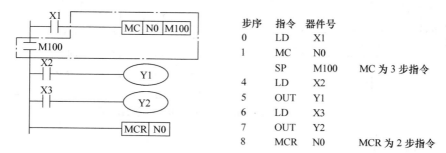

步序	指令	器件号	
0	LD	X1	
1	MC	N0	
	SP	M100	MC 为 3 步指令
4	LD	X2	
5	OUT	Y1	
6	LD	X3	
7	OUT	Y2	
8	MCR	N0	MCR 为 2 步指令

图 5-13 主控触点指令的应用

注：N 的嵌套层数从 0~7，SP 是编程器上的空格键，特殊辅助继电器不能用做 MC 的操作元件。

说明：

1）X1 接通时，执行 MC 与 MCR 之间的指令；X1 断开时，成为如下形式。

保持当前状态的元件：积算定时器、计数器及用 SET/RST 指令驱动的元件。

变成断开的元件：非积算定时器及用 OUT 指令驱动的元件。

2）MC 指令后，母线（LD、LDI 点）移至 MC 触点之后，返回原来母线的指令是 MCR。MC 指令使用后必定要用 MCR 指令。

3）使用不同的 Y、M 元件号，可多次使用 MC 指令。但是若用同一元件号，就与 OUT 指令一样成为双线圈输出。

在 MC 指令内再使用 MC 指令时，嵌套级 N 的编号就顺次增大（按编程顺序由小到大）。返回时用 MCR 指令，就从大的嵌套级开始解除（按程序顺序由大至小）。

【例 5-12】 图 5-14 所示为多级嵌套的应用实例。

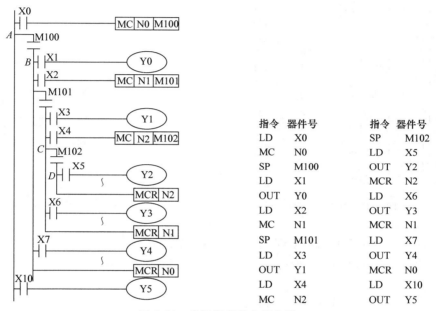

指令	器件号	指令	器件号
LD	X0	SP	M102
MC	N0	LD	X5
SP	M100	OUT	Y2
LD	X1	MCR	N2
OUT	Y0	LD	X6
LD	X2	OUT	Y3
MC	N1	MCR	N1
SP	M101	LD	X7
LD	X3	OUT	Y4
OUT	Y1	MCR	N0
LD	X4	LD	X10
MC	N2	OUT	Y5

图 5-14 多级嵌套的应用实例

N0：母线 *B* 在 X0 接通时成为有效状态。

级 N1：母线 *C* 在 X0、X2 同时接通时成为有效状态。

级 N2：母线 *D* 在 X0、X2、X4 同时接通时成为有效状态。

级 N1：根据 MCR N2 指令，返回母线 *C* 状态。

级 N0：根据 MCR N1 指令，返回母线 *B* 状态初始状态。根据 MCR N0 指令，返回母线 *A* 初始状态。

因此，输出线圈 Y5 的通断只取决于 X10 的通断，而与 X0、X2、X4 的通断无关。

5.1.5 置位/复位指令（SET/RST）

SET（置位）令元件保持 ON 指令，操作元件为 Y、M、S。程序步 Y、M 为 1，S、特 M 为 2。

RST（复位）令元件保持 OFF、清数据寄存器指令，操作元件为 Y、M、S、D、V、Z。程序步 Y、M 为 1，S、C、T 为 2，D、V、Z、特 D 为 3。

说明：

1）X0 一旦接通，即使再断开 Y0 也保持接通。X1 接通后，即使再断开，Y0 也保持断开。对于 M、S 也是同样如此。

2）对于同一元件可以多次使用 SET、RST 指令，顺序可任意，但在最后执行的指令有效。

3）要对数据寄存器 D，变址寄存器 V、Z 的内容清零，也可用 RST 指令。

【例 5-13】 置位/复位指令的使用及时序图如图 5-15 和图 5-16 所示。

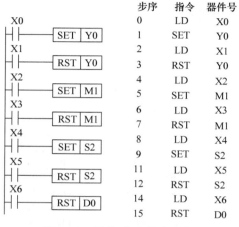

步序	指令	器件号
0	LD	X0
1	SET	Y0
2	LD	X1
3	RST	Y0
4	LD	X2
5	SET	M1
6	LD	X3
7	RST	M1
8	LD	X4
9	SET	S2
11	LD	X5
12	RST	S2
14	LD	X6
15	RST	D0

图 5-15　置位/复位指令的使用

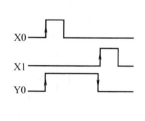

图 5-16　时序图

【例 5-14】 图 5-17 所示为 RST 指令在定时器中的应用。

【例 5-15】 图 5-18～图 5-20 分别为 RST 指令在计数器中的应用。

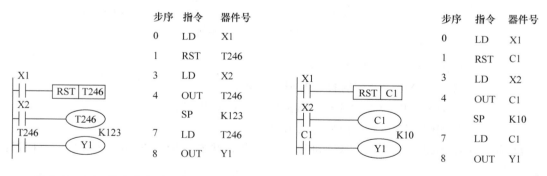

步序	指令	器件号
0	LD	X1
1	RST	T246
3	LD	X2
4	OUT	T246
	SP	K123
7	LD	T246
8	OUT	Y1

图 5-17　RST 指令在定时器中的应用

步序	指令	器件号
0	LD	X1
1	RST	C1
3	LD	X2
4	OUT	C1
	SP	K10
7	LD	C1
8	OUT	Y1

图 5-18　16 位增计数器的应用

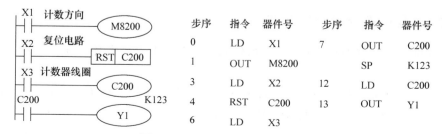

步序	指令	器件号	步序	指令	器件号
0	LD	X1	7	OUT	C200
1	OUT	M8200		SP	K123
3	LD	X2	12	LD	C200
4	RST	C200	13	OUT	Y1
6	LD	X3			

图 5-19　32 位双向计数器的应用

5.1.6 脉冲上升沿、下降沿检出的触点指令

LDP、LDF、ANDP、ANDF、ORP、ORF 指令如下。

LDP：取脉冲上升沿指令。

LDF：取脉冲下降沿指令。

ANDP：与脉冲上升沿指令。

ANDF：与脉冲下降沿指令。

ORP：或脉冲上升沿指令。

ORF：或脉冲下降沿指令。

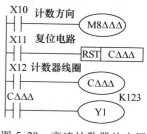

图 5-20 高速计数器的应用

以上 6 条指令的操作元件均为 X、Y、M、S、T、C，程序步均为 1。

说明：

1）指令的功能为，LDP 是上升沿检出运算开始，LDF 是下降沿检出运算开始，ANDP 是上升沿检出串联连接，ANDF 是下降沿检出串联连接，ORP 是上升沿检出并联连接，ORF 是下降沿检出并联连接。

2）LDP、ANDP、ORP 指令仅在指定位软元件的上升沿（OFF→ON）时接通一个扫描周期，是进行上升沿检出的触点指令。

3）LDF、ANDF、ORF 指令仅在指定位软元件的下降沿（ON→OFF）时接通一个扫描周期，是进行下降沿检出的触点指令。

【例 5-16】 上升沿和下降沿检出指令的应用分别如图 5-21 和图 5-22 所示。

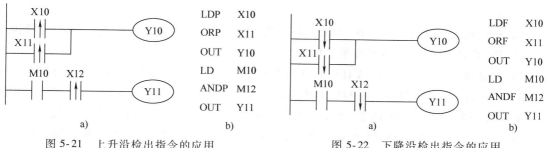

图 5-21 上升沿检出指令的应用　　　　图 5-22 下降沿检出指令的应用
　　a）梯形图　b）指令表　　　　　　　　　a）梯形图　b）指令表

当 X10、X11 和 X12 由 OFF→ON 时，Y10 和 Y11 只接通一个扫描周期。

当 X10、X11 和 X12 由 ON→OFF 时，Y10 和 Y11 只接通一个扫描周期。

5.1.7 脉冲输出指令（PLS/PLF）

PLS（脉冲）上升沿微分输出指令，操作元件为 Y、M，程序步为 2。

PLF（脉冲）下降沿微分输出指令，操作元件为 Y、M。程序步为 2。

说明：

1）使用 PLS 指令时，元件 Y、M 仅在输入接通后的一个扫描周期内动作。

2）使用 PLF 指令时，元件 Y、M 仅在输入断开后的一个扫描周期内动作。

3）在驱动输入接通时，PLC 由运行→停机→运行，此时 PLS、M1 动作，但 PLS、M600（断电时由电池后备的辅助继电器）不动作。M600 是保持继电器，即使断电停机时其

动作也能保持。

　　4）特殊辅助继电器不能用做 PLS 或 PLF 的操作元件。

　　【例 5-17】 脉冲输出指令的使用和时序图分别如图 5-23 和图 5-24 所示。

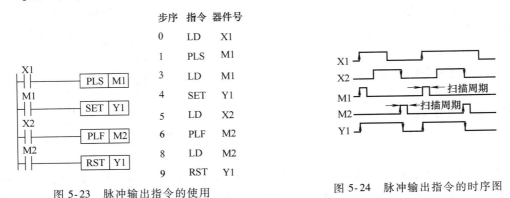

步序	指令	器件号
0	LD	X1
1	PLS	M1
3	LD	M1
4	SET	Y1
5	LD	X2
6	PLF	M2
8	LD	M2
9	RST	Y1

图 5-23　脉冲输出指令的使用 　　　　　图 5-24　脉冲输出指令的时序图

5.1.8　取反/空操作/程序结束指令

1. 取反指令（INV）

　　INV：取反指令。在程序中只占一个步序，无操作元件，程序步为 1。

　　INV 指令是将执行 INV 指令前的运算结果取反。换句话说，如果执行 INV 指令前的运算结果为 OFF，执行 INV 指令后的运算结果就为 ON。

　　说明：

　　1）INV 指令不能像指令 LD、LDP、LDI 和 LDF 那样直接与母线相连，也不能像指令 OR、ORP、ORI 和 ORF 指令那样单独使用。

　　2）在能输入 AND、ANI、ANDP 和 ANDF 指令的相同位置处，可以编写 INV 指令。

　　3）INV 指令的功能是将执行 LD、LDI、LDP、LDF 指令以后的运算结果取反，指令的位置应该在 LD、LDI、LDP、LDF 指令之后，把指令后面的程序作为 INV 运算的对象并取反。

　　INV 指令的应用如图 5-25 所示。当 X10 接通时，Y10 断开；当 X10 断开时，则 Y10 接通。

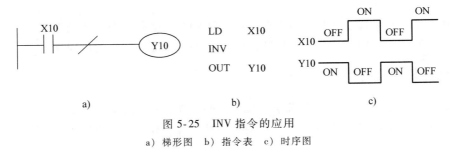

图 5-25　INV 指令的应用

a）梯形图　b）指令表　c）时序图

2. 空操作指令（NOP）

　　NOP：空操作指令。在程序中只占一个步序，无操作元件，程序步为 1。

　　NOP 指令通常用于以下几个方面：指定某些步序内容为空，留空待用；短路某些接点或电路，如图 5-26a、b 所示；切断某些电路，如图 5-26c、d 所示；变换先前的电路，如

108

图 5-26e 所示。

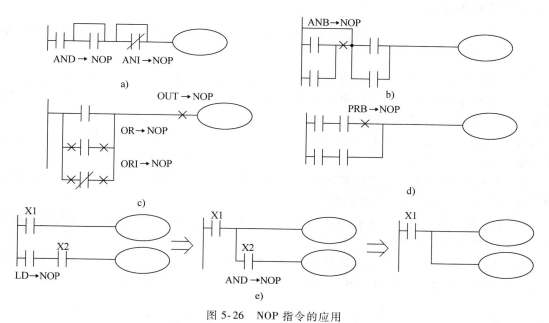

图 5-26 NOP 指令的应用

a)、b) 短路某些接点或电路　c)、d) 切断某些电路　e) 变换先前的电路

说明：

1）当在程序中加入 NOP 指令、改动或追加程序时，可以减少步序号的改变。另外，用 NOP 指令替换已写入的指令，可改变电路。

2）若将 LD、LDI、ANB、ORB 等指令换成 NOP 指令，电路的构成将有较大的变化，必须注意。

3）执行程序全清操作后，全部指令都变成 NOP。

3. 程序结束（END）指令

END：程序结束指令。该指令用于程序的结束，无操作元件，程序步为 1。

PLC 在运行时，CPU 反复进行输入处理、执行程序指令、输出处理。当执行到 END 指令时，END 指令后面的程序跳过不执行，然后直接进行输出处理，如此反复执行，END 指令的使用说明如图 5-27 所示。在程序调试过程中，按段插入 END 指令，可以按顺序对各程序段的动作进行检查和调试，在确认前面各电路段的动作正确无误之后，依次删去 END 指令。由此可见，END 指令执行时，不必扫描全部 PLC 内的步序内容，从而具有缩短扫描时间的功能。

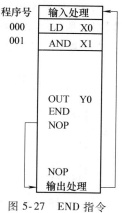

图 5-27 END 指令的使用说明

5.2　编程的基本规则和技巧

读者学习了 PLC 的基本指令后，就可以根据控制系统的基本要求编制出程序。为此，必须掌握编程的基本规则和编程技巧。

5.2.1 编程的基本规则

1）X、Y、M、T、C等器件的触点可多次重复使用，无需用复杂的程序结构来减少触点的使用次数。

2）梯形图每一行都是从左边母线开始，将线圈接在最右边。不能将触点放在线圈的右边，即左母线只能与触点相连，右母线只能与线圈相连，但右母线可以省略不画，如图5-28所示。

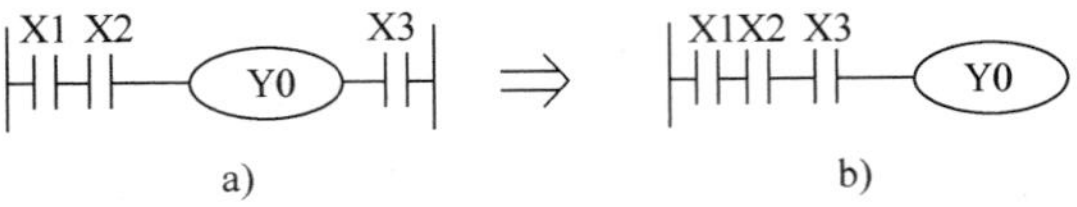

图5-28　规则2）的说明
a）不正确的电路　b）正确的电路

3）不能将线圈直接与左边的母线相连。如果需要，可以通过一个没有使用的内部辅助继电器的常闭触点来连接，如图5-29所示。

4）同一编号的线圈在一个程序中使用两次称为双线圈输出。双线圈输出容易引起误操作，应避免线圈重复使用。

5）梯形图必须符合顺序执行的原则，即从左到右、从上到下地执行。对不符合顺序执行的电路不能直接编程。对图5-30所示的桥式电路梯形图就不能直接编程。

图5-29　规则3）的说明
a）不正确的电路　b）正确的电路

图5-30　桥式电路梯形图

6）对梯形图中串联触点和并联触点使用的次数没有限制，但由于梯形图编程器和打印机的限制，所以建议串联触点一行不超过10个，并联触点的个数不超过24行，如图5-31所示。

7）两个或两个以上的线圈可以并联输出，但连续输出总共不超过24行，如图5-32所示。

图5-31　规则6）的说明

图5-32　规则7）的说明

5.2.2 编程技巧

1）将串联触点较多的电路画在梯形图的上方，如图5-33所示。

2）应将并联电路放在左边，如图5-34所示。

当多个并联电路串联时，应将触点最多的并联电路放在最左边。从以上两个程序来看，图5-34b省去了ORB和ANB两个指令。

3）对于并联线圈电路，从分支点到线圈之间无触点的，应将线圈放在上方。例如图5-35b所示节省MPS和MPP指令。这就节省了存储器空间和缩短了运算周期。

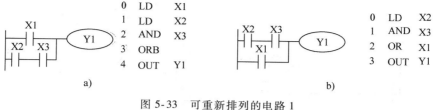

图 5-33 可重新排列的电路 1
a) 安排不当的电路   b) 安排得当的电路

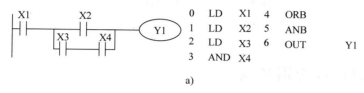

a)

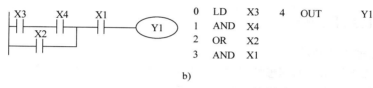

b)

图 5-34 可重新排列的电路 2
a) 安排不当的电路   b) 安排得当的电路

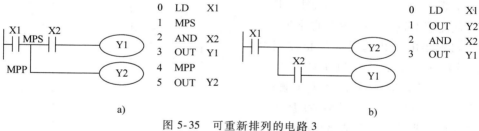

图 5-35 可重新排列的电路 3
a) 安排不当的电路   b) 安排得当的电路

4）桥形电路的编程。图 5-36a 所示的梯形图是一个桥形电路，不能直接对它编程，必须将其等效为图 5-36b 所示的电路才能编程。等效的原则是，逻辑关系不变。

注意：等效电路不是唯一的。

5）复杂电路的处理。如果电路的结构比较复杂，用 ANB 或者 ORB 等指令难以解决，可重复使用一些触点画出它们的等效电路，然后再进行编程就比较容易了，电路梯形图如图 5-37所示。

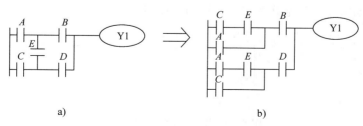

图 5-36 可重新排列的电路 4
a) 桥形电路梯形图   b) 等效电路梯形图

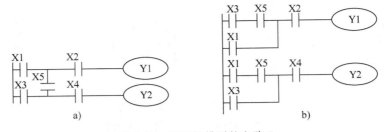

图 5-37 可重新排列的电路 5

a）复杂电路梯形图 b）等效电路梯形图

5.3 基本逻辑指令应用实例

5.3.1 电动机控制实例

1. 常闭触点输入的处理

PLC 是继电器控制系统的理想替代物，在实际应用中，常遇到老产品和旧设备的改造，用 PLC 取代继电器控制系统。原有的继电器控制图已经设计完毕，并且实践证明设计合理，由于继电器电气原理图与 PLC 的梯形图相类似，可以将继电器原理图转变为梯形图，但在转变中必须注意对输入常闭触点的处理。

以三相异步电动机起动、停止控制电路为例。用 PLC 控制电动机 I/O 接线如图 5-38 所示。起动按钮 SB$_1$ 为常开触点，停止按钮 SB$_2$ 为常闭触点。图 5-39a 所示是继电器控制原理图。当编制的梯形图为图 5-39b 所示时，将程序送入 PLC 中，并运行这一程序，会发现输出继电器 Y0 线圈不能接通，电动机不能起动。因为 PLC 一通电 X1 线圈就得电，其常闭触点断开，当按下起动按钮 SB$_1$ 时，X0 线圈得电，X0 常

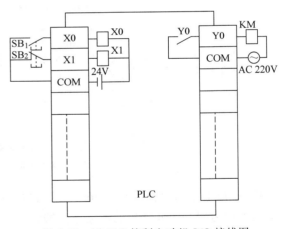

图 5-38 用 PLC 控制电动机 I/O 接线图

开触点闭合，但 Y0 线圈无法接通，必须将 X1 改为图 5-39c 所示的常开触点才能满足起动、停止的要求（或者停止按钮 SB$_2$ 采用常开触点，就可采用图 5-39b 所示的梯形图了）。

由此可见，如果输入为常开触点，编制的梯形图就与继电器原理图一致；如果输入为常

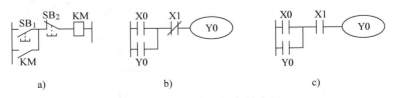

图 5-39 输入常闭触点的编程

a）继电器控制原理图 b）梯形图 c）将 X1 改为常开触点

闭触点，编制的梯形图就与继电器原理图相反。一般为了与继电器原理图的习惯相一致，在PLC中尽可能采用常开触点作为输入信号。

2. 联锁控制

在生产机械的各种运动之间，往往存在着某种相互制约的关系，一般采用联锁控制来实现。图 5-40 所示为电动机正反转联锁控制的 I/O 接线图和梯形图。由于 PLC 运算速度比较快，所以必须有硬件互锁和软件互锁。图中 SB_1、SB_2 分别为正反转起动按钮，SB_3 为停止按钮，KM_1 和 KM_2 分别为电动机正反转接触器，根据梯形图编写程序如下。

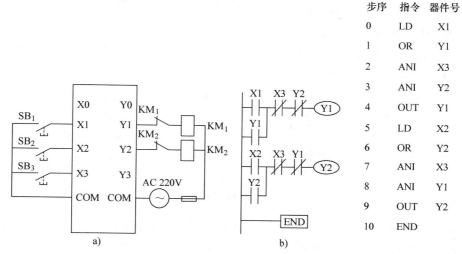

步序	指令	器件号
0	LD	X1
1	OR	Y1
2	ANI	X3
3	ANI	Y2
4	OUT	Y1
5	LD	X2
6	OR	Y2
7	ANI	X3
8	ANI	Y1
9	OUT	Y2
10	END	

图 5-40　电动机正反转联锁控制的 I/O 接线图和梯形图
a）I/O 接线图　b）梯形图

3. 顺序起动控制电路

图 5-41 所示为顺序启动控制电路梯形图，Y1 控制电动机 M_1，Y2 控制电动机 M_2，Y3 控制电动机 M_3。当前级电动机不起动时，后级电动机无法起动，即 Y1 不得电，Y2 无法得电。同理，当前级电动机停止时，后级电动机也停止，如 Y2 断电时，Y3 也断电。

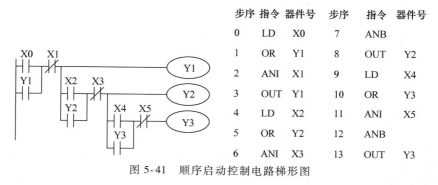

步序	指令	器件号	步序	指令	器件号
0	LD	X0	7	ANB	
1	OR	Y1	8	OUT	Y2
2	ANI	X1	9	LD	X4
3	OUT	Y1	10	OR	Y3
4	LD	X2	11	ANI	X5
5	OR	Y2	12	ANB	
6	ANI	X3	13	OUT	Y3

图 5-41　顺序启动控制电路梯形图

5.3.2　定时器的应用

1. 延时断定时器

PLC 提供的内部定时器均为通电延时定时器，通过程序也可以实现延时断定时器的功能。图 5-42 所示为延时断电定时器的梯形图和时序图。控制要求是：当输入信号 X1 =ON 时，输出继电器 Y1 得电（ON），当输入信号 X1 由 ON→OFF 时，输出继电器 Y1 经延时一定时间后才断开 OFF。

2. 长延时定时器

PLC 中定时器的最大设定值为 32767，最长延时时间为 3276.7s。可以通过程序实现长延时功能。图 5-43 所示为通过定时器串联实现长延时的方法一，图中延时时间为

$$T_总 = T0 + T1 = (100 \times 0.1 + 500 \times 0.1)s = 60s$$

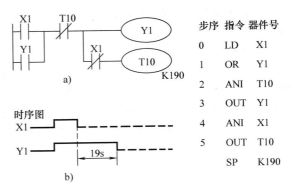

步序	指令	器件号
0	LD	X1
1	OR	Y1
2	ANI	T10
3	OUT	Y1
4	ANI	X1
5	OUT	T10
	SP	K190

图 5-42　延时断电定时器的梯形图和时序图
a）梯形图　b）时序图

步序	指令	器件号	步序	指令	器件号
0	LD	X0	5	OUT	T1
1	OUT	T0		SP	K500
	SP	K100	8	LD	T1
4	LD	T0	9	OUT	Y0

图 5-43　长延时定时器方法 1

图 5-44 所示为实现长延时的方法二，是由定时器 T0 和计数器 C0 组合而成的电路。当 X0 接通时，T0 形成设定值为 10s 脉冲，该脉冲作为计数器 C0 的输入脉冲，即 C0 对 T0 的脉冲个数进行计数，当计到 200 次时，计数器动作，C0 常开触点闭合，Y0 线圈得电。从 X0 接通到 Y0 得电，延时时间为定时器延时时间和计数器设定值的乘积。

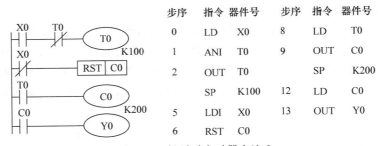

步序	指令	器件号	步序	指令	器件号
0	LD	X0	8	LD	T0
1	ANI	T0	9	OUT	C0
2	OUT	T0		SP	K200
	SP	K100	12	LD	C0
5	LDI	X0	13	OUT	Y0
6	RST	C0			

图 5-44　长延时定时器方法 2

5.3.3　振荡与分频电路

1. 振荡电路

图 5-45 所示为振荡电路的梯形图和时序图。当输入接通 X1 闭合时，输出继电器 Y1 闪烁，即接通和断开交替进行。接通时间为 1s，由定时器 T11 设定；断开时间为 2s，由定时器 T10 设定。

2. 分频电路

在许多控制场合中，需要对控制信号进行分频。下面以二分频电路为例说明 PLC 是如何实现分频的。输入 X1 引入信号脉冲，要求 Y1 的输出脉冲是前者的二分频。

114

图 5-46 所示是二分频电路的梯形图和时序图。当输入 X1 在 t_1 时刻接通（ON）时，在内部辅助继电器 M100 上产生单脉冲。在此之前 Y1 线圈并未得电，Y1 常开未闭合，当程序扫描至第 3 行时，M102 线圈不能得电，M102 常闭触点仍处于闭合状态，当扫描至第 4 行，Y1 线圈得电并自锁。等到 t_2 时刻，输入 X1 再次接通（ON），M100 再次产生单脉冲。当扫描第 3 行时，

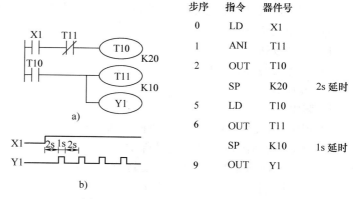

步序	指令	器件号	
0	LD	X1	
1	ANI	T11	
2	OUT	T10	
	SP	K20	2s 延时
5	LD	T10	
6	OUT	T11	
	SP	K10	1s 延时
9	OUT	Y1	

图 5-45　振荡电路的梯形图和时序图
a）梯形图　b）时序图

M102 线圈得电常闭触点断开，Y1 线圈断电。在 t_3 时刻，输入 X1 第三次接通，M100 又产生单脉冲，Y1 再次接通。t_4 时刻，Y1 再次断电，循环往复。输出正好是输入信号的二分频。

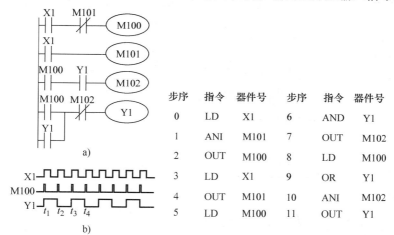

步序	指令	器件号	步序	指令	器件号
0	LD	X1	6	AND	Y1
1	ANI	M101	7	OUT	M102
2	OUT	M100	8	LD	M100
3	LD	X1	9	OR	Y1
4	OUT	M101	10	ANI	M102
5	LD	M100	11	OUT	Y1

图 5-46　二分频电路的梯形图和时序图
a）梯形图　b）时序图

5.4　技能训练

5.4.1　训练项目 1　电动机正反转控制

1. 目的

1）掌握电动机正、反转控制的编程方法。

2）熟悉 PLC 的端子接线方法。

3）熟悉计算机软件或编程器进行程序传送的方法。

2. 仪器与器件

1）FX 系列 PLC 主机。

2）控制盘（含交流接触器、熔断器和端子排等）。

3）三相交流电动机。

4）三联按钮。

5）计算机与编程软件。

6）编程器。

3. 要求

设计用 PLC 进行具有双重互锁控制的电动机正、反转控制程序，要求既有软件互锁又有硬件互锁，有热继电器进行过载保护，画出主电路、端子分配表、端子接线图、梯形图和指令表。图 5-47 所示为电动机正/反转控制的电气原理图、I/O 接线图、梯形图和 I/O 分配表。建议停止按钮用常开触点接入 PLC。

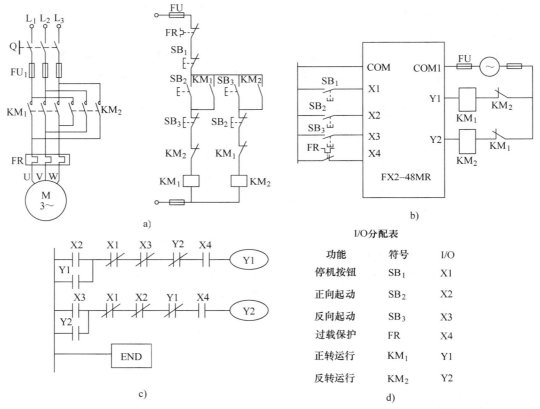

图 5-47　电动机正/反转控制的电气原理图、I/O 接线图、梯形图和 I/O 分配表

a）电气原理图　b）I/O 接线图　c）梯形图　d）I/O 分配表

4. 内容

1）用计算机编程软件或编程器编制电动机正、反转控制程序，按照相应的传送方法传入 PLC 主机中。

2）按照设计的 I/O 接线图接线，注意必须接入正、反转接触器的硬件互锁触点和电源熔断器进行短路保护。

3）先不接输出端电源进行模拟调试。把 PLC 主机上的开关扳向"RUN"，分别按下正、反转控制按钮，观察对应的输出显示灯是否按控制要求发光。如有误，把 PLC 主机上的开关扳向"STOP"，检查程序和接线，修改后重复上述步骤，直至正常为止。

4）模拟调试无误后，接通输出端电源，按下正向起动按钮，电动机正转，再按下反向起动按钮，将电动机直接切换到反转，运行成功，按下停机按钮，使电动机停止运转。

5）把接线图中的停止按钮换成常闭按钮，程序做相应的改变，然后重新调试，观察控制过程，总结出规律。

5.4.2 训练项目2 电动机星形-三角形减压起动控制

1. 目的

1）掌握电动机星形-三角形减压起动控制的编程方法。

2）掌握 PLC 的端子接线方法。

3）进一步熟悉计算机软件或编程器进行程序传送的方法。

2. 仪器与器件

1）FX 系列 PLC 主机。

2）控制盘（含交流接触器、熔断器和端子排等）。

3）三相交流电动机。

4）双联按钮。

5）计算机与编程软件。

6）编程器。

3. 要求

设计用 PLC 进行星形-三角形减压起动控制程序，要求按下起动按钮，电动机星形联结减压起动，3s 后自动转换成三角形联结全压运行，同时星形起动和三角形运行要有软件互锁和硬件互锁，画出主电路、端子接线图、梯形图和指令表。

4. 内容

1）用计算机软件或编程器编制电动机星形-三角形减压起动控制程序，按照传送方法传入 PLC 主机中。图 5-48 所示为电动机星形-三角形减压起动控制的电气原理图、I/O 接线图、梯形图和 I/O 分配表。

2）按照设计的 I/O 接线图接线，注意必须接入星形-三角形接触器的硬件互锁触点和电源熔断器进行短路保护。

3）先不接输出端电源进行模拟调试。把 PLC 主机上的开关扳向"RUN"，按下起动按钮，观察对应的输出显示灯是否按控制要求发光，3s 后能否正常切换成三角形运行。如有误，把 PLC 主机上的开关扳向"STOP"，检查程序和接线，修改后重复上述步骤，直至正常为止。

4）模拟调试无误后，接通输出端电源，按下起动按钮，电动机星形联结减压起动，3s 后切换成三角形运行，运行成功，按下停机按钮，电动机停止运转。

5）修改切换时间为 5s，然后重新调试，观察控制过程，总结出规律。

5.4.3 其他训练项目

1）3 台电动机顺序起动、逆序停止控制程序。

2）电动机两地控制程序。

3）小车自动往返行程控制程序。

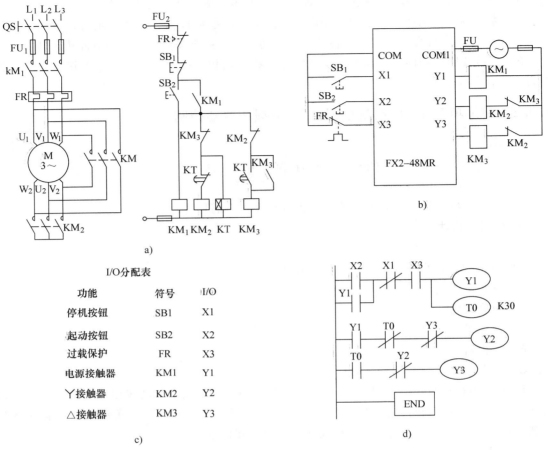

图 5-48　电动机星形-三角形减压起动控制的电气原理图、I/O 接线图、梯形图和 I/O 分配表

a）电气原理图　b）I/O 接线图　c）I/O 分配表　d）梯形图

4）按电动机转子串电阻时间原则分级起动控制程序。

以上题目要求自行设计程序，画出主电路、端子接线图、梯形图和指令表，然后按照规则传入 PLC 进行模拟调试和修改，直至成功为止。

5.5　小结

1）FX 系列可编程序控制器共有基本指令 27 条，其中 LD、LDI、AND、ANI、OR、ORI、LDP、LDF、ANDP、ANDF、ORP 和 ORF 为触点指令共 12 条，ANB、ORB、MPS、MRD 和 MPP 为联接指令共 5 条，OUT、SET、RST、PLS 和 PLF 为输出指令共 5 条，其他指令 MC、MCR、INV、NOP 和 END 共 5 条。除 LDP、LDF、ANDP、ANDF、ORP、ORF、ORB、ANB、MPS、MRD、MPP、INV、NOP 和 END 指令外，其余指令均有对应的操作元件。

2）虽然对串接触点、并接触点的数目和纵接输出的次数没有限制，但因编程器和打印机的功能有限制，所以建议尽量做到一行不超过 10 个触点，并接触点不超过 24 行，连续输出不超过 24 行。

3）程序应按自上而下、从左至右的方式编程。

4）画梯形图时，不能将触点放在线圈的右边。不能将线圈直接与母线相连。应避免线圈的重复使用。

5.6 习题

1. 写出图 5-49 所示梯形图对应的指令程序。

2. 写出图 5-50 所示梯形图对应的指令程序。

3. 根据下列指令程序画出对应的梯形图。

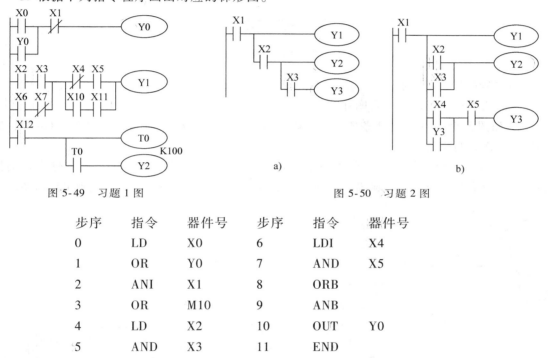

图 5-49 习题 1 图   图 5-50 习题 2 图

步序	指令	器件号	步序	指令	器件号
0	LD	X0	6	LDI	X4
1	OR	Y0	7	AND	X5
2	ANI	X1	8	ORB	
3	OR	M10	9	ANB	
4	LD	X2	10	OUT	Y0
5	AND	X3	11	END	

4. 写出图 5-51 所示的梯形图对应的指令程序。

5. 对图 5-52 所示的梯形图是否可以直接编程？绘出改进后的等效梯形图，并写出指令程序。

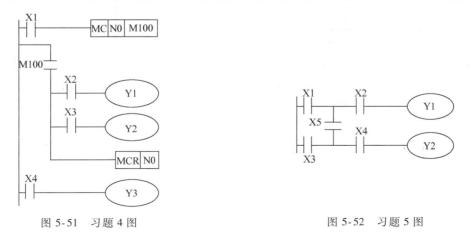

图 5-51 习题 4 图   图 5-52 习题 5 图

119

6. 简化图 5-53 所示的梯形图。

7. 如图 5-54 所示，要求按下起动按钮后能依次完成下列动作。

1）运动部件 A 从 1 到 2。

2）接着 B 从 3 到 4。

3）接着 A 从 2 回到 1。

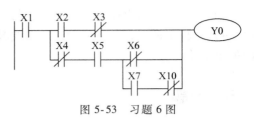

图 5-53　习题 6 图

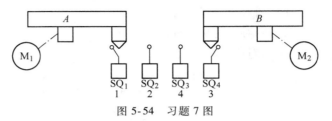

图 5-54　习题 7 图

4）接着 B 从 4 回到 3。

试画出 I/O 分配图和梯形图并写出程序。

8. 如图 5-55 所示，有 3 条传送带按顺序启动（$A \rightarrow B \rightarrow C$），逆序停止（$C \rightarrow B \rightarrow A$），试画出梯形图，写出程序。

9. 设计一个抢答器，如图 5-56 所示，有 4 个答题人。出题人提出问题，答题人按动抢答按钮，只有最先抢答的人输出。出题人按复位按钮，引出下一个问题。试画出梯形图。

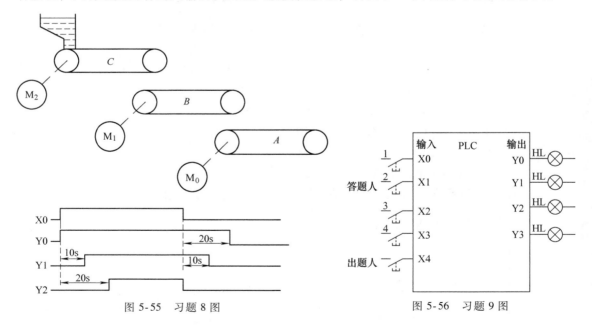

图 5-55　习题 8 图

图 5-56　习题 9 图

第6章 步进指令

用梯形图或指令表方式编程固然广为电气技术人员接受，但对于一个复杂的控制系统，尤其是顺序控制系统，内部的联锁、互动关系极其复杂，其梯形图往往长达数百行，通常要由熟练的电气工程师才能编制出这样的程序。另外，如果在梯形图上不加上注释，则这种梯形图的可读性也会大大降低。

近年来，在许多新生产的 PLC 在梯形图语言之外加上了采用 IEC 标准的 SFC（Sequential Function Chart）语言，用于编制复杂的顺控程序。利用这种先进的编程方法，初学者也很容易编出复杂的顺序控制程序。即便是熟练的电气工程师，用这种方法后也能大大提高工作效率。另外，这种方法也为调试、试运行带来许多难以言传的方便。

三菱的小型 PLC 在基本逻辑指令之外增加了两条简单的步进顺序控制指令，同时辅之以大量状态元件，用类似于 SFC 语言的状态转移图方式编程。

6.1 状态转移图

状态转移图又叫作顺序（SFC）功能图，它是用状态元件描述工步状态的工艺流程图。它通常由初始状态、一系列一般状态、转移线和转移条件组成。每个状态提供 3 个功能，即驱动有关负载、指定转移条件和指定转移目标。

FX_{2N} 系列 PLC 提供了 900 个状态元件（S0～S899）用于状态转移图。其中 S0～S9（10 点）用于表示初始状态。图 6-1 所示是一个状态转移图的例子。

注：初始状态也可由其他状态元件（本图例中为 S23）驱动。最开始运行时，初始状态则必须用其他方法预先驱动，使之处于工件状态（即 S0 先置"1"）。

图例中，初始状态最初是由 PLC 从 STOP→RUN 切换瞬时动作的特殊辅助继电器 M8002 驱动，使 S0 置"1"。除初始状态之外的一般状态元件必须在其状态后加入 STL 指令才能驱动，不能脱离状态而用其他方式驱动。

编程时必须将初始状态编在其他状态之前。

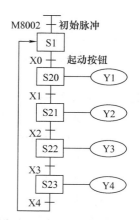

图 6-1 状态转移图的例子

6.2 步进指令和步进梯形图

1. 步进指令

1）STL：步进开始指令。只能与状态元件配合使用，表示状态元件的常开触点（只有常开触点，无常闭触点）与主母线相连。然后在副母线上直接连接线圈或通过触点驱动线圈。与 STL 相连的起始触点要使用 LD、LDI 指令。

2）RET：步进返回指令。用于步进操作结束时返回主母线，即 RET 指令使 LD 点返回母线。

在一系列 STL 指令的最后，必须写入 RET 指令，表明步进梯形指令的结束。STL 指令只对状态器 S 有效，而状态器 S 具有线圈和触点的功能，也可以是 LD、LDI、AND 等指令的目标元件。当状态器不作步进指令的目标元件时，具有一般辅助继电器的功能。

2. 步进梯形图

可以将图 6-1 所示给出的状态转移图转换成图 6-2 所示的步进梯形图，再写出语句表。

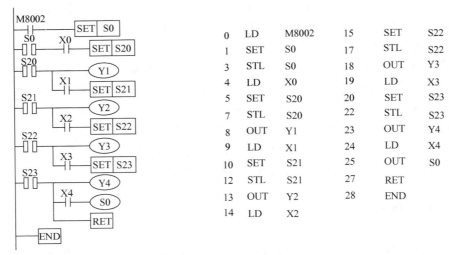

0	LD	M8002	15	SET	S22
1	SET	S0	17	STL	S22
3	STL	S0	18	OUT	Y3
4	LD	X0	19	LD	X3
5	SET	S20	20	SET	S23
7	STL	S20	22	STL	S23
8	OUT	Y1	23	OUT	Y4
9	LD	X1	24	LD	X4
10	SET	S21	25	OUT	S0
12	STL	S21	27	RET	
13	OUT	Y2	28	END	
14	LD	X2			

图 6-2　步进梯形图

在图 6-2 中，当 M8002 接通时，状态元件 S0 置位，其常开触点 S0 接通。当转移条件 X0 接通时，S20 置位，同时 S0 自动复位，S20 的常开触点接通，执行 Y1 输出。当转移条件 X1 接通时，自动转移到下一状态，依次类推。步进梯形指令具有以下特点。

（1）转移源自动复位功能

当用 STL 指令进入初始状态 S0 时，如果转移条件 X0 接通，状态器 S20 将接通，同时转移源状态器 S0 自动复位。

（2）允许双重输出

在步进梯形图中，由 STL 驱动的不同状态器可以驱动同一输出，使得双线圈输出成为可能。

（3）主控功能

当使用 STL 指令时，相当于建立一个子母线，要用 LD 指令从子母线开始编程；使用 RET 指令之后，返回到总母线，用 LD 指令从总母线开始编程。

6.3 状态转移图的主要类型

1. 单流程

图 6-1 和图 6-2 所示分别为单流程的状态转移图、步进梯形图和对应的指令表，图 6-3 所示为单流程的应用示例，是机械手将工件从 A 点送到 B 点的动作图和状态转移图。其上

升/下降、左行/右行分别使用了双线圈电磁阀（某方向驱动线圈失电时，能保持在原位置。当反方向线圈驱动时，才能向反向运动）。夹钳使用单线圈电磁阀（只有线圈驱动时才能夹紧）。有下列控制方式。

（1）手动操作

这是初次运行时将机械复归左上原点位置的程序。状态 S5 是在 PLC 从停机转为运行的瞬间，用特殊辅助继电器 M8002 置位的。

（2）半自动单循环运行

1）用手动操作将机械移至原点位置，然后按动起动按钮 X26，动作状态从 S5 向 S20 转移，下降电磁阀的输出 Y0 动作，接着下限位开关 X1 接通。

2）动作状态 S20 向 S21 转移，下降输出 Y0 切断，夹钳输出 Y1 保持接通状态。

3）1s 后定时器 T0 的触点动作，转至状态 S22，上升输出 Y2 动作，不久到达上限位，X2 接通，状态转移。

4）状态 S23 为右行，输出 Y3 动作，到达右限位置，X3 接通，转为 S24 状态。

5）转至状态 S24，下降输出 Y0 再次动作，到达下限位置，X1 立即接通，接着动作状态由 S24 向 S25 转移。

6）在 S25 状态，先将保持夹钳输出 Y1 复位，并启动定时器 T1。

7）夹钳输出复位 1s 后状态转移到 S26，上升输出 Y2 动作。

8）到达上限位置 X2 接通，动作状态向 S27 转移，左行输出 Y4 动作。一旦到达左限位置，X4 就接通，动作状态返回 S5，成为等待再起动的状态。

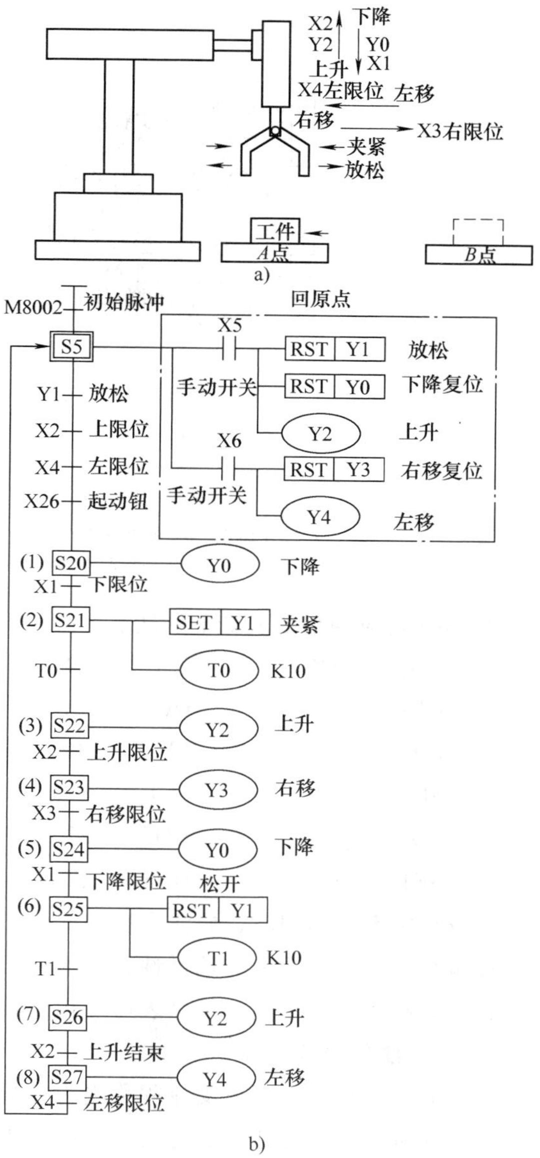

图 6-3　单流程的应用示例
a）机械手动作示意图　b）状态转移图

2. 选择性分支与汇合

对从多个分支流程中选择某一个单支流程，称为选择性分支。

图 6-4 所示为选择性分支与汇合的状态转移图和步进梯形图。图中转移条件 X1 和 X4 在同一时刻只能有一个为接通状态。当 S20 置位时，若 X1 接通，状态就向 S21 转移，S20 自动复位。以后即使 X4 接通，S23 也不会置位。即状态器 S20 的转移方向由转移条件 X1 和 X4 的状态决定。

汇合状态 S25 可作为 S22、S24 中任一状态的转移目标，由 S22 或 S24 置位，同时前一个状态器 S22 或 S24 自动复位。

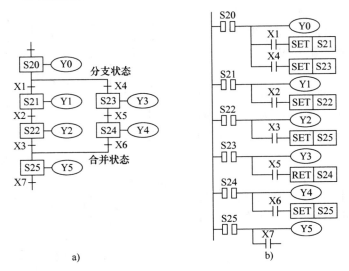

图 6-4　选择性分支与汇合的状态转移图和步进梯形图
a）状态转移图　b）步进梯形图

图 6-4 对应的指令表如下所述。

STL	S20	STL	S21	LD	X3	STL	S24
OUT	Y0	OUT	Y1	SET	S25	OUT	Y4
LD	X1	LD	X2	STL	S23	LD	X6
SET	S21	SET	S22	OUT	Y3	SET	S25
LD	X4	STL	S22	LD	X5	STL	S25
SET	S23	OUT	Y2	SET	S24	OUT	Y5

在设计状态转移图时，要注意在分支状态和汇合状态的转移条件，如不满足条件，就不能直接编程。编程时注意在选择性分支处和汇合处的编程方法。

状态转移图、梯形图和指令表可以相互转换。

3. 并行性分支与汇合

对同时并行处理多个分支流程称之为并行性分支与汇合。

图 6-5 所示为并行性分支与汇合的状态转移图和步进梯形图。图中水平双线表示并行工作。当 S20 置位时，若转换条件 X1 接通，则从状态器 S20 分两路同时进入状态器 S21 和 S23，使之同时置位，各分支流程同时动作，而状态器 S20 被复位。待各分支流程全部处理完毕时后，S22 和 S24 同时接通，此时，若转移条件 X5 接通，则汇合状态 S25 置位，S22、S24 全部自动复位。多条支路汇合在一起，实际为 STL 指令的连续使用，即在梯形图中是 STL 触点串联。规定 STL 指令最多可以连续使用 8 次。

注意图中分支处和汇合处的状态转移条件，如不满足条件，就不能直接编程。根据状态转移图和步进梯形图写出指令表。编程时，需注意在并行分支处和汇合处的编程方法。

图 6-5 对应的指令表如下。

STL	S20	OUT	Y1	OUT	Y3	STL	S24
OUT	Y0	LD	X2	LD	X3	LD	X4
LD	X1	SET	S22	SET	S24	SET	S25
SET	S21	STL	S22	STL	S24	STL	S25
SET	S23	OUT	Y2	OUT	Y4	OUT	Y5
STL	S21	STL	S23	STL	S22	LD	X5

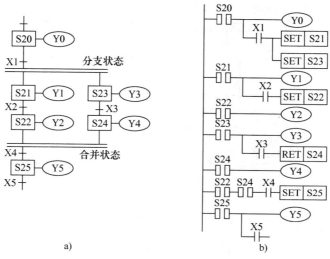

图 6-5　并行性分支与汇合的状态转移图和步进梯形图

a）状态转移图　b）步进梯形图

4．跳转和重复的处理

对于状态转移图，除上述的几种类型外，还有其他非连续的状态转移类型，如图 6-6 所示。图 6-6a 所示为重复（由下向上转移）处理，图 6-6b 所示为跳转（由上向下转移）处理，图 6-6c 所示为向程序外跳转处理，图 6-6d 所示为复位处理。编程时，对前 3 种类型用 OUT 指令，复位处理时用 RST 指令。另外，图中应尽量避免线条交叉。

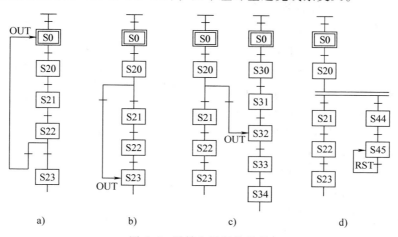

图 6-6　跳转和重复的处理

a）重复处理　b）跳转处理　c）向程序外跳转处理　d）复位处理

6.4 步进指令的应用

1. 小球分类传送系统

图 6-7 所示为小球分类传送系统示意图。

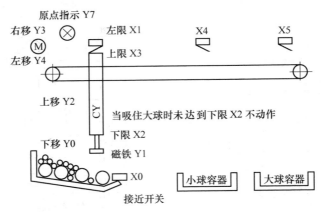

图 6-7 小球分类传送系统示意图

左上为原点，动作顺序为

下降→吸收→上升→右行→下降→释放→上升→左行。当机械臂下降时，若电磁铁吸住大球，则下限位开关 LS2 断开；若吸住小球，则 LS2 接通。

小球分类处理的状态转移图如图 6-8 所示。本例中，用手动使机械达到初始位置。

根据球的大小选择程序流向，当为小球时，（X2＝ON）左侧流程有效；当为大球时，右侧流程有效（X2＝OFF）。

若运送小球时 X4 动作，若运送大球时 X5 动作，向汇合状态 S30 转移。

驱动特殊辅助继电器 M8040 将禁止所有状态的转移。在状态 S24、S27、S33 时，右行输出 Y3、左行输出 Y4 中用有关触点串联，可作连锁保护。

此例是按一下起动按钮 X10，实现单个循环半自动运行的流程。

2. 按钮式人行横道控制系统

图 6-9 为按钮式人行横道控制系统示

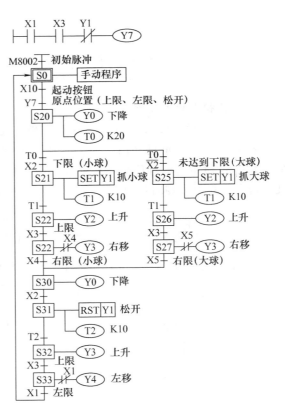

图 6-8 小球分类处理的状态转移图

意图。图 6-10 为按钮式人行横道控制系统的状态转移图。PLC 在停机转入运行时，初始状态 S0 动作，通常为车道 = 绿，人行道 = 红（通过 M8002）。

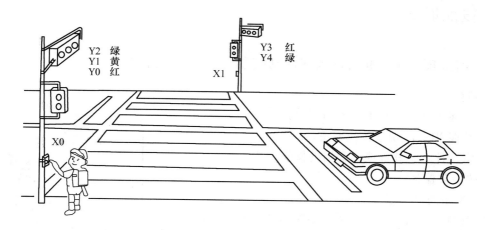

图 6-9　按钮式人行横道控制系统示意图

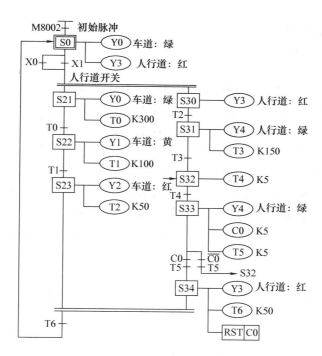

图 6-10　按钮式人行横道控制系统的状态转移图

若按人行横道按钮 X0 或 X1，则状态 S21 为车道 = 绿，S30 为人行道 = 红，红绿灯状态不变化。30s 后车道 = 黄，再过 10s 车道 = 绿。

然后定时器 T2（5s）启动，5s 后 T2 触点接通人行道 = 绿。

15s 后人行道绿灯开始闪烁（S32 = 灭，S33 = 亮）。

闪烁中 S32、S33 的动作反复进行，计数器 C0（设定值为 5 次）触点一接通，状态向 S34 转移，人行道 = 红，5s 后，返回初始状态。在状态转移过程中，即使按动人行横道按钮 X0，X1 也无效。

6.5 技能训练

6.5.1 训练项目1 电动机顺序起动控制（选择性流程）

1. 目的

1）掌握步进指令和单流程的编程方法。

2）掌握PLC的端子接线方法。

3）掌握计算机软件或编程器的操作方法。

2. 仪器与器件

1）FX系列PLC主机。

2）控制盘（含交流接触器、熔断器和端子排等）。

3）三相交流电动机。

4）三联按钮。

5）计算机与编程软件。

6）编程器。

3. 要求

设计用PLC步进指令控制电动机顺序起动逆序停止的程序。要求4台电动机，按下起动按钮时，M_1先起动，运行2s后M_2起动，再运行3s后M_3起动，再运行4s后M_4起动；按下停止按钮时，M_4先停止，4s后M_3停止，3s后M_2停止，2s后M_1停止。在起动过程中也应能完成逆序停止，例如在M_2起动后和M_3起动前按下停止按钮，M_2停止，2s后M_1停止。画出主电路、端子接线图、状态转移图、步进梯形图和指令表。图6-11所示为电动机顺序起动控制程序的状态转移图。

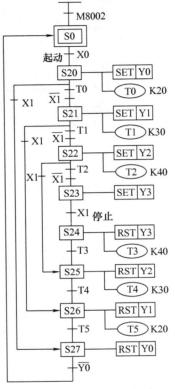

图6-11 电动机顺序起动控制程序的状态转移图

4. 内容

1）用计算机编程软件或编程器编制电动机顺序起动、逆序停止的程序，并传入PLC主机中。

2）按照I/O接线图接线。

3）先不接输出端电源进行模拟调试。把PLC主机上的开关扳向"RUN"，按下起动按钮，观察对应的输出显示灯是否按顺序起动、逆序停止的控制要求发光。如有误，就把PLC主机上的开关扳向"STOP"，检查程序和接线，修改后重复上述步骤，直至正常为止。

4）模拟调试无误后，接通输出端电源，按下起动按钮后，电动机应顺序起动；按下停机按钮后电动机应逆序停止运转。

6.5.2 训练项目2 十字路口交通灯控制（并行性流程）

1. 目的

1）掌握步进指令和并行性流程的编程方法。

2）掌握 PLC 的端子接线方法。

3）掌握计算机软件或编程器的操作方法。

2. 仪器与器件

1）FX 系列 PLC 主机。

2）十字路口交通信号灯控制盘。

3）按钮。

4）计算机与编程软件。

5）编程器。

3. 要求

用 PLC 步进指令设计十字路口交通信号灯的程序，要求如下：南北方向红灯亮 55s，同时东西方向绿灯先亮 50s，然后绿灯闪烁 3 次（亮 0.5s，灭 0.5s），最后黄灯再亮 2s，此时东西南北两个方向同时翻转，东西方向变为红灯，南北方向变为绿灯，如此循环。画出端子接线图、状态转移图、步进梯形图和指令表。图 6-12 所示为十字路口交通信号灯控制程序的状态转移图。

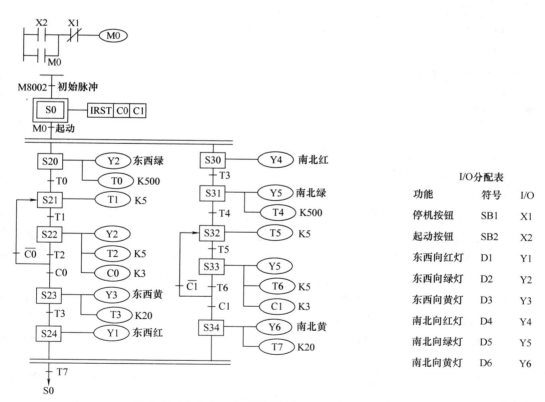

图 6-12　十字路口交通信号灯控制程序的状态转移图

4. 内容

1）用计算机软件或编程器编制十字路口交通信号灯的程序，传入 PLC 主机中。

2）按照 I/O 接线图接线。

3）先不接输出端电源进行模拟调试。把 PLC 主机上的开关扳向 "RUN"，按下起动按

129

钮，观察对应的输出显示灯是否按十字路口交通信号灯的控制要求发光。如有误，就把 PLC 主机上的开关扳向"STOP"，检查程序和接线，修改后重复上述步骤，直至正常为止。

4）模拟调试无误后，接通输出端电源，按下起动按钮，十字路口交通信号灯按照控制要求发光，按下停机按钮后停止发光。

5. 其他训练项目

1）图 6-8 控制程序练习。

2）图 6-10 控制程序练习。

3）本章习题 6 小车自动往返装卸货系统控制程序练习。

6.6 小结

状态转移图是一种顺序功能图，将状态器（S）作为一个控制工序，使每道工序中设备所起的作用在整个控制流程中一目了然，从而将输入条件和输出控制按顺序编程。状态转移图的最大特点是，在工序进行时与前一工序不接通，使各道工序的控制变得简单，从而使复杂的编程工作简单化。同时也有利于维护程序和排除故障。

步进梯形指令可以用数据图表示在步进梯形图中，两者可以按一定的规则相互转换，其实质内容相同，只是表现形式不同。

编程时要根据功能图的类型和规则进行。

6.7 习题

1. STL 指令与 LD 指令有什么区别？试举例说明。

2. 试写出图 6-8 的程序。

3. 试写出图 6-10 的程序。

4. 设计一个顺序控制系统，要求如下：3 台电动机，按下起动按钮时，M_1 先起动，运行 2s 后 M_2 起动，再运行 3s 后 M_3 起动；按下停止按钮时，M_3 先停止，3s 后 M_2 停止，2s 后 M_1 停止。在起动过程中也应能完成逆序停止，例如在 M_2 起动后和 M_3 起动前按下停止按钮，M_2 停止，2s 后 M_1 停止。画出端子接线图和状态转移图，写出指令表。

5. 设计十字路口交通信号灯的程序，要求如下：南北方向红灯亮 55s，同时东西方向绿灯先亮 50s，然后绿灯闪烁 3 次（亮 0.5s，灭 0.5s），最后黄灯再亮 2s，此时东西南北两个方向同时翻转，东西方向变为红灯，南北方向变为绿灯，如此循环。写出状态转移图和指令表。

6. 设计小车自动往返装卸货系统的程序，要求如下：按下起动按钮，小车从原位向前，行至料斗处（前限位开关处）自动停止，料斗底门打开 7s，小车装货，7s 后小车向后运行，行至原位时小车停止，小车侧门打开 5s 进行卸货，如此往返，直至按下停止按钮为止，以上每个动作都有手动操纵。

第 7 章 功 能 指 令

前面两章讲述了 PLC 的逻辑指令和步进指令，具有逻辑控制和时序控制功能，已经可以满足用 PLC 替代传统继电器控制系统的需要。但是 PLC 是工业控制计算机，具有计算机的先进控制系统的功能，因此，PLC 除了具有基本逻辑指令和步进指令系统外，还具有许多功能指令，可以实现一些高级控制功能，使 PLC 的应用范围更加广泛。

功能指令实际上就是一个个功能不同的子程序，可以解决许多由计算机完成的控制功能。例如，用功能指令可以进行现场 PID 控制、流量计算、设定值控制、定位控制；可以进行设备诊断、现场状态监控、分类和报警处理、按位操作；可以进行数字和图像显示；可以进行数据生成、信息管理、批量控制和材料处理；还可以进行联网通信。

不同系列不同型号的 PLC 具有不同数量和不同格式的功能指令，但是其功能大同小异。下面仍以三菱电机公司的 FX$_{2N}$ 系列小型 PLC 为蓝本来介绍部分功能指令。

功能指令数量较多，为了便于读者更好的应用和记忆，根据其功能类别，可划分为以下几个大类别：

(1) 程序流控制　　　(2) 传送和比较控制　　　(3) 算术和逻辑运算控制
(4) 移位和循环控制　(5) 数据处理指令　　　　(6) 高速处理指令
(7) 方便指令　　　　(8) 外部输入输出处理指令　(9) 外部设备通信指令
(10) 浮点数功能指令

7.1　功能指令的基本格式

1. 功能指令

按照功能指令的功能编号 FNC00~FNC99 进行编排，每个功能号都有一个指令助记符与之相对应，例如 FNC12 的助记符为 MOV。每条功能指令都代表了 PLC 的一个控制功能，即一个子程序。图 7-1 所示为功能指令的梯形图和指令表格式。表示的意义是，当 X0 = ON 时，把 D0 中的数据传送到 D1 中去。图中 MOV 为指令助记符，也可以用对应的功能号 FNC12 表示，D0 和 D1 均为操作数。

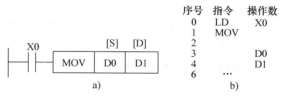

图 7-1　功能指令的梯形图和指令表格式
a) 梯形图格式　b) 指令表格式

指令助记符也叫作操作码，表示这条指令要执行的操作，就是告诉 PLC 的 CPU 应该干什么。助记符为功能指令英文词语的缩写。例如：MOV = move（传送）；ADD = addition（加法）。有些功能指令只需要指定操作码，而大部分功能指令还需要指定操作数。操作数为 CPU 指明参与操作数的对象，可以是存放数据的地址，也可以是一个直接操作数，即告诉

CPU 用什么参数完成操作码规定的功能。

操作数较为复杂，大致分为下列 3 种。

1）源（source）操作数［S］：在执行完该功能指令后，其数据不变的操作数为源操作数。当使用变址功能时，用［S·］表示。当参与运算或操作的源操作数超过 1 个时，分别用［S1］、［S2］和［S1·］、［S2·］表示。不同的功能指令选用的源操作数种类不同。图 8-41 中 D0 就是源操作数。

2）目标（destination）操作数［D］：在执行该功能指令之后，其数据被刷新的操作数为目标操作数。当使用变址功能时，用［D·］表示。当参与运算的目标操作数超过 1 个时，分别用［D1］、［D2］和［D1·］、［D2·］表示。同样，不同的功能指令选用不同的目标操作数。图 8-1 中 D1 为目标操作数。

3）其他操作数 m，n：用十进制（K）或十六进制（H）数表示操作数或者作为源和目标操作数的补充注释的常数。当参与该功能指令操作或运算的常数超过 1 个时，分别用 m_1、m_2 或 n_1、n_2 表示。

编程时指令助记符占 1 个程序步，16 位操作时每个操作数占两个程序步，32 位操作时每个操作数占 4 个程序步。需要注意有些功能指令在整个程序中只能出现一次。

2. 软元件

（1）内部软元件

存放操作数的软元件有字软元件和位软元件。其中只处理开/关（ON／OFF）信息的元件为位软元件，如 X、Y、M、S；而处理数据的元件为字软元件，字软元件包括存放数据的数据寄存器 D、存放计数器计数当前值的寄存器 C 和存放定时器计时当前值的寄存器 T。

（2）位元件的组合

将位软元件组合起来后也可以处理数据，每 4 个位元件组成一组，代表 4 位 BCD 码，也表示 1 位十进制数，用 KnMm 表示，其中 K 表示十进制常数，n 表示该十进制常数的位数，也表示位软元件的组数，m 表示位元件首地址。被组合位元件的首地址可以是任意的，但是为了避免混乱，建议用 0 结尾的元件号（X0、X10、X20…）。组合后能处理数据的位元件为 KnX0、KnY0、KnM0、KnS0…。

例如，K2X0 表示由输入继电器 X0 ~ X7 组成的两位十进制数据。K4M0 表示由 M0 ~ M15 组成的 4 位十进制数。当进行 16 位数据处理时，位数为 K1 ~ K4，32 位时位数为 K1 ~ K8。如 K8S0 表示由 S0~S31 组成的 8 位十进制数据。但是，若在 32 位运算中采用 K4Y0，则将高位 16 位看作 0。

3. 数据长度及执行方式

（1）数据长度

在功能指令中，参与运算和操作的数据可以是 16 位二进制数，也可以是 32 位二进制数，为了加以区别，在操作码前面加（D）（D 为 double 的缩写）符号表示处理 32 位数据。如（D）MOV、FNC（D）12 或 FNC12（D），这 3 种表示方法具有相同的意义。如图 7-2 的梯形图所示。当处理 32 位数据时，用相邻编号的两个软元件组成元件对，并且用低位偶数编号作为元件的首地址在指令中指定。

（2）指令执行方式

功能指令的执行方式有连续执行和脉冲执行两种。连续执行方式是在每个扫描周期都被重复执行一次，表示为 MOV；脉冲执行方式是在驱动信号由 OFF→ON 时执行一次，表示为 MOV（P）或者 FNC12（P），其中（P）为 pulse 的缩写。功能指令的执行方式如图 7-3 所示。图 7-3a 表示连续执行方式，当 X0＝ON 时，每个周期都把 D10 中的数据传送

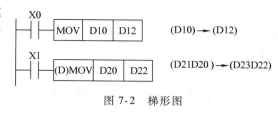

图 7-2　梯形图

到 D12 中去；图 7-3b 表示脉冲执行方式，当 X0＝ON 时，只在接通的第一个周期进行数据传送。

图 7-3　功能指令的执行方式
a）连续执行方式　b）脉冲执行方式

对于某些功能指令，如 XCH（交换）、INC（二进制加 1）、DEC（二进制减 1）等指令，当使用连续执行方式时要特别加以注意。而在不需要每个扫描周期都执行时，用脉冲执行方式可以缩短运行周期。

4. 变址寄存器 V 和 Z

顾名思义，变址寄存器的主要作用是"变址"。软元件 V 和 Z 是保存变址数的寄存器。其变址数与指令中给出地址部分的内容相加后产生有效地址，用于修改操作对象的元件号。当操作数的寄存器地址与变址寄存器一起使用时，表示该操作数的实际地址为当前地址（指令给出的地址）加上变址寄存器内存放的数据。

在操作数［S·］和［D·］中的点表示变址寻址方式，说明操作数的实际地址为指令给出的 S 或 D 的地址加上变址寄存器 V 或 Z 的内容。变址寄存器的使用示例如图 7-4 所示。

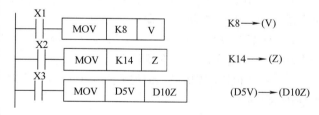

图 7-4　变址寄存器的使用示例

变址寄存器的操作方式与普通 16 位数据寄存器一样。进行 32 位运算时，将 V 和 Z 组合使用，V 为高 16 位数据，Z 为低 16 数据位，而在指令中变址寄存器只需要指定 Z，Z 就代表了由 V 和 Z 组成的 32 位变址寄存器。

5. 常用特殊辅助继电器

在指令应用中，经常用到一些特殊辅助继电器作为指令执行结果的标志，其功能如下。

M8020：零标志　　　　　　　M8021：借位标志

M8022：进位标志　　　　　　M8029：执行完毕标志

M8064：参数出错标志　　　　M8065：语法出错标志

M8066：电路出错标志　　　　M8067：运算出错标志

每次执行各种功能指令时都可能会影响以上标志的状态，使其 SET（置位）或 RESET（复位），在编程时要格外注意。当不再执行功能指令时，已动作的标志不变化。

如果功能指令的参数、语法、电路和运算等方面出错，出错标志将被置位，同时与 M 编号对应的文件寄存器 D8064~D8067 中自动存入出差码或步序号。消除错误后，出错标志自动复位。

7.2　程序流控制（FNC00~FNC09）

1. 条件跳转指令

FNC00　CJ　操作数：指针 P0 ~P63（允许变址修改）

图 7-5 所示为应用条件跳转指令的梯形图，试根据梯形图写出指令表。

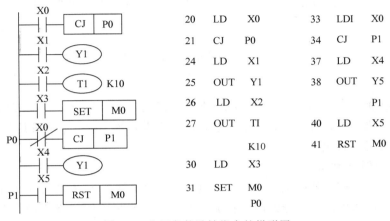

20	LD	X0	33	LDI	X0
21	CJ	P0	34	CJ	P1
24	LD	X1	37	LD	X4
25	OUT	Y1	38	OUT	Y5
26	LD	X2			P1
27	OUT	TI	40	LD	X5
		K10	41	RST	M0
30	LD	X3			
31	SET	M0			
		P0			

图 7-5　应用条件跳转指令的梯形图

1）CJ 指令用来跳过程序中某一部分程序，由于这些程序行被跳过去不再被扫描，所以可以缩短整个程序的运算周期。

2）使双线圈输出成为可能，但是双线圈 Y1 应该在两个不同跳转程序之内，而不能一个在跳转程序之内，一个在跳转程序之外。

3）如果积算型定时器和计数器的 RST 指令在跳转程序之内，即使跳转程序生效，RST 指令仍然有效。

4）被跳过去的程序中各元件的状态如下。

① Y、M、S 保持跳转前的状态。

② 普通计数器停止计数，并保持计数当前值，高速计数器跳转时继续计数。

③ 当跳转生效时，未开始工作的定时器不动作；当已动作的定时器中断计时，保持计时当前值。定时器 T192~T199（子程序用）跳转时仍计时，计时时间到触点动作。

5）该指令可以连续和脉冲执行两种方式。

2. 子程序指令

子程序调用 FNC01　CALL　操作数：指针 P0~P62（允许变址修改）

子程序返回 FNC02　SRET　无操作数

子程序指令的功能与操作实例如图 7-6 所示。

1）当 X0 = ON 时，停止扫描主程序转去扫描标号为 P10 的子程序，扫描至 SRET 时再返回主程序断点处继续扫描。

2）子程序应该在主程序结束之后编程，即子程序指针出现在 FEND 之后。

3）CJ 指令的指针与 CALL 的指针不能重复。

4）程序允许嵌套，嵌套级别最多为 5 级。

5）子程序中只能用 T192 ～ T199 或 T246 ～ T249 作定时器。

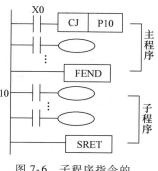

图 7-6 子程序指令的
功能与操作实例

3. 中断指令

中断返回　　FNC03　IRET ⎫
开中断　　　FNC04　EI　 ⎬ 无操作数
关中断　　　FNC05　DI　 ⎭

中断的意义是指程序运行中出现异常事件时必须终止现行的主程序，转去执行此事件的子程序，在子程序处理完毕后，再返回原来主程序的中断点继续执行主程序。

通常 PLC 处在关中断状态，只有在允许中断区域才能执行中断子程序。图 7-7 所示为带中断指令的梯形图。图中 EI 和 DI 之间为允许中断区域。当程序处理到这个区域时，如果有中断信号产生，当 X0 或 X1 为 ON 时，则停止处理当前程序，转去执行相应的中断子程序①或②，子程序处理到 IRET 指令时返回原断点。

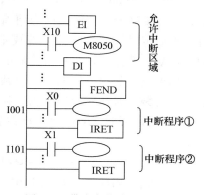

图 7-7 带中断指令的梯形图

1）在执行某个中断服务子程序时，禁止其他中断请求。

2）中断程序中可嵌套中断程序，实现 2 级中断嵌套。

3）共有 15 个中断指针（其中有 6 个输入中断指针，3 个定时器中断指针，6 个计数器中断指针），因此可以设置 15 个中断点。

4）中断的优先级别：多个中断信号不同时产生，按产生的先后顺序进行中断；两个或两个以上中断信号同时产生，按中断指针的编号从小到大执行中断。

5）如果正在执行中断服务程序时又有中断请求信号产生，此信号就被锁存起来，正在执行的中断子程序返回后，再转去执行该中断子程序。

6）中断子程序中可以使用的定时器为 T192～T199 和 T246～T249。

4. 主程序结束指令

FNC06　FEND　　　无操作数

FEND 为主程序结束指令，与 END 指令的功能一样，执行到该指令时程序返回到 0 步。FEND 指令的梯形图如图 7-8 所示。

1）应将中断服务子程序和子程序写在 FEND 之后，并且用 IRET 和 SRET 返回。否则出错。FEND 出现在 FOR－NEXT 之间也出错。

2）如果多次使用 FEND 指令，可在最后的 FEND 和 END 之间编写子程序或中断子程序。

5. 警戒定时器指令

FNC07　WDT　　　无操作数

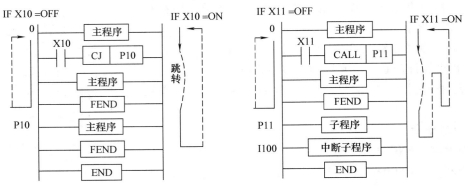

图 7-8 FEND 指令的梯形图

在 FX 系列的 PLC 中，警戒定时器是一个专用定时器，其设定值被存放在特殊的数据寄存器 D8000 中，并以 ms 为计时单位。PLC 一上电就对警戒定时器进行初始化，将 K100（设定值为 100ms）装入 D8000 中，当每个扫描周期结束时，也就是说扫描到 FEND 或 END 时，马上刷新警戒定时器的当前值，使 PLC 能正常运行。当扫描周期大于 100ms 时，即超过了警戒定时器的设定值，警戒定时器的逻辑线圈被接通，CPU 立即停止执行用户程序，同时切断全部输出，并且报警显示。

如果正常的扫描周期超过警戒时钟的设定值，就可以在适当程序步中加入 WDT 指令，适时刷新警戒时钟，使程序能顺利执行。WDT 指令的梯形图如图 7-9 所示。

1）可以通过 MOV 指令修改警戒定时器的设定值（D8000 的值）。梯形图如图 7-10 所示。

2）可以将计算出的程序扫描周期最大值作为警戒时钟的设定值。

3）可将 WDT 指令用在 FOR-NEXT 之间。

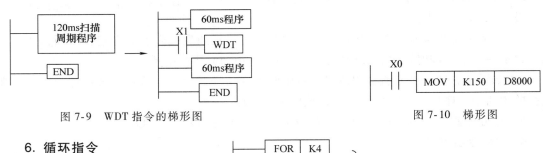

图 7-9　WDT 指令的梯形图　　　　　　　　图 7-10　梯形图

6. 循环指令

循环开始　FNC08　FOR　操作数　[S]：K、H、KnX、KnY、KnM、KnS、T、C、D、V、Z

循环结束　FNC09　NEXT　无操作数

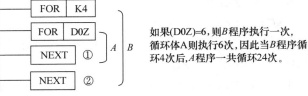

如果 (D0Z)=6，则 B 程序执行一次，循环体 A 则执行 6 次，因此当 B 程序循环 4 次后，A 程序一共循环 24 次。

图 7-11　循环指令的梯形图

在 FOR-NEXT 之间的程序执行 n 次（由源数据 [S] 指定）后再执行 NEXT 后面的程序，n 为循环次数，其范围为 1~32 767 有效。如果指定为 -32 768~0，则进行 n=1 处理。图 7-11 所示为循环指令的梯形图。图中循环体 B 的程序被执行 4 次，然后从②以后的程序执行。

136

1）循环指令最多可以嵌套 5 级。

2）程序中 FOR-NEXT 是成对出现的，FOR 在前，NEXT 在后，不可倒置，否则出错。

3）编程时，应把 NEXT 放在 FEND 或 END 之前，否则出错。

7.3 传送和比较指令（FNC10~FNC19）

1. 比较指令

FNC10　CMP　操作数［S1］、　［S2］：K，H、KnX、KnY、KnM、KnS、T、C、D、V，Z

　　　　　　　　　　　　　　　　［D］：Y、M、S

该指令是将源操作数［S1］和［S2］中的数据进行比较，结果送目标操作数［D］中去。［D］由 3 个元件组成，指令中［D］给出首地址，其他两个为后面的相邻元件。GMP 指令的梯形图如图 7-12 所示。

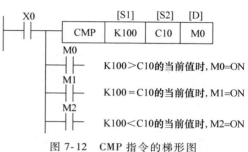

图 7-12　CMP 指令的梯形图

1）当 X0 = ON 时，执行 CMP 指令，并有图 7-12 所示 3 个结果；当 X0 由 ON→OFF 时，不执行 CMP 指令，M0~M2 保持断开前的状态，要用复位指令 RST 才能清除比较结果。

2）CMP 是进行代数比较，并且对所有的源操作数均按二进制处理。

3）（D）CMP 为 32 位二进制数比较，CMP（P）为脉冲执行方式。

4）当指令中指定的操作数不全、元件超出范围、软元件地址不对时，程序出错。

2. 区间比较指令

FNC11 ZCP 操作数　［S1］、［S2］、［S］：K，H、KnX、KnY、KnM、KnS、T、C、D、V，Z

　　　　　　　　　　　　　　　　［D］：Y、M、S

ZCP 指令是将源操作数［S］的数据和两个源操作数［S1］和［S2］的数据进行比较，结果送到［D］中，［D］为 3 个相邻元件的首地址。ZCP 指令的梯形图如图 7-13 所示。

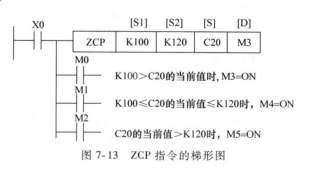

图 7-13　ZCP 指令的梯形图

1）ZCP 指令为二进制代数比较，并且［S1］＜［S2］，如果［S1］＞［S2］，则把［S1］视为［S2］处理。

2）当 X0 由 ON→OFF 时，不执行 ZCP 指令，比较结果保持不变，需要用复位指令才能清除。

3）该指令可以进行 16/32 位数据处理和连续/脉冲执行方式。

3. 传送指令

FNC12　MOV　操作数　［S］：K，H、KnX、KnY、KnM、KnS、T、C、D、V、Z

　　　　　　　　　　　　　［D］：KnY、KnM、KnS、T、C、D、V、Z

137

该指令将源操作数 [S] 中的数据传送到目标
操作数 [D] 中去。MOV 指令的梯形图如图 7-14
所示。

图 7-14 MOV 指令的梯形图

1）MOV 指令可以进行（D）和（P）操作。

2）如果 [S] 为十进制常数，当执行该指令时，就自动转换成二进制数后进行数据传送。

3）当 X0 断开时，不执行 MOV 指令，数据保持不变。

4. 移位传送指令

FNC13 SMOV 操作数 [S]：KnX、KnY、KnM、KnS、T、C、D、V, Z

[D]：KnY、KnM、KnS、T、C、D、V, Z

$m1$, $m2$, n：K, H

该指令将源操作数 [S] 的 16 位二进制数自动转换成 4 位 BCD 码，然后将从右向左第
$m1$ 位开始向右数 $m2$ 位，传送到目标操作数（4 位 BCD 码）的从右向左第 n 位开始向右数
$m2$ 位的位置上，最后这 4 位 BCD 码自动转换成二进制数后送入目标操作数 [D] 中去。
SMOV 指令的应用如图 7-15 所示。

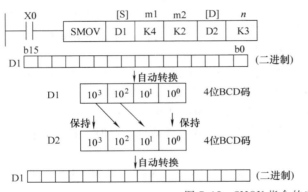

将D1中的二进制数转换成BCD码

将从D1右起第4位(m1=K4)开
始的2位(m2=K2)数移到D2
的右起第3位(n=K3)和第2
位，D2中的第1位和第4位
保持不变，最后D2中的数
自动变成二进制数。

图 7-15 SMOV 指令的应用

传送中 BCD 码数值超过 9999 时程序出错。

该指令可以连续/脉冲执行方式。

5. 取反传送指令

FNC14 CML 操作数 [S]：K, H、KnX、KnY、KnM、KnS、T、C、D、V, Z

[D]：KnY、KnM、KnS、T、C、D、V, Z

该指令把源操作数 [S] 中的数据各位取反（1→0，0→1）后传送到目标操作数 [D]
中去。CML 指令的应用如图 7-16 所示。

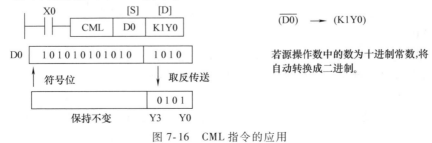

若源操作数中的数为十进制常数,将
自动转换成二进制。

图 7-16 CML 指令的应用

138

该指令可以进行 16/32 位数据处理和连续/脉冲执行方式。

6. 块传送指令

FNC15　BMOV　操作数　［S］：KnX、KnY、KnM、KnS、T、C、D

［D］：KnY、KnM、KnS、T、C、D

n：K，H

［S］为存放被传送的数据块的首地址；［D］为存放传送来的数据块的首地址；n 为数据块的长度。BMOV 指令的应用如图 7-17 所示。

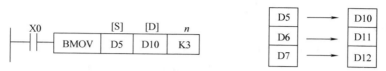

图 7-17　BMOV 指令的应用

1）在位元件中进行传送时，源和目标操作数要有相同的位数。BMOV 指令的应用程序 1 如图 7-18 所示。

2）当传送地址号重叠时，为防止在传送过程中数据丢失（被覆盖），要先把重叠地址号中的内容送出，然后再送入数据。BMOV 指令的应用程序 2 如图 7-19 所示，采用①~③的顺序自动传送。

3）该指令可以进行连续/脉冲执行方式。

7. 多点传送指令

FNC16　FMOV　操作数　［S］：K，H、KnX、KnY、KnM、KnS、T、C、D、V，Z

［D］：KnY、KnM、KnS、T、C、D

n：K，H

FMOV 为同一数据多点传送的指令，即把［S］中的数据传送到［D］为首地址的 n 个元件中去。FMOV 指令的应用如图 7-20 所示。

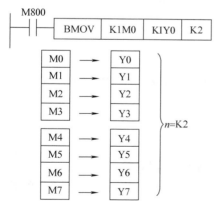

图 7-18　BMOV 指令的应用程序 1

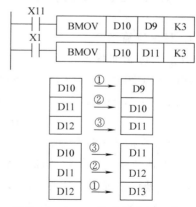

图 7-19　BMOV 指令的应用程序 2

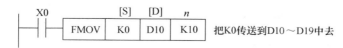

图 7-20　FMOV 指令的应用

此指令可以进行连续/脉冲执行方式。

8. 数据交换指令

FNC17 XCH 操作数 [D1]、[D2]：
KnY、KnM、KnS、T、C、D、V、Z

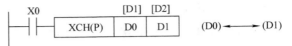

图 7-21 XCH 指令的应用

XCH 指令的应用如图 7-21 所示。

当上图中 X0=ON 时，每个扫描周期 D0 和 D1 内的数据都进行交换。因此编程时应加以注意。如果不需要每个周期交换，则用脉冲执行方式。

此指令可以进行 16/32 位数据的交换。

9. 变换指令

BCD 变换 FNC18 BCD
BIN 变换 FNC19 BIN
操作数 [S]：KnX、KnY、KnM、KnS、T、C、D、V、Z
[D]：KnY、KnM、KnS、T、C、D、V、Z

该指令是二进制和 BCD 码进行转换的指令，均可以进行连续/脉冲执行方式，还可以16/32 位数据操作。当进行 16 位数据操作时，BCD 码的范围为 0~9 999；当进行 32 位数据操作时，BCD 码的范围为 0~99 999 999，超出此范围，程序出错。变换指令的应用如图 7-22所示。

因为常数 K 自动进行二进制变换，因此不能用 BIN 变换指令。

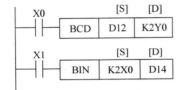

当X0=ON时,每个周期把D12的二进制数转换成
BCD码后送到Y0~Y7中去。
当X1=ON时,每个周期把X0~X7组成的BCD码变
成二进制数送到D14中去。

图 7-22　变换指令的应用

7.4 算术运算和逻辑运算指令（FNC20~FNC29）

1. 算术运算指令

（1）二进制加减运算指令

加法 FNC20 ADD
减法 FNC21 SUB
操作数 [S1]、[S2]：K，H、KnX、KnY、KnM、KnS、T、C、D、V、Z
[D]：KnY、KnM、KnS、T、C、D、V、Z

加减运算指令的应用如图 7-23 所示。

1）上述指令是进行代数加减运算，每个数据的最高位为符号位。

2）当进行二进制加减时，可以进行 16/32 位数据处理。当进行 16 位运算时，数据范围

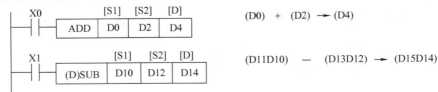

图 7-23　加减运算指令的应用

为 $-32768 \sim +32767$；当进行 32 位运算时，数据范围为 $-2147483648 \sim +2147483647$。

3）当运算结果为 0 时，零标志置位（M8020 = 1）；运算结果大于 + 32767（或 +2147483647）时，进位标志置位（M8022 = 1）；运算结果小于 $-32\,768$（或 -2147483648）时，借位标志置位（M8021 = 1）。

4）该指令可以进行连续/脉冲执行方式。

（2）二进制乘除运算指令

乘法 FNC22 MUL $\Big\}$ 操作数 ［S1］、［S2］：K，H，KnX、KnY、KnM、KnS、T、C、D、Z
除法 FNC23 DIV ［D］：KnY、KnM、KnS、T、C、D

乘除运算指令的应用如图 7-24 所示。

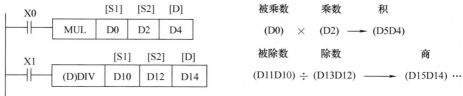

图 7-24　乘除运算指令的应用

1）上述指令进行二进制运算，并且数据最高位为符号位。

2）可以进行 16/32 位乘除运算，当进行 16 位运算时，积为 32 位数据，商和余数为 16 位数据；当进行 32 位运算时，积为 64 位数据，商和余数为 32 位数据。

3）0 作除数时程序出错。当被除数和除数中有一个为负数时，商为负数；当被除数为负数时，余数也为负数。

4）当位元件作为 32 位乘法运算的目标元件时，只能得到积的低 32 位数据。

5）可以进行连续/脉冲执行方式。

2. 二进制加 1 减 1 指令

加 1 指令 FNC24 INC $\Big\}$ 操作数 ［D］：KnY、KnM、KnS、T、C、D、V，Z
减 1 指令 FNC25 DEC

加 1 减 1 指令的应用如图 7-25 所示。

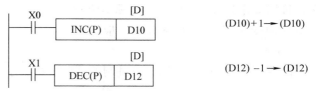

图 7-25　加 1 减 1 指令的应用

1）上述指令可以进行连续/脉冲执行方式，应用中要特别注意。

2）可以进行 16/32 位运算，并且为二进制运算。

3）如果从 +32 767（或 +2 147 483 647）再加 1，则变成 $-32\,768$（或 $-2\,147\,483\,648$）；如果从 $-32\,768$（或 $-2\,147\,483\,648$）再减 1，则变成 +32 767（或 +2 147 483 647）。以上变化时标志位不动作，也就是说这两条指令与零标志、借位标志、进位标志无关。

3. 逻辑字运算指令

逻辑字与指令 FNC26 WAND $\Big\}$ ［S1］、［S2］：K，H，KnX、KnY、KnM、
逻辑字或指令 FNC27 WOR $\Big\}$ 操作数 　　KnS、T、C、D、V，Z
逻辑字异或指令 FNC28 WXOR ［D］：KnY、KnM、KnS、T、C、D、V，Z

逻辑字运算指令的应用如图 7-26 所示。

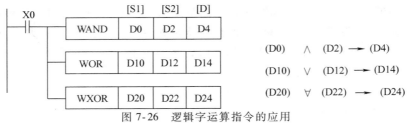

图 7-26 逻辑字运算指令的应用

1）各数据的对应位进行二进制与、或、异或运算。

2）当进行 32 位数据运算时，助记符为（D）AND、（D）OR、（D）XOR。

3）指令运算规则如下。

逻辑与	逻辑或	逻辑异或
$1 \wedge 1 = 1$	$1 \vee 1 = 1$	$1 \veebar 1 = 0$
$1 \wedge 0 = 0$	$1 \vee 0 = 1$	$1 \veebar 0 = 1$
$0 \wedge 1 = 0$	$0 \vee 1 = 1$	$0 \veebar 1 = 1$
$0 \wedge 0 = 0$	$0 \vee 0 = 0$	$0 \veebar 0 = 0$

4）WOR 和 CML 指令组合可以完成异或非运算，如图 7-27 所示。

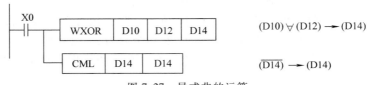

图 7-27 异或非的运算

4. 求补指令

FNC29 NEG 操作数 ［D］：KnY、KnM、KnS、T、C、D、V，Z

求补指令是在把目标操作数［D］中的二进制数据各位取反再加 1 后，依然送入目标操作数［D］中去。实际是绝对值不变的变号操作。求补指令的应用如图 7-28 所示。

图 7-28 求补指令的应用

FX 系列 PLC 的负数均以二进制的补码形式表示，其绝对值可以通过求补指令求得。

7.5 循环与移位指令（FNC30~FNC39）

1. 循环移位指令

循环右移 FNC30 ROR ⎫
循环左移 FNC31 ROL ⎬ 操作数 ［D］：KnY、KnM、KnS、T、C、D、V、Z
⎭ n：K，H

循环移位指令使目标操作数中的 16 位（或 32 位）数据向左/向右循环移动 n 位，最后移出的状态也被存入进位标志位 M8022 中。循环移位指令的应用如图 7-29 所示。

1）指令可以进行连续/脉冲执行方式，务必注意在连续执行方式中，每个周期都循环。

2）循环移位指令可以进行 16/32 位数据处理，当指定目标操作数为位元件时，只对 K4

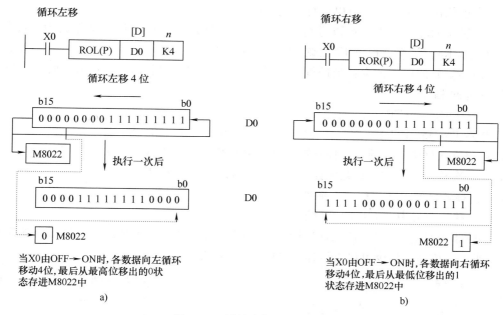

图 7-29 循环移位指令的应用

a）循环左移 b）循环右移

（16 位）或 K8（32 位）有效。

3）循环移位指令形成 16 位或 32 位字长的移位单元。16 位操作时，$n \leqslant 16$；32 位操作时，$n \leqslant 32$。

2. 带进位循环移位指令

带进位循环右移 FNC32 RCR ⎫　操作数　[D]：KnY、KnM、KnS、T、C、D、V，Z

带进位循环左移 FNC33 RCL ⎭　　　　　n：K，H

该指令使目标操作数 [D] 中 16 位或 32 位的数据同进位位一起向左/向右循环移动 n 位。带进位循环移位指令的应用如图 7-30 所示。

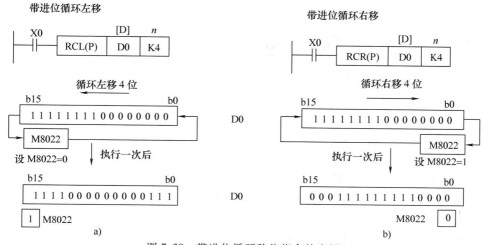

图 7-30 带进位循环移位指令的应用

a）带进位循环左移 b）带进位循环右移

1）带进位循环移位指令可以进行连续/脉冲执行方式。

2）带进位循环移位指令可以进行 16/32 位数据处理。当指定目标操作数为位元件时，只能用 K4 或 K8，这样就构成 17 位或 33 位的移位单元。

3）循环量 n 的取值范围：当进行 16 位操作时，$n \leqslant 16$；当进行 32 位操作时，$n \leqslant 32$。

3. 位移位指令

位右移 FNC34 SFTR
位左移 FNC35 SFTL
操作数 [S]：X、Y、M、S
[D]：Y、M、S $n1$、$n2$：K，H

$n1$：构成位移位单元的目标操作数 [D] 的长度，$n1 \leqslant 1024$（2^{10}）。

$n2$：每次移动的位数，也是源操作数 [S] 的长度，$n2 \leqslant n1$。

[S]：移入移位单元数据的首地址。

[D]：移位单元中位元件的首地址。

位移位指令是对 $n1$ 位的位元件进行 $n2$ 位的位右移/左移的指令，位移位指令的应用如图 7-31 所示，位移位指令可以进行连续/脉冲执行方式。

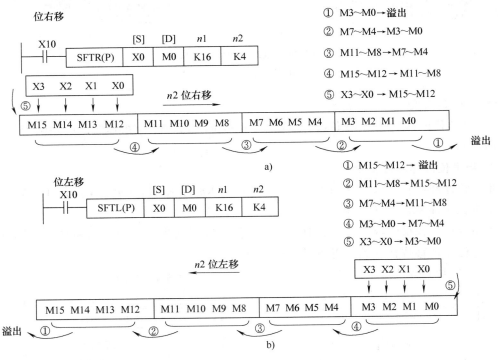

图 7-31　位移位指令的应用

a）位右移　b）位左移

4. 字移位指令

字右移 FNC36 WSFR
字左移 FNC37 WSFL
操作数 [S]：KnX、KnY、KnM、KnS、T、C、D
[D]：KnY、KnM、KnS、T、C、D
$n1$、$n2$：K，H

$n1$：构成字移位单元中目标操作数 [D] 的长度，$n1 \leqslant 512$。

$n2$：每次移动的字数，也是源操作数 [S] 的长度，$n2 \leqslant n1$。

［S］：数据输入字元件的首地址。

［D］：移位单元中字元件的首地址。

字移位指令是对 $n1$ 位字元件的数据进行 $n2$ 位字右移/字左移，字移位指令的应用如图 7-32 所示。

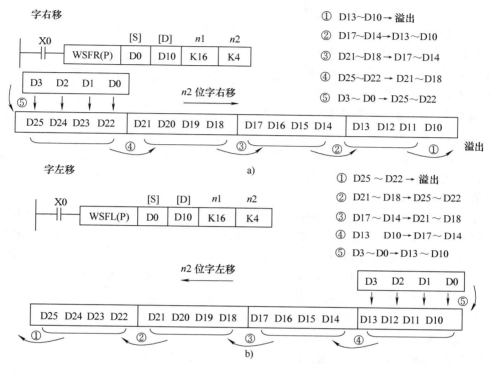

图 7-32　字移位指令的应用

a）字右移　b）字左移

1）字移位指令可以进行连续/脉冲执行方式。

2）当指定位软元件进行字移位时，指定的源操作数与目标操作数的位数应相同，位元件进行字移位的应用如图 7-33 所示。

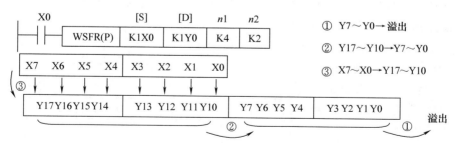

图 7-33　位元件进行字移位的应用

图中源操作数 K1X0 和目标操作数 K1Y0 具有相同的位数 K1，因为 $n2＝K2$，所以源操作数是由 X0~X7 组成的 2 位数据；又因为 $n1＝K4$，所以目标操作数是由 Y0~Y17 组成的 4 位数据。当 X0 由 OFF→ON 时，执行位元件的字右移指令，实现上述功能。

145

5. 先入先出写入/读出指令

（1）先入先出写入指令

FNC38 SFWR 操作数　[S]：K，H、KnX、KnY、KnM、KnS、T、C、D、V，Z

　　　　　　　　　　[D]：KnY、KnM、KnS、T、C、D

　　　　　　　　　　n：K，H

[D]：堆栈的首地址。　　　　　　　　　n：堆栈的长度，$2 \leqslant n \leqslant 512$。

SFWR 指令是先入先出控制的数据写入指令，即把［S］中的数据依次写入以［D］为堆栈首地址的 n 个堆栈地址中去。SFWR 指令的应用如图 7-34 所示。

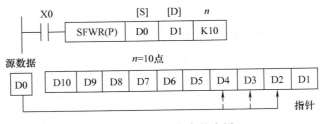

图 7-34　SFWR 指令的应用

在由目标操作数 D1～D10 组成的堆栈中，D1 中的内容为指针 P1，表示数据的存储点数（即存储的次数）在执行此指令之前要先置 0。D2～D10 为存放数据的堆栈，其中 D2 为栈底。当 X0 由 OFF→ON 时，先将 D0 中的数据压入栈底 D2，再将 D1 的指针数加 1（P1=1）。当 X0 再次接通时，D0 的数据压入下一个数据寄存器 D3 中，D1 的指针数再加 1（P1=2），依此类推，当指针的内容为 $n-1$（P1=9）时，表明栈内的数据寄存器已经全部压入数据，进位标志置位（M8022=1），表示堆栈已经装满，此时如果 X0 再次接通，也不再将数据压入堆栈，指令变成无处理。

（2）先入先出读出指令

FNC39 SFRD 操作数　[S]：K，H、KnX、KnY、KnM、KnS、T、C、D、V，Z

　　　　　　　　　　[D]：KnY、KnM、KnS、T、C、D

　　　　　　　　　　n：K，H

[S]：为堆栈的首地址。

n：堆栈的长度，$2 \leqslant n \leqslant 512$。

SFRD 指令是先入先出控制的数据读出指令，即把以源操作数［S］为堆栈首地址的（$n-1$）个数据依次读到目标操作数［D］中去。SFRD 指令的应用如图 7-35 所示。

在由源操作数 D1～D10 组成的堆栈中，D1 仍然为指针 P1，在执行该指令之前，先把指针置入数据 $n-1$，表示弹出数据的次数，D2～D10 为存放数据的堆栈，D2 仍为栈底。

当 X0 由 OFF→ON 时，先将栈底 D2 中的数据弹出送入目标

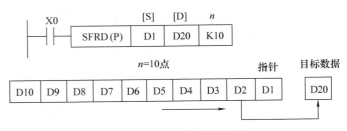

图 7-35　SFRD 指令的应用

操作数 D20 中，然后从 D3～D10 的数据依次右移一个字，再将指针 D1 的数据减 1。当 X0 再次接通时，按上述动作重复执行，使数据总是从 D2 读出送入 D20 中去，直至指针 D1 的数据等于 0 时不再弹出数据为止，同时零标志被置位（M8020=1），表示栈内的数据已经全

部弹出。此时，当 X0 再次接通时，D20 读出的内容不变化。

上述两条指令都可以进行连续/脉冲执行方式。

7.6 数据处理功能指令（FNC40~FNC49）

1. 区间复位指令

FNC40 ZRST 操作数 ［D1］、［D2］：T、C、D、Y、M、S

［D1］：复位区间的首地址   ［D2］：复位区间的末地址

ZRST 指令是从 ［D1］ 到 ［D2］ 之间的所有元件全部复位的指令。［D］ 可以是字元件，也可以是位元件，但 ［D1］ 和 ［D2］ 为同类元件，并且 ［D1］ ≤ ［D1］。ZRST 指令的应用如图 7-36 所示。

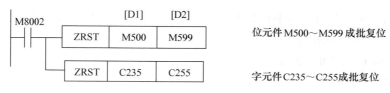

图 7-36　ZRST 指令的应用

1）ZRST 指令可以进行连续/脉冲执行方式。

2）指令可以为 16 位数据处理指令，但是可以指定 32 位计数器。

2. 解码（译码）指令

FNC41 DECO 操作数 ［S］：K，H、T、C、D、V，Z、X、Y、M、S

         ［D］：T、C、D、Y、M、S n：K，H

n：参与操作的源操作数共有 n 位，目标操作数共有 2^n 位。当 ［D］ 选位元件时，$n = 1\sim8$；当 ［D］ 选字元件时，$n = 1\sim4$。

解码指令的应用如图 7-37 所示。

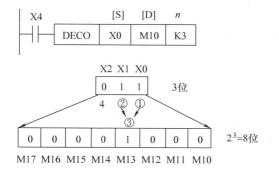

当X4=ON时，每个扫描周期都对X2~X0进行
译码，将其结果使M10~M17中某一位为1。

当X2X1X0=011时,(1+2=3)M13=1

当X2X1X0=111时,(4+2+1=7)M17=1

当X2X1X0=000时,M10=1

图 7-37　解码指令的应用

3. 编码指令

FNC42 ENCO 操作数 ［S］：K，H、T、C、D、V，Z、X、Y、M、S

         ［D］：T、C、D、V，Z n：K，H

n：表示参与该操作的源操作数有 2^n 位，目标操作数有 n 位，当 ［S］ 选位元件时，$n =$

1~8；当［S］选字元件时，$n = 1 \sim 4$。

编码指令的应用如图 7-38 所示。

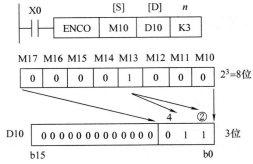

当X0=ON时，对M10～M17(2^3=8位)进行编码，将其结果存入D10的低3(n=K3)位中。M13=1,因此D10中的数为3(1+2=3)。

图 7-38　编码指令的应用

若源操作数［S］中为 1 的个数多于 1 个，则最高位的"1"有效，低位的"1"忽略不计。若全为"0"，则运算出错。

DECO 和 ENCO 指令的说明：

1）$n = 0$ 时，不作处理。

2）可以进行连续/脉冲执行方式。

3）当 X0 = OFF 时，不执行上述指令，且编码输出无变化。

4. 求 ON 位总数指令

FNC43 SUM 操作数　［S］：K，H、KnX、KnY、KnM、KnS、T、C、D、V，Z

　　　　　　　　　　［D］：KnY、KnM、KnS、T、C、D、V，Z

SUM 指令为求置位位总数的指令。SUM 指令的应用如图 7-39 所示。

当X0=ON时，把(D0)中置"1"的位数→(D2)

图 7-39　SUM 指令的应用

1）当源操作数中无"1"时，零标志置位（M8020 = 1）。

2）可以进行连续/脉冲执行方式；还可以进行 16/32 位操作。当 32 位操作时，目标操作数中高 16 位总为 0。

5. ON 位判断指令

FNC44　BON　操作数　［S］：K，H、KnX、KnY、KnM、KnS、T、C、D、V，Z

　　　　　　　　　　［D］：Y、M、S　　　n：K，H

BON 指令为判断指定位是置位还是复位的指令。BON 指令的应用如图 7-40 所示。

1）n 为源操作数中指定判断的位数。

2）当 X0 = OFF 时，M0 的内容不变，可以用复位指令复位。

当X0=ON时，(D10)中的第15位为1时，M0=1;
(D10)中的第15位为0时，M0=0。

图 7-40　BON 指令的应用

3）可以进行 16/32 位操作。当进行 16 位操作时，$n = 0 \sim 15$；当进行 32 位操作时，$n = 0 \sim 31$。

4）可以进行连续/脉冲执行方式。

6. 求平均值指令

FNC45　MEAN　操作数　[S]：K，H、KnX、KnY、KnM、KnS、T、C、D

　　　　　　　　　　　[D]：KnY、KnM、KnS、T、C、D、V、Z　　n：K，H

[S]：为存放参与求平均值数据的元件首地址。　　[D]：存放平均值的元件地址。

n：指定求平均值的数据个数，$n = 1 \sim 64$。

MEAN 指令的应用如图 7-41 所示。

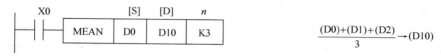

图 7-41　MEAN 指令的应用

1）该指令为代数平均值，且在 D10 中存入平均值的整数，余数自动舍去。

2）可以进行连续/脉冲执行方式。可以进行 16/32 位操作。

7. 报警器置位/复位指令

报警器置位　FNC46　ANS　操作数：[S]：T [D]：S m：1~32 767

报警器复位　FNC47　ANR　无操作数

[S]：指定报警定时器元件号，范围为 T0~T199 （100ms 单位）。

m：报警定时器的设定值，取值范围为 1 ~ 32 767，也表示 ANS 定时时间为 0.1 ~ 3 276.7s。

[D]：指定故障诊断用状态器的地址号，范围为 S900~S999。

报警器置位/复位指令的应用如图 7-42 所示。

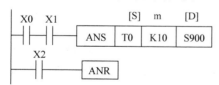

由X0、X1构成ANS指令的控制电路，报警定时器的定时间为10×100ms=1s(1000ms)。
当X0、X1同时接通1s以上时，S900=1，以后当X0或X1断开时，定时器T0复位，S900保持。
只要当X2=ON时，S900=0(复位)。

图 7-42　报警器置位/复位指令的应用

1）ANR 指令可以进行连续/脉冲执行方式。

2）当执行 ANR 指令时，S900 ~ S999 中被置位的报警器复位。若多个报警器置位，则先将最低编号的报警器复位。若连续执行 ANR 指令，则按状态器 S 的编号顺序从小到大复位。

8. 求二进制平方根指令

FNC48　SQR　操作数：[S]：K，H、D　　　[D]：D

SQR 指令的应用如图 7-43 所示。

1）指令为算术平方根指令。[S] 为负数时出错标志置位 （M8067 = 1），不执行该指令。

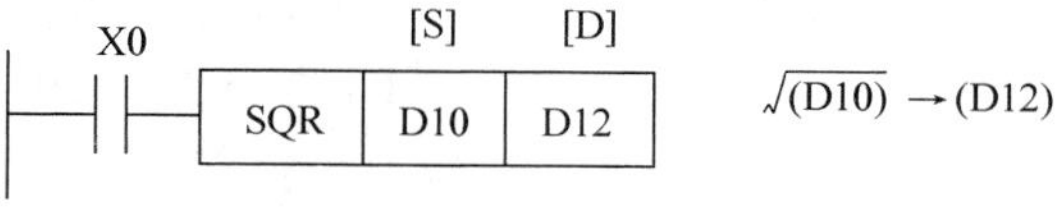

$$\sqrt{(D10)} \rightarrow (D12)$$

图 7-43　SQR 指令的应用

149

2）将计算结果的整数存入目标操作数［D］中，小数部分自动舍去，同时将借位标志置位（M8021＝1）。当运算结果为0时，零标志置位（M8020＝1）。

3）可以进行连续/脉冲执行方式。可以进行16/32位运算。

7.7　高速处理指令（FNC50~FNC59）

1. 输入输出刷新指令

FNC50　REF　操作数　［D］：X、Y　　　n：K，H

FX$_{2N}$系列的PLC是采用输入输出成批处理的工作方式，即输入数据是在程序处理之前（0步程序）成批读入到输入映像寄存器中，而输出数据是在结束指令执行之后由输出映像寄存器通过输出锁存器到输出端子的。

刷新指令在程序开始处理之后、读入最新输入状态或在结束指令执行之前将某操作结果立即输出，将实现最新输入信息存储和运算结果即时输出。刷新指令有输入刷新和输出刷新两种。REF指令的应用如图7-44所示。

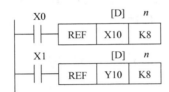

当X0=ON时，X10~X17的8点输入状态立即刷新；
当X1=ON时，Y10~Y17的8点输出数据立即送输出
端子，实现输出刷新。

图7-44　REF指令的应用

1）［D］表示立即刷新的X或Y的首地址，必须是10的倍数，如X0、X10和X20等。

2）n为立即刷新的X或Y的点数，是8的整倍数，如8、16和24等。

3）REF指令可以进行连续/脉冲执行方式。

2. 刷新和滤波时间调整指令

FNC51　REFF　操作数　n：K，H

REFF指令是专门用于开关量输入的指令。为了防止输入接点的振动噪声，一般的PLC都设置10ms输入滤波RC电路。而当电子无触点开关没有抖动噪声，可以高速输入时，输入端的RC滤波器反而成为高速输入的障碍。因此，FX$_{2N}$系列的输入端X0~X7采用数字滤波器，其滤波时间可以用REFF指令在0~60ms进行修改。

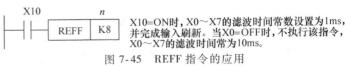

X10=ON时，X0~X7的滤波时间常数设置为1ms，并完成输入刷新。当X0=OFF时，不执行该指令，X0~X7的滤波时间常为10ms。

图7-45　REFF指令的应用

而实际上X0~X7仍有50μs的RC滤波时间，即使用REFF指令使数字滤波器时间常数为最小值"0"时，其滤波时间仍有50μs。

REFF指令的应用如图7-45所示。

3. 矩阵输入指令

FNC52　MTR　操作数　　［S］：X0、X10、X20…最低位为0。

　　　　　　　　　　　　　　［D1］：Y0、Y10、Y20…最低位为0。

　　　　　　　　　　　　　　［D2］：Y、M、S，最低位为0。

　　　　　　　　　　　　　　n：K，H；取值范围n＝2~8。

[S]：表示矩阵输入的首地址，共有8点。

[D1]：表示 n 个选通输出端的首地址，并且指定为晶体管输出方式。

[D2]：表示矩阵的 8×n 个状态存放元件的首地址。

n：表示矩阵的行数。

MTR 指令是用 8 点输入与 n 点输出组成 8 列×n 行的输入矩阵指令。MTR 指令的应用如图 7-46 所示。

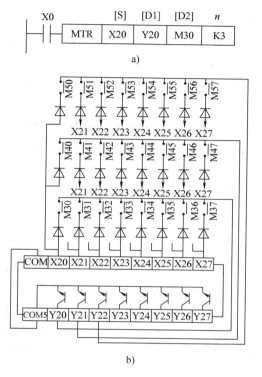

由 X20～X27 这 8 个输入点和 Y20、Y21、Y22 这 3 个输出点组成 8 列×3 行矩阵。当 X0=ON 时，3 个输出端依次接通。当 Y20=ON 时，以中断方式读入第一列 8 个开关量输入状态，存入 M30～M37；当 Y21=ON 时，以中断方式读入第二列开关输入状态，存入 M40～M47 中；同理，当 Y22=0N 时，读入第三列输入状态，存入 M50～M57 中。

图 7-46　MTR 指令的应用

a）梯形图　b）接线图

该指令可以组成 8 行×8 列的矩阵，最多可以读入 8×8 = 64 个输入点的状态。

4. 高速计数器比较置位/复位指令

比较置位 FNC53 HSCS　操作数 [S1]：K，H、KnX、KnY、KnM、KnS、T、C、D、V、Z

比较复位 FNC54 HSCR　　　　[S2]：C235～C255　　　[D]：Y、M、S

高速计数器比较置位/复位指令使 [S1] 中的设定值与 [S2] 中计数器的当前值进行比较，比较的结果使 [D] 中的软元件置位或者复位。高速计数器比较置位/复位指令的应用如图 7-47 所示。图 7-47a 中高速计数器 C235 对高速输入端 X0 输入的计数脉冲上升沿进行计数，并且将 C235 的计数当前值与常数 K100 进行比较，一旦 C235 的当前值由 99 变为 100（增计数），就立即以中断方式将 Y10 置位并保持，以刷新方式将 Y10 输出端接通。同理，图 7-47b 中 C235 对 X0 脉冲计数，且将 C235 的当前值与常数 K200 进行比较，一旦 C235 的当前值由 199 变为 200，就立即以中断方式将 Y10 复位，并以刷新方式将 Y10 的输出端切断。

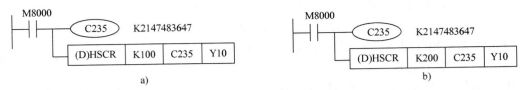

图 7-47　高速计数器比较置位/复位指令的应用

a）比较置位　b）比较复位

1）该指令指定的计数器为高速计数器，因此是 32 位的专用指令。

2）HSCS、HSCR、HSZ 指令是在脉冲输入时以中断方式动作的，如果没有脉冲输入，即使满足比较条件，输出也不会动作。

3）外部复位标志为 M8025。当 M8025 = 1 时，所有相关的高速比较指令（HSCS、HSCR、HSZ）在高速计数器的复位输入为 ON 时执行。

4）（D）HSCS 指令中目标操作数［D］可以指定 I010~I060 的计数器中断指针。

5）（D）HSCR 指令中目标操作数［D］可以选用与［S2］相同的高速计数器。

5. 高速计数器区间比较指令

FNC55　HSZ　操作数　［S1］、［S2］：K、H、KnX、KnY、KnM、KnS、T、C、D、V、Z

　　　　　　　　　　　［S］：C235~C255　　　［D］：Y、M、S

［D］：表示 3 个相邻同类元件的首地址。

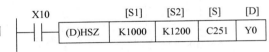

［S1］、［S2］：存放比较区间的上下区间数据。

图 7-48　HSZ 指令的应用

HSZ 指令的应用如图 7-48 所示。

图中只要 C251 投入计数，当 X10 = ON 时，C251 的计数当前值就与 K1000 和 K1200 进行区间比较，有以下 3 个结果：K1000 > C251 当前值时，Y0 = ON，并立即以中断方式输出刷新；K1000 ≤ C251 当前值 ≤ K1200 时，Y1 = ON，以中断方式输出刷新；K1200 < C251 当前值时，Y2 = ON，以中断方式输出刷新。

1）HSZ 是 32 位专用指令，应该写为（D）HSZ。

2）［S1］ ≤ ［S2］。

6. 脉冲指令

（1）脉冲密度（转速测量）指令

FNC56　SPD　操作数　［S2］：K、H、KnX、KnY、KnM、KnS、T、C、D、V、Z

　　　　　　　　　　　［S1］：X0~X5　　　［D］：T、C、D、V、Z

［S1］：表示脉冲发生器的 6 个脉冲信号输入端 X0~X5，设脉冲发生器每转（一个周期）产生 n 个脉冲。

［S2］：表示计数时间，也是测量周期，以 ms 为单位。

［D］：由 3 个相邻元件组成，首地址［D］存放测量周期内输入的脉冲数；第 2 个元件存放正在进行的测量周期内已经输入的脉冲数；第 3 个元件存放正在进行的测量周期内还剩余的时间。

SPD 指令的应用如图 7-49 所示。这条指令实际是转速测量指令，因为脉冲发生器每转产生 n 个脉冲，所以 D0 的数值正比于转速 N，N 可以由下式求得：

$$N = \frac{60 \ (D0)}{nt} \times 10^3 \ (\text{r/min})$$

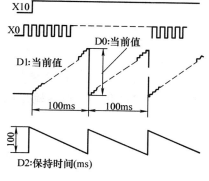

指定计数输入脉冲的输入点为 X0，计数时间为100ms，也即测量周期为100ms。
当 X10=ON 时，在 D1 中对 X0 的输入脉冲计数，100ms 后 D1 的计数结果被存入D0中，然后D1复位重新对一下个周期内进行脉冲计数。计数 D2 计入测量周期内计数当前值的剩余时间。

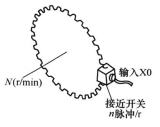

图 7-49　SPD 指令的应用

（2）脉冲输出指令

FNC57 PLSY　操作数　［S1］、　［S2］：K，H、KnX、KnY、KnM、KnS、T、C、D、V，Z

［D］：Y

［S1］：指定输出脉冲的频率，频率范围为 1~1 000Hz。

［S2］：指定需要输出的脉冲个数。当进行 16 位数据操作时，指定范围为 1~32767；当进行 32 位数据操作时，指定范围为 1~2147483647。若指定脉冲数为 0，则产生无穷多个脉冲。

［D］：指定脉冲输出的元件地址号 Y0 或 Y1。必须采用晶体管输出方式。

PLSY 指令的应用如图 7-50 所示。该指令用于产生指定频率指定数量的脉冲。脉冲的占空比为 50%，并且脉冲以中断方式输出。

1）当 X0=ON 时，执行 PLSY 指令，以中断方式从 Y0 输出占空比为 50%、频率为 1 000Hz的脉冲。输出脉冲达到（D0）指定的脉冲个数时，停止脉冲输出，同时执行完标志

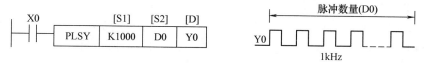

图 7-50　PLSY 指令的应用

置位（M8029＝1）。当 X0＝OFF 时，Y0＝0，而 M8029 复位。

2）［S1］的内容在执行该指令时可以更改。

3）当指令为（D）PLSY 时，指定输出脉冲个数的地址为（D1D0）。

4）该指令只能被使用一次。

（3）脉宽调制指令

FNC58　PWM　操作数　［S1］、［S2］：K，H KnX KnY KnM KnS T C D V，Z

　　　　　　　　　　　　　　　　［D］：Y

［S1］：指定输出脉冲宽度 t，$t＝0～32767\text{ms}$。

［S2］：指定输出脉冲周期 T，$T＝0～32767\text{ms}$，［S1］≤［S2］。

［D］：指定脉冲输出端 Y 的地址号，Y0 和 Y1 有效，并且为晶体管输出方式。

PWM 指令为控制输出脉冲宽度的指令。改变 t 使其在 $0～T$ 变化，可以使输出脉冲的占空比在 $0～100\%$ 变化。输出脉冲的频率为

$$f＝T^{-1}×10^3\ （\text{Hz}）$$

PWM 指令的应用如图 7-51 所示。

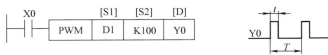

图 7-51　PWM 指令的应用

1）当 X0＝OFF 时，Y0＝OFF；当 X0＝ON 时，以中断方式通过 Y0 输出占空比为 t/T 的脉冲，在 $0～100$ 之间改变 D1 的数值时，Y0 输出脉冲的占空比在 $0～100\%$ 变化。

2）当［S1］＞［S2］时，程序出错。

3）该指令只能被使用一次。

7.8　方便功能指令

1. 初始状态指令

FNC60　IST　操作数　［S］：X、Y、M　　　　［D1］、［D2］：S

［S］：指定输入运行方式的首地址，共有 8 个。

［D1］：指定自动工作方式时使用的最小状态号，［D］只能选状态元件 S，其选用范围为 S20～S899。

［D2］：指定自动工作方式时使用的最大状态号，［D1］≤［D2］。

图 7-52　IST 指令的应用

IST 指令为自动设置初始状态及特殊辅助继电器功能的指令。IST 指令的应用如图 7-52 所示。

当 M8000 由 OFF→ON 时，指定下列 5 个输入运行方式和 3 个输入信号。

X20：手动操作方式　　　　　　　　　X21：回原点操作方式

X22：单步运行方式　　　　　　　　　X23：单循环运行方式（单周期）

X24：自动循环方式　　　　　　　　　X25：回原点启动信号

X26：自动控制启动信号　　　　　　　X27：停止信号

当 M8000 = ON 时，下列特殊辅助继电器和状态元件自动进入受控状态，其功能如下。

M8040：禁止状态转移　　　　　　　　　S0：手动操作状态初始化

M8041：状态转移开始　　　　　　　　　S1：回原点操作状态初始化

M8042：产生脉宽为一个扫描周期的启动脉冲　　S2：自动操作状态初始化

M8043：回原点完成　　　　　　　　　　M8044：原点条件

M8045：禁止输出复位　　　　　　　　　M8046：STL 状态动作

M8047：STL 监控有效

当 M8000 = OFF 时，这些元件的状态保持不变。

1）输入信号 X20～X24 必须用 5 档旋转开关，保证这组信号不可能有两个或两个以上的输入信号同时为 ON 状态。

2）使用该指令时，S0～S9 为状态初始化元件，S10～S19 为回零状态使用元件，如果不使用该指令，这些元件就可以作为普通状态使用。

3）编程时，必须将 IST 指令写在 STL 指令之前。

4）该指令只能被使用一次。

2. 示教定时器指令

FNC64　TTMR　操作数　n：K，H　　　[D]：D

[D]：只能选数据寄存器 D，共有相邻两个。

n：指定倍率，取值范围 0、1、2，分别表示以 1s、0.1s、0.01s 单位计数。

TTMR 指令为通过按钮调整定时器设定值的指令。TTMR 指令的应用如图 7-53 所示。

当 X0 = ON 时，执行 TTMR 指令，由 D301 记下 X0 接通时间（按下按钮的时间），并以 1s 为单位进行计数。当 X0 = OFF 时，将 D301 内的计数数据存入 D300 中，然后 D301 复位（清 0）。X0 按下时间为 "$\tau 0$" 秒，存入 D300 的数值按 n 指定的数值变化如下：

n = K0 时，$\tau 0 \rightarrow$ D300；n = K1 时，$10\tau 0 \rightarrow$ D300；n = K2 时，$100\tau 0 \rightarrow$ D300。

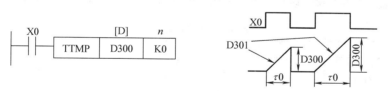

图 7-53　TTMR 指令的应用

3. 特殊定时器指令

FNC65　STMR　操作数　[S]：T　[D]：Y、M、S　m：K，H

[S]：指定定时器地址，定时器编号范围为 T0～T199。

[D]：指定 4 个位元件的首地址。

m：指定定时器 [S] 的定时设定值，指定范围 m = 1～32 767。

STMR 指令为制作延时断开定时器、脉冲定时器和闪烁定时器的指令。STMR 指令的应用如图 7-54 所示。图中 T10 的定时时间为 100ms×100 = 10s。当 X0 = ON 时，执行 STMR 指令。M0 为延时定时器；M1 为单脉冲定时器，脉宽为 10s；M2、M3 为闪烁用定时器。当 X0 = OFF 时，T10 复位，经设定时间后 M0、M1、M3 变为 OFF。

STMR 指令中使用的定时器不能重复使用。可以进行连续/脉冲执行方式。

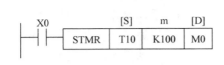
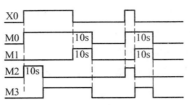

图 7-54　STMR 指令的应用

4. 交替输出指令

FNC66　ALT　操作数　[D]：Y、M、S

ALT 指令用于产生交替输出的指令。ALT 指令的应用如图 7-55 所示。

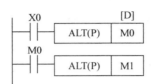
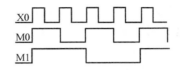

图 7-55　ALT 指令的应用

当 X0 每次由 OFF→ON 时，M0 的状态变化一次，而每次 M0 由 OFF→ON 时，M1 的状态变化一次。若使用连续执行方式，则每个周期 M0 的状态改变一次。

ALT 指令可以进行连续/脉冲执行方式。

5. 7 段译码指令

FNC73　SEGD　操作数　[S]：K，H、KnX、KnY、KnM、KnS、T、C、D、V，Z

　　　　　　　　　　　　　[D]：KnY、KnM、KnS、T、C、D、V，Z

SEGD 指令为十六进制数据 0~F 经解码后驱动 7 段码显示器的指令。SEGD 指令的应用如图 7-56 所示。表 7-1 为 7 段译码表。表中 B0 为位元件的首位或字元件的最低位。

表 7-1　7 段码译码表

[S]		7 段码构成	[D]								数据显示
十六进制	十进制		B7	B6	B5	B4	B3	B2	B1	B0	
0	0000		0	0	1	1	1	1	1	1	0
1	0001		0	0	0	0	0	1	1	0	1
2	0010		0	1	0	1	1	0	1	1	2
3	0011		0	1	0	0	1	1	1	1	3
4	0100		0	1	1	0	0	1	1	0	4
5	0101		0	1	1	0	1	1	0	1	5
6	0110		0	1	1	1	1	1	0	1	6
7	0111		0	0	1	0	0	1	1	1	7
8	1000		0	1	1	1	1	1	1	1	8
9	1001		0	1	1	0	1	1	1	1	9
A	1010		0	1	1	1	0	1	1	1	A
B	1011		0	1	1	1	1	1	0	0	b
C	1100		0	0	1	1	1	0	0	1	C
D	1101		0	1	0	1	1	1	1	0	d
E	1110		0	1	1	1	1	0	0	1	E
F	1111		0	1	1	1	0	0	0	1	F

当X0＝ON时，把D0中低4位的十六进制数据 0～F
经解码后存入Y0～Y7,然后驱动 7 段显示器。

图 7-56　SEGD 指令的应用

6. 7 段显示指令

FNC74　SEGL　操作数　［S］：K，H、KnX、KnY、KnM、KnS、T、C、D、V，Z

　　　　　　　　　　　［D］：Y　　　　n：K，H

SEGL 指令为控制 4 位 1 组或 2 组带锁存 7 段码的指令。SEGL 指令的应用如图 7-57 所示。

a)

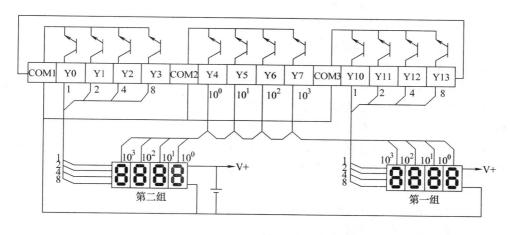

b)

图 7-57　SEGL 指令的应用

a）梯形图　b）接线图

当 X0＝ON 时，把（D0）中的二进制数据转换成 n 位 BCD 码后按位顺序从 Y0～Y3 输出。当 4 位 2 组时，（D0）向 Y0～Y3 输出，（D1）向 Y10～Y13 输出。由选通脉冲信号 Y4～Y7 按顺序 4 位 1 组或 4 位 2 组的带锁存 7 段码锁存。

当显示 4 位（1 组）BCD 码时，$n=0\sim3$，［S］由 D0 组成，［D］由 Y0～Y7 组成，其中 Y0～Y3 为 BCD 码数据输出端，Y4～Y7 为 7 段锁存器的选通信号输出端；当显示 8 位（2 组）BCD 码时，$n=4\sim7$，［S］由两个数据寄存器组成，［D］由 Y0～Y13 组成，其中 Y0～Y3 为 D0 的 BCD 码数据输出端，Y10～Y13 为 D1 的 BCD 码数据输出端，Y4～Y7 为 2 组 7 段码锁存器共同选通信号输出端。

SEGL 指令只能使用一次，并且为晶体管输出方式。

7. 特殊模块指令

（1）读特殊模块指令

FNC78　FROM　操作数　［D］：KnY、KnM、KnS、T、C、D、V，Z

157

$m1$、$m2$、n：K，H

$m1$：特殊功能模块序号，$m1 = 0 \sim 7$。

$m2$：从该特殊功能模块中以 $m2$ 为首地址的数据缓冲寄存器中读取数据，$m2 = 0 \sim 31$。

n：从以 $m2$ 为首地址的 n 个数据缓冲寄存器中读取数据，$n = 1 \sim 32$。

［D］：指定存放读出数据的元件首地址。

FROM 指令是将特殊模块（BFM）的内容读到 PLC 中的指令。FROM 指令的应用如图 7-58 所示。

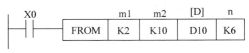

图 7-58　FROM 指令的应用

当 X0 = ON 时，将序号为 2（$m1$ = K2）的特殊功能模块从数据缓冲寄存器 10 ~ 15（$m2$ = 10）号的 6（n = K6）个数据读入基本单元，然后存入 D10 ~ D15 这 6 个数据寄存器中。

（2）写特殊功能模块指令

FNC79　TO　操作数　［S·］：K，H、KnX、KnY、KnM、KnS、T、C、D、V，Z

$m1$、$m2$、n：K，H

$m1$：特殊功能模块序号，$m1 = 0 \sim 7$。

$m2$：数据缓冲寄存器首地址，$m2 = 0 \sim 31$。

n：待传送数据的字数，$n = 1 \sim 32$。

［S］：指定被读出数据的元件首地址。

TO 指令为 PLC 对特殊功能模块写入数据的指令。TO 指令的应用如图 7-59 所示。

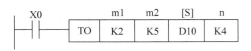

图 7-59　TO 指令的应用

当 X0 = ON 时，将数据寄存器 D10 ~ D13（n = K4）中的数据写入到序号为 2（$m1$ = K2）的特殊功能模块的数据缓冲寄存器 5 ~ 8（$m2$ = K5）中去。

8．串行通信指令

FNC80　RS　操作数　m：K，H、D　［S］、［D］、n：D

［S］：指定传送数据缓冲区首地址，共有 m 个。

［D］：指定接收数据缓冲区首地址，共有 n 个。

m：发送数据点数，$m = 0 \sim 256$。

n：接收数据点数，$n = 0 \sim 256$。

RS 指令为使用功能扩展板进行发送接收串行数据的指令。RS 指令应用如图 7-60 所示。

当X0=ON时，从D200~D204这5（m=K5）个数据寄存发送数据，接收到D500~D5040这5（n=K5）个数据寄存器中

图 7-60　RS 指令的应用

RS 指令有许多自定义的软元件。

M8120：通信格式。　　　　　　　　M8121：RS232C 传送待机中。

M8122：RS232C 发送要求标志，发送数据时 ON，发送完毕自动复位。

M8123：RS232C 接收完毕标志。　　M8124：RS232C 载体接收中。

9．并行数据传送指令

FNC81　PRUN　操作数　［S］：KnX、KnM　　　　［D］：KnY、KnM

［S］：主站或子站输入位元件的首地址，其中 $n = 1 \sim 8$。

［D］：接收数据的位元件首地址，其中 $n = 1 \sim 8$。

PRUN 指令也是八进制位传送指令。PRUN 指令的应用如图 7-61 所示。

图 7-61　PRUN 指令的应用

当 M8070 = ON 时，将主站的输入信号 X10 ~ X17 送到主站的 M810 ~ M817（按八进制处理）中；而当 M8071 = ON 时，将子站的输入信号 X20 ~ X37 送到子站的 M920 ~ M937（按八进制处理）中。

利用光纤并行通信适配器 FX2-40AP 或者双绞线并行通信适配器 FX2-40AW，主站和子站间可以自动传送数据，也就是说利用 PRUN 指令，可以将子站的输入数据从主站的辅助继电器 M920 ~ M937 中读出；同理，也可以将主站的输入数据从子站的辅助继电器 M810 ~ M817 中读出。

PRUN 指令可以进行连续/脉冲执行方式，还可以进行 16/32 位数据处理。

10. 比例积分微分指令

FNC88　PID　操作数　［S1］、［S2］、［S3］、［D］：全部用数据寄存器 D

［S1］：存放设定值（SV）的地址。　　　［S2］：存放当前值（PV）的地址。

［D］：存放控制回路调节值（MV）即输出值的地址。

［S3］：指定存放控制回路参数值的首地址，共有 25 个数据寄存器，其选用范围为 D0 ~ D975，各元件存放的参数如下所述。

［S3］：采样时间（Ts），取值范围为 1 ~ 32 767ms。

［S3］+1：动作方向（ACT）。BIT0：0 为正动作，1 为反动作；

　　　　　　　　　　　　　　BIT1：0 为无输入变化量警报，1 为输入变化量警报有效；

　　　　　　　　　　　　　　BIT2：0 为无输入变化量警报，1 为输出变化量警报有效。

［S3］+2：输入滤波常数，0 ~ 99%。

［S3］+3：比例增益（K_P），1% ~ 32767%。

［S3］+4：积分时间常数（T_I），0 ~ 32767（×100ms），为 0 和 ∞ 时无积分。

［S3］+5：微分增益（K_D），0 ~ 32767%。

［S3］+6：微分时间常数（T_D），0 ~ 32767（×100ms），为 0 时无微分。

［S3］+7
⋮　　　 PID 运算占用。
［S3］+19

［S3］+20：输入变化量（增方）警报设定值，0 ~ 32767。

［S3］+21：输入变化量（减方）警报设定值，0 ~ 32767。

［S3］+22：输出变化量（增方）警报设定值，0 ~ 32767。

［S3］+23：输出变化量（减方）警报设定值，0 ~ 32767。

[S3] +24: 警报输出　BIT0 输入变化量（增方）超出。

BIT1 输入变化量（减方）超出。

BIT2 输出变化量（增方）超出。

BIT3 输出变化量（减方）超出。

PID 指令用的算术表达式为

$$输出值 = K_P(\varepsilon + K_D T_D d\varepsilon/dt + T_I^{-1}\int \varepsilon dt)$$

式中，ε 表示误差。PID 指令可以用中断、子程序、步进梯形指令和条件跳步指令。PID 指令的应用如图 7-62 所示。

当 X0 = ON 时，执行 PID 指令，把 PID 控制回路的设定值存放在 D100～D124 这 25 个数据寄存器中，对 [S2] 的当前值（D1）和 [S1] 的设定值（D0）进行比较，通过 PID 回路处理两数值之间的偏差后计算出一个调节值，将此调节值存入目标操作数 D150 中。

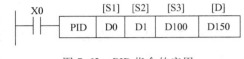

图 7-62　PID 指令的应用

11. 网络指令

FX$_2$ 系列 PLC 是三菱公司出厂的产品，而 F$_2$ 系列的一些特殊功能模块仍然适用于 FX$_2$ 系列，如 F-16NP/NT 网络接口模块、F2-6A 模拟量输入输出模块、F2-32RM 可编程序凸轮控制器、F2-30GM 定位控制模块，使用时需要采用下列 F$_2$ 外部设备功能指令。

FNC90　MNET　操作数　[S]：X　[D]：Y

[S]、[D]：为输入输出（I/O）元件的首地址，各由 8 个相邻的位软元件组成，由 FX2-24EI 特殊模块连接位置决定。

网络指令用于 FX 系列 PLC 与 F-16NP/NT 接口模块之间进行信号的通信。网络指令的应用和连接位置图如图 7-63 所示。

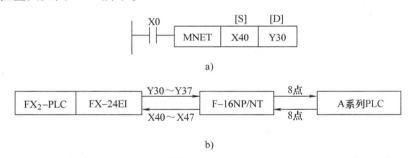

图 7-63　网络指令的应用和连接位置图

a）网络指令的应用　b）连接位置图

用一个 F-16NP/NT 接口，在 FX$_2$ 系列和 A 系列 PLC 之间可以传送 8 点 ON/OFF 信号，最多可以连接 32 台 FX$_2$ 系列 PLC，可以更简单地进行系统的集中管理和分散管理。

该指令可以进行连续/脉冲执行方式。

12. 模拟量指令

（1）模拟量读指令

FNC91　ANRD　操作数　[D2]：KnY、KnM、KnS、T、C、D、V，Z

[S]：X　[D1]：Y　n：K，H

160

[S]、[D1]：输入输出元件号首地址，共有 8 个相邻软元件，由 FX2-24EI 模块的连接位置决定。

[D2]：存放读入数据的元件地址。

n：模拟量输入通道号，$n=10$、11、12、13 四个通道。

ANRD 指令用于从 F2-6A 模拟量输入/输出单元中将模拟量读到 FX$_2$ 系列的 PLC 中。ANRD 指令的应用如图 7-64 所示。

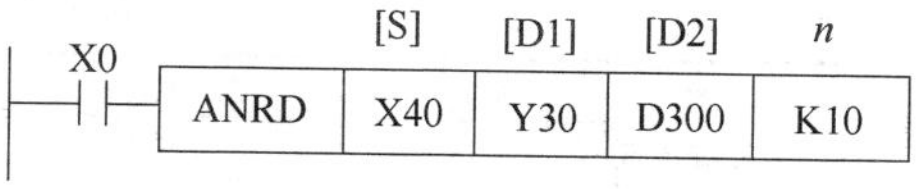

该指令可以进行连续/脉冲执行方式。

图 7-64　ANRD 指令的应用

（2）模拟量写指令

FNC92　ANWR　操作数　[S1]：K，H、KnX、KnY、KnM、KnS、T、C、D、V，Z

[S2]：X　[D]：Y　n：K，H

[S1]：指定存放要输出 8 位（BIN）模拟量数据的首地址。

[S2]、[D]：输入输出元件首地址，各有 8 个，由 FX2-24EI 模块的连接位置决定。

n：指定模拟量输出通道号，$n=0$、1 两个通道。

ANWR 指令用于将 FX 系列 PLC 的数据写到 F2-6A 单元中，然后以模拟量形式在指定输出通道输出。ANWR 指令的应用如图 7-65 所示。

ANWR 指令可以进行连续/脉冲执行方式。

图 7-65　ANWR 指令的应用

7.9　技能训练

7.9.1　训练项目 1　闪光信号灯的闪光频率控制

1. 目的

1）掌握功能指令的编程方法。

2）掌握 PLC 的端子接线方法。

3）掌握计算机软件或编程器的操作方法。

2. 仪器与器件

1）FX 系列 PLC 主机。

2）控制盘（可以用信号灯代替电动机）。

3）计算机与编程软件。

4）编程器。

3. 控制要求

利用 PLC 应用指令构成一个闪光信号灯，改变输入口所接置数开关可改变闪光频率。

4. 分析设计

将 4 个置数开关分别接于 X0~X3，X10 为起停开关，起停开关 X10 选用带自锁的按钮，信号灯接于 Y0。输入输出点分配见表 7-2。由此设计出的 PLC 接线图如图 7-66a 所示。

PLC 梯形图如图 7-66b 所示。图中第一行实现变址寄存器清零，通电时完成。第二行实现从输入口读入设定开关数据，变址综合后送到定时器的设定值寄存器 D0 中，并与第三行配合产生 D0 时间间隔的脉冲。

5．任务实施

1）按图 7-66a 所示的 PLC 接线图连接 PLC 与 4 个带自锁的按钮、输出闪光灯，并连接 PLC 的电源，确保接线无误。

表 7-2　输入输出点分配表

输	入	输	出
输入继电器	作用	输出继电器	作用
X0	置数开关	Y0	信号灯
X1	置数开关		
X2	置数开关		
X3	置数开关		
X10	启停开关		

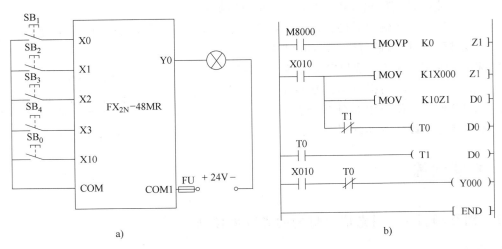

a)　　　　　　　　　　　　　　　　　b)

图 7-66　PLC 接线图和 PLC 梯形图

a）PLC 接线图　b）PLC 梯形图

2）输入图 7-66b 所示的梯形图，检查无误后运行程序。

3）程序运行时分别设置置数拨码开关的值为 0~9，仔细观察输出继电器 Y0 的状态变化是否符合闪光灯的要求。

7.9.2　训练项目 2　简单密码锁

1．控制要求

利用 PLC 实现密码锁控制。密码锁有 3 个置数开关（12 个按钮），分别代表 3 个十进制数，如果所拨数据与密码锁设定值相符，那么 3s 后开启锁，20s 后重新上锁。

2．分析设计

用比较指令实现密码锁的控制系统。置数开关有 12 条输出线，将其分别接入 X0~X3、X4~X7、X10~X13，其中 X0~X3 代表第一个十进制数；X4~X7 代表第二个十进制数；X10~X13 代表第三个十进制数，密码锁的控制信号从 Y0 输出，输入输出点分配见表 7-3。

密码锁的密码由程序设定，假定为 K283，如要解锁则从 K3X0 上送入的数据应与它相等，这可以用比较指令实现判断，密码锁的开启由 Y0 的输出控制。密码锁梯形图如图 7-67 所示。

表 7-3　输入输出点分配表

输	入	输	出
输入继电器	作用	输出继电器	作用
X0 ~ X3	密码个位	Y0	密码锁控制信号
X4 ~ X7	密码十位		
X10 ~ X13	密码百位		

3. 任务实施

1）将 12 个带自锁的按钮分别连接到 PLC 的 X0~X3、X4~X7、X10~X13，输出用指示灯代替，连接 PLC 的电源，确保接线无误。

2）输入图 7-67 所示的梯形图，检查无误后运行程序。

3）先不操作输入按钮，先观察输出继电器 Y0 的状态有无变化。

4）设置输入开关的值为十进制数 K283（二进制数 0001 0001 1011），即 X10、X4、X3、X1、X0 为 ON，其余为 OFF，观察输出继电器 Y0 的状态变化是否符合密码锁的要求。

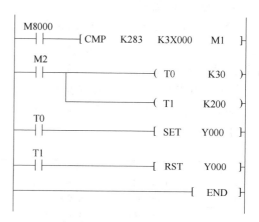

图 7-67　密码锁梯形图

5）设置输入开关的值为除了十进制数 K283 以外的任何数，然后观察输出继电器 Y0 的状态变化以及密码锁是否能打开。

7.9.3　训练项目 3　简易定时报警器

1. 控制要求

利用计数器与比较指令，设计 24h 可设定定时时间的住宅定时报警器的控制程序（每刻钟为一时间单位，24h 共有 96 个时间单位），要求实现如下控制。

1）早上 6：30 闹钟报时，每秒响一次，10s 后自动停止。

2）9：00~17：00，启动住宅报警系统。

3）晚上 6：00 打开住宅照明。

4）晚上 10：00 关闭住宅照明。

2. 分析与编程

I/O 点分配见表 7-4。时间设定值为钟点数×4。使用时，在 0：00 时启动定时器。

表 7-4　I/O 点分配表

输	入	输	出
输入继电器	作用	输出继电器	作用
X0	启停开关	Y0	闹钟
X1	15min 试验	Y1	住宅报警监控
X2	格数试验	Y2	住宅照明

3. 任务实施

1）将 PLC 的 X0~X2 外接 3 个自锁按钮，输出继电器 Y0~Y2 的驱动设备用 3 个指示灯代替，并连接 PLC 的电源，确保接线无误。

2）输入梯形图，检查无误后运行程序。

3）按下 X2，利用格数设定的快速调整与试验开关调试程序，观察输出继电器 Y0～Y2 的状态变化情况。再按下 X2，停止格数设定的快速调整与试验。

4）按下 X1，利用 15min 快速调整与试验开关调试程序，观察输出继电器 Y0～Y2 的状态变化情况。再按下 X1，停止 15min 快速调整与试验。

5）在 0∶00 点时，按下 X0，启动定时报时器。

4. 触点型比较指令

FX$_{2N}$ 系列比较指令除了前面使用的比较指令 CMP、区间比较指令 ZCP 外，还有触点型比较指令。触点型比较指令相当于一个触点，执行时比较源操作数［S1］和［S2］，若满足比较条件，则触点闭合。源操作数［S1］和［S2］可以取所有的数据类型。

将以 LD 开始的触点型比较指令接在左侧母线上，以 AND 开始的触点型比较指令应与其他触点或电路串联，以 OR 开始的触点型比较指令应与其他触点或电路并联，各种触点型比较指令见表 7-5。

表 7-5　各种触点型比较指令

助记符	命令名称	助记符	命令名称
LD =	（S1）=（S2）时，运算开始的触点接通	AND<>	（S1）≠（S2）时，串联触点接通
LD>	（S1）>（S2）时，运算开始的触点接通	AND< =	（S1）≤（S2）时，串联触点接通
LD<	（S1）<（s2）时，运算开始的触点接通	AND> =	（S1）≥（S2）时，串联触点接通
LD<>	（s1）≠（S2）时，运算开始的触点接通	OR =	（S1）=（S2）时，并联触点接通
LD< =	（S1）≤（S2）时，运算开始的触点接通	OR>	（S1）>（s2）时，并联触点接通
LD> =	（S1）≥（s2）时，运算开始的触点接通	OR<	（S1）<（S2）时，并联触点接通
AND =	（S1）=（S2）时，串联触点接通	OR<>	（S1）≠（s2）时，并联触点接通
AND>	（S1）>（S2）时，串联触点接通	OR< =	（S1）≤（s2）时，并联触点接通
AND<	（S1）<（s2）时，串联触点接通	OR> =	（S1）≥（s2）时，并联触点接通

7.9.4　训练项目 4　四则运算

1. 控制要求

四则运算是计算机的基本功能，可编程序控制器当然也应具备四则运算的能力，如某控制程序中要进行以下算式的运算，即

$$y = \frac{36x}{30} + 2$$

本任务要求用 PLC 完成上式中的加、乘、除运算。

2. 分析与编程

上式中的 x 用输入端口 K2X0 表示，代表送入的二进制数，运算结果输送到输出口 K2Y0，用 X20 作为起停开关。输入、输出点分配见表 7-6。

表 7-6　输入、输出点分配表

输　　入		输　　出	
输入继电器	作用	输出继电器	作用
X0～X7	输入二进制数	Y0～Y7	运算结果
X20	起停开关		

164

由此设计出的四则运算梯形图如图 7-68 所示。

3. 任务实施

1) 将代表输入置数的 8 个按钮连接到 PLC 的 X0 ~ X7、起停开关连接到 X20、输出用指示灯代替，然后连接 PLC 的电源，确保接线无误。

2) 输入梯形图程序，检查后运行程序。

3) 先将输入置数设置为 0，按下起停开关开始算术运算，观察输出继电器 Y0 ~ Y7 的状态以及它是否完成了算术运算功能。再按下起停开关停止。

4) 改变输入置数，重复第 3) 步，观察算术运算的结果。

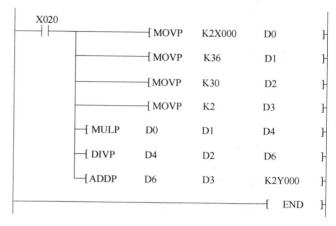

图 7-68　四则运算梯形图

7.10　小结

功能指令实际为一个个功能不同的子程序，如果能很好地应用功能指令，就可以使程序非常简洁，同时还可以使程序的运算周期大大缩短。

使用功能指令时要注意这几个因素：源操作数、目标操作数的指定范围；常数的取值范围，指令是 16 位还是 32 位数据操作，特别要注意，指令是连续执行方式还是脉冲执行方式，把握住以上问题，就可以灵活和正确的使用功能指令。

有些功能指令在程序中只能使用一次，如以下功能指令：

FNC52 MTR　　　　FNC57 PLSY　　　　FNC58 PWM

FNC60 IST　　　　FNC62 ABSD　　　　FNC63INCD

FNC68 ROTC　　　　FNC70 TKY　　　　FNC71HKY

FNC72 DSW　　　　FNC74 SEGL　　　　FNC75ARWS

关于功能指令的更详尽说明以及本书中未列出的其余功能指令，请读者参阅有关说明书和其他技术资料。

7.11　习题

1. 当输入驱动条件 ON 时，完成下列要求。

1) A：根据图 7-69 写出指令表。

B：当 X0 = ON 时，（D2）为多少？

C：执行程序的结果谁被置位？

2) A：根据图 7-70 写出指令表。

B：P 的意义是什么？

图 7-69　习题 1 图 1

165

C：当 X1 = ON 时，（D10）为多少？

3）A：根据图 7-71 解释每条指令的功能。

B：当 X2 = ON 时，（D0）为多少？

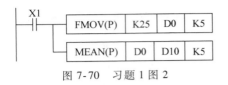

图 7-70 习题 1 图 2

图 7-71 习题 1 图 3

4）A：写出图 7-72 的指令。

B：解释每条指令的功能。

C：当 X3 = ON 时，（D4）为多少？Y0~Y13 中哪个被置位？

5）A：写出图 7-73 的指令表。

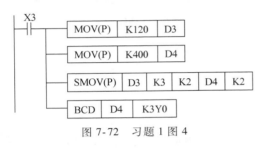

图 7-72 习题 1 图 4

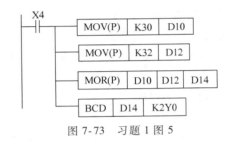

图 7-73 习题 1 图 5

B：解释每条指令的功能。

C：当 X4 = ON 时，（D14）为多少？哪个 Y 被置位？

2. 设计两个数据相减之后得到绝对值的程序。

3. 设计用一个按钮控制起动和停止交替输出的程序。

4. 设计一段程序，当输入条件满足时，依次将计数器 C0~C9 的当前值转换成 BCD 码后送到输出元件 K4Y0 中去，画出梯形图，写出指令表。

5. 用功能指令设计一个自动控制小车运行方向的系统，如图 7-74 所示，请根据要求设计梯形图和指令表。工作要求如下所述。

1）当小车所停位置 SQ 的编号大于呼叫位置编号 SB 时，小车向左运行至等于呼叫位置时停止。

2）当小车所停位置 SQ 的编号小于呼叫位置编号 SB 时，小车向右运行至等于呼叫位置时停止。

3）当小车位置 SQ 的编号与呼叫位置编号相同时，小车不动作。

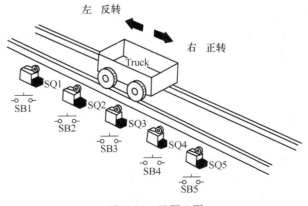

图 7-74 习题 5 图

6. 用功能指令设计一个节日彩灯的控制程序，共有 24 个彩灯，设置起动开关、左/右移开关、移动灯位开关，用以上开关完成下列控制要求。

166

1）每次间隔 1s 左移一个灯位。

2）每次间隔 1s 右移一个灯位。

3）每次间隔 1s 左移 3 个灯位。

4）每次间隔 1s 右移 3 个灯位。

7. 用功能指令设计一个自动售货机的梯形图和指令表，要求如下所述。

1）对此售货机可以投入 1 元、5 元和 10 元硬币。

2）当投入硬币的总数值超过 12 元时，汽水按钮指示灯亮；当投入硬币的总数值超过 15 元时，汽水和咖啡按钮指示灯都亮。

3）当汽水按钮指示灯亮时，若按汽水按钮，则汽水排出 7s 后自动停止，这段时间内汽水指示灯闪烁。

4）当咖啡按钮指示灯亮时，若按咖啡按钮，则咖啡排出 7s 后自动停止，这段时间内咖啡指示灯闪烁。

5）若投入硬币的总数值超过按钮所需要的钱数（汽水 12 元，咖啡 15 元）时，找钱指示灯亮，表示找钱动作，并退出多余的钱。

I/O 编号参考如下。

输入	输出
1 元识别口：X0	汽水出口：Y0
5 元识别口：X1	咖啡出口：Y1
10 元识别口：X2	汽水按钮指示灯：Y2
汽水按钮：X3	咖啡按钮指示灯：Y3
咖啡按钮：X4	找钱指示灯：Y4
计数手动复位：X5	

第8章　可编程序控制器的应用

8.1　PLC控制系统设计

随着PLC技术的发展，众多PLC生产厂家的新产品不断涌现，PLC自身的功能也在不断增强。用PLC控制的系统越来越普及、越来越复杂，由最初在工业上局部替代继电器控制已发展渗透到工业控制的各个领域，从单机自动化到工厂自动化，从柔性制造系统、机器人到工业局部网络系统都有PLC涉足之地。面对不同的PLC机型及不同被控对象的要求，必须按照一定的原则和步骤选择合适的PLC硬件和软件，以满足控制系统的控制要求。

8.1.1　PLC控制系统设计的基本原则

1）选用的PLC必须满足被控对象的控制要求。考虑将来发展的需要，选用的PLC应是功能较强的新产品，并留有适当的余量。

2）在满足控制要求的前提下，保证PLC控制系统安全、可靠。

3）PLC控制系统尽可能简单。

4）具有高的性能价格比。

8.1.2　PLC控制系统设计的步骤

图8-1所示是PLC控制系统设计步骤的流程图。步骤如下。

1）了解和分析被控对象的控制要求，确定输入、输出设备的类型和数量。

2）确定PLC的I/O点数，并选择PLC机型。

3）合理分配I/O点数，绘制PLC控制系统输入、输出端子接线图。

4）根据控制要求，绘制工作循环图或状态流程图。

5）根据工作循环图或状态流程图，编写用户程序。

6）输入用户程序到PLC中。

7）程序调试。先进行模拟调试，再进行现场联机调试；先进行局部、分段调试，再进行整体、系统调试。

8）调试过程结束，整理技术资料，投入

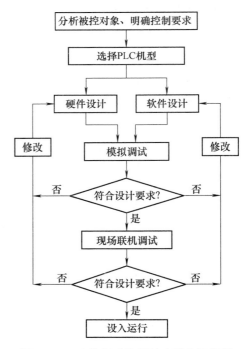

图8-1　PLC控制系统设计步骤的流程图

使用。

8.2 PLC 的硬件设计

PLC 硬件的设置要满足控制对象对 PLC 的要求，主要包括：PLC 机型的选择，I/O 的数量和种类，CPU 的速度，内存容量的大小，以及对编程器、打印机、I/O 模块、通信接口模块和通信传输电缆的选择等方面。选择合适的 PLC 机型是使用可编程序控制器的第一步，一般来说，应首选同类产品中功能强的新一代产品。下面从几个方面说明 PLC 硬件设计的要求和具体方法。

8.2.1 根据外部输入、输出器件选择 PLC 的 I/O 端口

1. 输入器件与 PLC 输入端口

输入器件为连接到 PLC 输入端子用于产生输入信号的器件。常用的输入器件分主令器件和检测器件两大类。主令器件包括按钮、选择开关、数字开关等，产生主令输入信号。检测器件包括行程开关、接近开关、光电开关、继电器触点和接触器辅助触点等，产生检测运行状态的信号。又可将输入器件分为有源触点输入器件和无源触点输入器件。对于 FX_{2N} 系列 PLC，当使用无源触点的输入器件时，内部 24V 电源通过输入器件向输入端提供每点 7mA 的电流；当使用有源触点的输入器件时，PLC 上直流 24V 向外部输入器件提供电流。

输入器件提供的信号分为模拟信号、数字信号和开关信号。对于提供开关信号的输入器件（如按钮、选择开关、行程开关及触点）和数字信号的输入器件（如数字开关），将器件一端与相应元件号的 PLC 输入端相连，另一端与 PLC 的 COM 公共端连接。对于提供模拟信号的输入器件（如压力传感器、温度传感器），必须通过模拟量输入模块与 PLC 的输入端相连。模拟量输入模块的模拟信号输入端有 V、I 和 COM 3 个接线端，V、I 分别是模拟电压和电流信号输入端，COM 是模拟信号公共输入端。

2. 输出器件

输出器件为连接到 PLC 输出端子用于执行程序运行结果的器件。常用的输出器件分为驱动负载和显示负载。驱动负载包括接触器、继电器和电磁阀。显示负载包括指示灯、数字显示装置、电铃和蜂鸣器等。根据外接输出器件确定 PLC 采用的输出类型。PLC 输出端口有 3 种类型，即继电器、晶体管和晶闸管输出，分别适用于外接交直流负载、直流负载和交流负载。对于要求模拟信号的输出器件，通过用模拟输出模块将输出信号变成模拟量输出。模拟输出模块的模拟信号输出端也有 V、I 和 COM 3 个接线端，功能与模拟量输入模块相同。

8.2.2 PLC I/O 的确定

根据被控对象要求，将与 PLC 相连的全部输入、输出器件按所需的电压、电流的大小、种类分别列表统计，考虑将来发展的需要再相应增加 10%~15% 的余量，估算 PLC 所需 I/O 总点数，最后选择点数相当的可编程序控制器。I/O 点数是衡量可编程序控制器规模大小的依据。若 I/O 点数较少，且由 PLC 构成单机控制系统，则应选用小型的可编程序控制器。若 I/O 点数过多，且由 PLC 构成控制系统的控制对象分散、控制级数较多，则应选择大、中型的可编程序控制器。

8.2.3 确定内存容量和存储器的种类

CPU 内存容量即是用户程序区的大小，与 I/O 点数的种类、数量和用户的编程水平有关。可按下面的经验公式估算。

总内存容量＝（开关量输入点数+开关量输出点数）×10+模拟量点数×150

计算出的总容量再增加 25%～35%的余量。

RAM、EPROM 和 E²PROM 是常用的用户程序存储器。将用户的程序存放于 RAM 中，较方便，但需锂电池保持；将用户程序存放于 EPROM 中，不需电池保持，且断电后不会丢失。

8.2.4 确定 CPU 的运行速度

PLC 为周期循环扫描工作方式，CPU 的运行速度是指执行每一步用户程序的时间。对于以开关量为主的控制系统，不用考虑扫描速度，一般的 PLC 机型都可使用。对于以模拟量为主的控制系统，则需考虑扫描速度，必须选择合适 CPU 种类的 PLC 机型。

8.2.5 确定 PLC 的外围设备

PLC 的外围设备主要是人—机对话装置，用于 PLC 的编程和监控。通过人—机对话装置可以进行编程、调试及显示图形报表、文件复制和报警等。PLC 外围外围设备有编程器、打印机、EPROM 写入器和显示器等。

8.2.6 电源电压的选择

对于由 PLC 控制系统供电的电源，我国优先选择 220V 的交流电源电压，特殊情况可选择 24V 直流电源供电。输入信号电源，一般利用 PLC 内部提供的直流 24V 电源。对于带有有源器件的接近开关，可外接 220V 交流电源，以提高稳定避免干扰。在选用直流 I/O 模块时，需要外设直流电源。

8.3 PLC 的软件设计

PLC 的软件设计是指 PLC 控制系统中用户程序的设计。用户程序的设计内容包括控制流程图的设计、梯形图或功能图的设计以及编写对应的指令表。对于不同的被控对象和被控范围，PLC 应用不同的用户程序实现不同的控制功能。下面主要介绍几种常用的 PLC 程序设计方法。

8.3.1 翻译法

翻译法是用所选机型的 PLC 中功能相当的软器件，代替原继电器—接触器控制电路原理图中的器件，将继电器—接触器控制电路翻译成 PLC 梯形程序图的方法。这种方法主要用于对旧设备、旧控制系统的技术改造。设计举例如下。

图 8-2 为用翻译法将原有继电器—接触器控制电路改用 PLC 进行控制的电路图和梯形图。在图 8-2a 所示的正反转控制电路中共用一个停机按钮 SB，在梯形图中用增加触点 X0 实现。停机按钮在端子接线图中采用常开按钮，因此梯形图中停机触点仍采用常闭触点实现，使编程

简单。

注意：另外要加硬件互锁。图 8-2b 中原时间继电器在梯形图中用定时器 T0 代替。

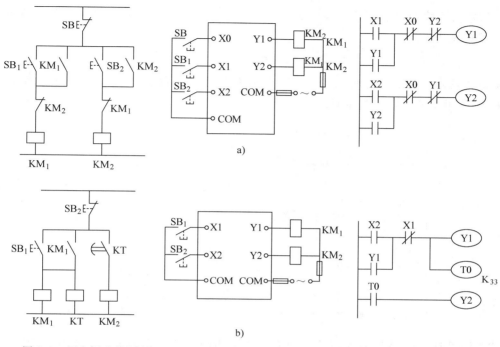

图 8-2　用翻译法将原有继电器—接触器控制电路改用 PLC 进行控制的电路图和梯形图

a）正反转控制　b）时间控制

翻译法用于将简单的控制电路改造为 PLC 控制，比较简单、方便。对于较复杂的继电器—接触器控制系统，仅用翻译法反而麻烦，且不易修改、整理，这时往往与其他方法相结合。翻译法只对整个控制系统中的某一局部控制电路使用比较方便。

8.3.2　功能图法

功能图又称为状态流程图，主要是针对顺序控制方式或步进控制方式的程序设计。在程序设计时，首先将系统的工作过程分解成若干个连续的阶段，每一阶段称为一个"工步"或一个"状态"，以工步（或状态）为单元，从工作过程开始，一直到工作过程的最后一步结束为止。工步与工步（状态与状态）之间的转换按工作过程的顺序要求自动进行，可以用步进指令实现，也可以用辅助继电器组成的移位寄存器记忆实现。

8.3.3　逻辑设计法

在进行程序设计时以布尔逻辑代数为理论基础，即以逻辑变量"0"或"1"作为研究对象，以"与""或""非"3 种基本逻辑运算为分析依据，对电气控制电路进行逻辑运算，把触点的"通、断"状态用逻辑变量"0"或"1"来表示。PLC 控制系统本身也是"与""或""非"这 3 种基本关系的组合，可以将它的梯形图直接转化为逻辑表达式，所以可以将逻辑代数作为 PLC 控制系统设计的一种工具。

可以将具有多变量的"与"逻辑关系表达式直接转化为触点串联的梯形图，如图 8-3a

所示。逻辑表达式如下：

$$L_{(Y1)} = X0 \cdot X1 \cdot X2 \cdot \overline{M1}$$

可以将具有多变量的"或"逻辑关系表达式直接转化为触点并联的梯形图，如图 8-3b 所示。逻辑表达式如下：

$$L_{(Y2)} = X0 + X1 + \overline{M2} + Y2$$

可以将具有多变量"与或"、"或与"逻辑关系表达式直接转化为触点串并联的梯形图，如图 8-3c 所示。逻辑表达式如下：

$$L_{(Y3)} = (X0 + X1)X2 \cdot \overline{Y2} + M10$$

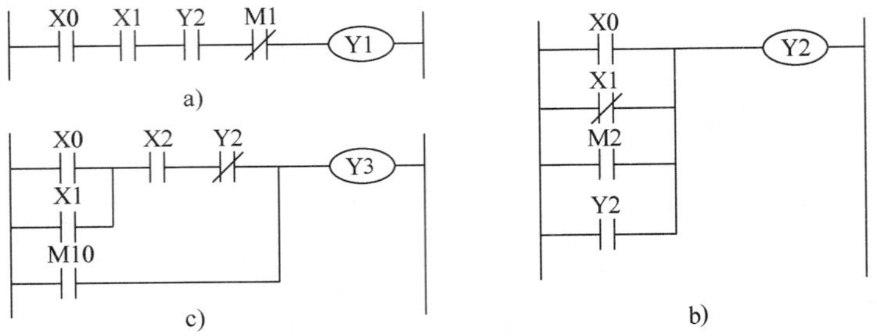

图 8-3　与、或、非逻辑关系梯形图

a) 与逻辑关系梯形图　b) 或逻辑关系梯形图　c) 与或、或与逻辑关系梯形图

其逻辑设计法的设计步骤与前两种方法基本相同，都需要确定 I/O 点数和 PLC 机型，绘制状态流程图，先根据状态流程图写出每一个控制结果所对应的逻辑表达式，再编制相应的梯形图。逻辑设计法既简单、直观，又具有明确的输入、输出间的关系，使得设计过程进一步简化。但是对于较复杂的控制系统，很难用逻辑代数表达式表达出控制关系，不易使用此法。

综上所述，在进行程序设计时可用不同方法分段设计，以达到简单和快捷的目的。

8.4　PLC 在机床控制中的应用

第 3 章 Z3040 型摇臂钻床电气控制电路图如图 3-6 所示。本节介绍用 PLC 控制系统进行技术改造。下面介绍用 FX$_{2N}$ 系列 PLC 控制系统取代 Z3040 摇臂钻床电气控制系统的设计方法。

1. 分析控制对象、确定控制要求

仔细阅读、分析 Z3040 摇臂钻床的电气原理图，确定各电动机的控制要求。

1）对 M$_1$ 电动机的要求：单方向旋转，有过载保护。

2）对 M$_2$ 电动机的要求：全压正、反转控制，点动控制；起动时，先起动电动机 M$_3$，再起动电动机 M$_2$；停机时，先停止电动机 M$_2$，然后才能停止电动机 M$_3$。对电动机 M$_2$ 设有必要的互锁保护。

3）对电动机 M$_3$ 的要求：全压正、反转控制，设长期过载保护。

4）电动机 M$_4$ 容量小，由开关 SA 控制，单方向运转。

2. 确定 I/O 点数

根据图 3-6 找出 PLC 控制系统的输入、输出信号，其中共有 13 个输入信号，9 个输出信号。照明灯不通过 PLC 而由外电路直接控制，可以节约 PLC 的 I/O 端子数。考虑将来的发展需要，留一定余量，选用 FX_{2N}-32MR 可编程序控制器。将输入、输出信号进行地址分配，I/O 端子分配如表 8-1 所示。

表 8-1　I/O 端子分配表

输入信号	输入端子号	输出信号	输出端子号
摇臂下降限位行程开关 SQ_5	X0	电磁阀 YV	Y0
电动机 M_1 起动按钮 SB_1	X1	接触器 KM_1	Y1
电动机 M_1 停止按钮 SB_2	X2	接触器 KM_2	Y2
摇臂上升按钮 SB_3	X3	接触器 KM_3	Y3
摇臂下降按钮 SB_4	X4	接触器 KM_4	Y4
主轴箱松开按钮 SB_5	X5	接触器 KM_5	Y5
主轴箱夹紧按钮 SB_6	X6	指示灯 HL_1	Y10
摇臂上升限位行程开关 SQ_1	X7	指示灯 HL_2	Y11
摇臂松开行程开关 SQ_2	X10	指示灯 HL_3	Y12
摇臂自动夹紧行程开关 SQ_3	X11		
主轴箱与立柱箱夹紧松开行程 SQ_4	X12		
电动机 M_1 过载保护 FR_1	X13		
电动机 M_2 过载保护 FR_2	X14		

3. 绘制 I/O 端子接线图

根据 I/O 的分配结果绘制摇臂钻床 PLC 控制系统 I/O 端子接线图，如图 8-4 所示。在端子接线图中，热继电器和保护信号仍采用常闭触点作输入，主令电器的常闭触点可改用常开触点作输入，使编程简单。接触器和电磁阀线圈用交流 220V 电源供电，信号灯用交流 6.3V 电源供电。

4. 设计梯形图

对 Z3040 摇臂钻床梯形图的设计可参照电气控制原理图，用前面提到的翻译法进行 PLC 控制系统的改造。首先，将整个控制电路分成若干个控制环节，分别设计出梯形图。然后，根据控制要求综合在一起，最后，进行整理和修改，设计出符合控制要求的完整的梯形图。

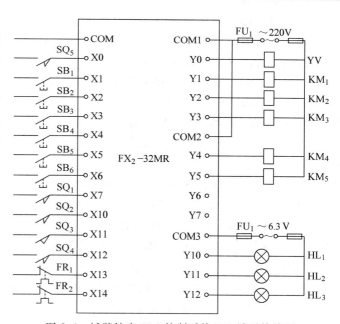

图 8-4　摇臂钻床 PLC 控制系统 I/O 端子接线图

（1）控制主轴电动机 M_1 的梯形图

在电气控制原理图中，对电动机 M_1 的控制比较简单，其梯形图如图 8-5 所示。

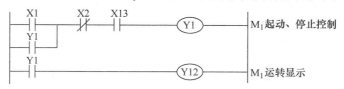

图 8-5　对电动机 M_1 的控制梯形图

(2) 控制电动机 M_2 与 M_3 的梯形图

1) 摇臂升降过程。摇臂的升降、夹紧控制与液压系统紧密配合，摇臂升降、夹紧的控制梯形图如图 8-6 所示。由上升按钮 SB_3 和下降按钮 SB_4 与正反转接触器 KM_2、KM_3 组成 M_2 电动机的正、反转电动机点动控制。摇臂升降为点动控制，且摇臂升降前必须先起动液压泵电动机 M_3，将摇臂松开，然后方能起动摇臂升降电动机 M_2。按摇臂上升按钮 SB_3（$X3 = ON$），PLC 内部继电器 M0 线圈通电，电气原理图中的时间继电器 KT 在梯形图中由定时器 T0 代替，时间继电器的瞬时动作触点 KT（13—14）由辅助继电器

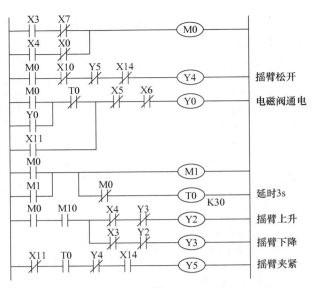

图 8-6 摇臂升降、夹紧的控制梯形图

M0 代替，使得输出继电器 Y4 和 Y0 动作，则 KM_4 和电磁阀 YV 线圈同时通电，电动机 M_3 正转将摇臂松开。松开到位压下摇臂松开的行程开关 SQ_2（X10 动作），使输出继电器 Y4 断电、Y2 动作，KM_4 断电，同时 KM_2 通电，摇臂维持松开进行上升。上升到位，松开按钮 SB_3（$X3 = OFF$），M0 线圈断电，摇臂停止上升，同时定时器 T0 线圈通电延时 $1 \sim 3s$ 触点动作，输出继电器 Y5 动作使 KM_5 线圈通电，电动机 M_3 反转，摇臂夹紧。夹紧时压下行程开关 SQ_3（X11 动作），使输出继电器 Y5 和 Y0 复位，KM_5 和电磁阀线圈断电，电动机 M_3 停转。

2) 主轴箱和立柱箱的松开与夹紧控制。主轴箱和立柱箱的松开与夹紧控制是同时进行的，其梯形图如图 8-7 所示。在电气控制线路中，由按钮 SB_5 和 SB_6 控制。按下按钮 SB_5（X5 触点动作），输出继电器 Y4 动作，使 KM_4 线圈得电，电磁阀线圈 YV 断电，电动机 M_3 正转主轴且立柱箱松开。松开同时压下行程开关 SQ_4（X12 动作），输出继电器 Y10 线圈通电，指示灯 HL_1 亮，表明已经松开。反之，当按下按钮 SB_6，使 Y5 通电、Y0 断电，KM_5 线圈得电、电磁阀 YV 仍断电，电动机 M_3 反转将主轴箱且立柱箱夹紧，同时行程开关 SQ_4 复位，输出继电器 Y11 动作，夹紧指示灯 HL_2 亮，表明夹紧动作完成。

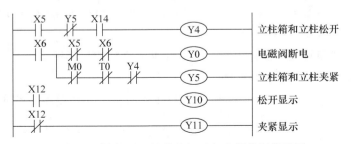

图 8-7 主轴箱和立柱箱的松开与夹紧控制梯形图

在上述梯形图的基础上，将各部分梯形图综合在一起进行整理和修改，把其中的重复项去掉，最后设计出完整的梯形图。Z3040 型摇臂钻床控制的完整梯形图如图 8-8 所示。

174

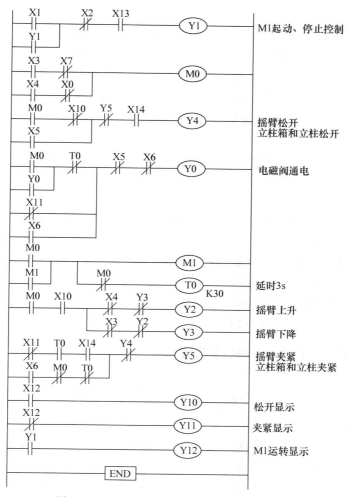

图 8-8 Z3040 型摇臂钻床控制的完整梯形图

5. 程序输入

针对设计出的梯形图，编写相应的用户程序，用编程器进行程序的调试、修改。最后，将无误的程序用编程器写入 PLC 内部的 EPROM 或 E^2PROM 芯片内，投入现场使用。请读者自行编制用户程序（指令表）。

8.5 技能训练

8.5.1 训练项目 1 自动门控制装置

1. 自动门控制装置的硬件组成

自动门控制装置由门内光电探测开关 K_1、门外光电探测开关 K_2、开门到位限位开关 K_3、关门到限位开关 K_4、开门执行机构 KM_1（使直流电动机正转）和关门执行机构 KM_2（使直流电动机反转）等部件组成。

2. 控制要求

1）当有人由内到外或由外到内通过光电检测开关 K_1 或 K_2 时，开门执行机构 KM_1 动作，电动机正转，到达开门限位开关 K_3 位置时，电动机停止运行。

2）自动门在开门位置停留 8s 后，自动进入关门过程，关门执行机构 KM_2 被起动，电动机反转，当门移动到关门限位开关 K_4 位置时，电动机停止运行。

3）在关门过程中，当有人员由外到内或由内到外通过光电检测开关 K_2 或 K_1 时，应立即停止关门，并自动进入开门程序。

4）在门打开后的 8s 等待时间内，若有人员由外至内或由内至外通过光电检测开关 K_2 或 K_1 时，必须重新开始等待 8s 后，再自动进入关门过程，以保证人员安全通过。

3. 实训任务及要求

1）确定输入/输出设备，选择 PLC；分析确定系统方案，并画出设计合理的 PLC 控制系统。

2）绘制 PLC 外部接线图（含主电路、外部控制电路、I/O 接线图等）。

3）编制 PLC 梯形图程序并调试。

4）绘制电气接线图，接线并调试。

5）整理技术资料，编写使用说明书。

8.5.2 训练项目 2 汽车自动清洗装置

1. 控制要求

汽车自动清洗装置的工作流程图如图 8-9 所示。

2. 实训任务及要求

1）确定输入/输出设备，选择 PLC；分析确定系统方案，并画出设计合理的 PLC 控制系统。

2）绘制 PLC I/O 接线图。

3）编制 PLC 梯形图程序并调试。

4）绘制电气接线图，接线并调试。

5）整理技术资料，编写使用说明书。

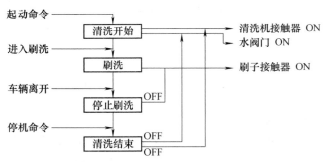

图 8-9　汽车自动清洗装置的工作流程图

8.6　小结

本章主要介绍 PLC 控制系统的设计步骤、内容和方法，包括硬件和软件设计两方面。

1）硬件设计主要指 PLC 控制系统 I/O 点数的确定、PLC 机型的选择、特殊模块的选用、CPU 内存量计算及 PLC 外围设备的确定等几方面。其中，I/O 点数的确定和 PLC 机型的选择是进行 PLC 控制系统设计的第一步。

2）常用的软件设计方法为翻译法、功能图法和逻辑设计法。

3）按照 PLC 控制系统设计的方法与步骤举例介绍 PLC 在不同控制系统中的应用。

8.7 习题

1. 用 PLC 实现下述控制要求，分别编出梯形图程序。

1) 起动时，电动机 M_1 起动后 M_2 才能起动；停止时，M_2 停止后 M_1 才能停止。

2) 电动机 M_1 先起动后，M_2 才能起动，M_2 能单独停车。

3) 电动机 M_1 起动后，M_2 才能起动，M_2 并能点动。

4) 电动机 M_1 先起动后，经 1min 延时后电动机 M_2 能自行起动。

5) 电动机 M_1 先起动后，经 30s 延时后 M_2 能自行起动，在 M_2 起动后 M_1 立即停止。

2. 电动葫芦起升机构的动负荷试验，控制要求如下：

可手动上升、下降。

自动运行时，上升 6s→停 9s→下降 6s→停 9s，反复运行 1h，然后发出声光信号，停止运行。

要求用可编程序控制器实现上述控制要求并画出梯形图。

3. 图 8-10 所示电路，为了限制绕线式异步电动机的起动电流，在转子电路中串入电阻。起动时接触器 KM_1 合上，串入整个电阻 R_1。启动 2s 后 KM_4 接通，切断转子回路的一段电阻，剩下 R_2。经过 1s，KM_3 接通，电阻改为 R_3。再经过 0.5s，KM_2 也合上，转子外接电阻全部切除，起动完毕。用可编程序控制器实现控制，并编出梯形图程序。

4. 某一冷加工自动线有一个钻孔动力头，该动力头的加工过程如图 8-11 所示。具体分析如下：

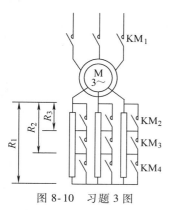

图 8-10 习题 3 图

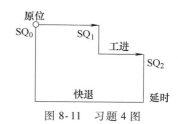

图 8-11 习题 4 图

动力头在原位，并加起动信号时，接通电磁阀 YV1，动力头快进。

动力头碰到限位开关 SQ_1 后，接通电磁阀 YV1 和 YV2，动力头由快进转为工进。

动力头碰到限位开关 SQ_2 后，开始延时 10s。

延时时间到，接通电磁阀 YV3，动力头快退。

快退至原位碰到 SQ_0 后，动力头停止。

5. 液压动力滑台是完成进给运动的部件，图 8-12 为其二次工进的工作示意图，图 8-12a 所示是工艺流程图，图 8-12b 所示是工作循环图。请设计既能单周工作又能自动循环的可编程序控制器的控制程序。

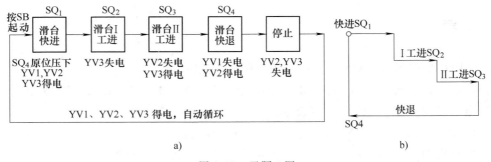

图 8-12　习题 5 图

a）工艺流程图　b）工作循环图

第 9 章　FX-20P-E 编程器的使用

　　程序的输入、调试及监控既可以在编程软件的支持下，在计算机的 Windows 平台上进行，也可以采用便携式简易编程器实现。

　　编程器是 PLC 的重要外部设备，主要用于实现人机对话，进行程序的输入、编辑和功能开发，还可以用来监视 PLC 的工作状态。手持式编程器具有体积小、重量轻和价格低等特点，广泛用于小型 PLC 的用户程序编制、现场调试和监控。

9.1　FX-20P-E 编程器概述

9.1.1　编程器的组成

　　FX 系列 PLC 的 FX-20P-E 便携式编程器如图 9-1 所示，适用于 FX 系列 PLC，也可以通过转换器 FX-20P-E-FKIT 用于早期的 F 系列 PLC。编程器主要包括以下几个部分。

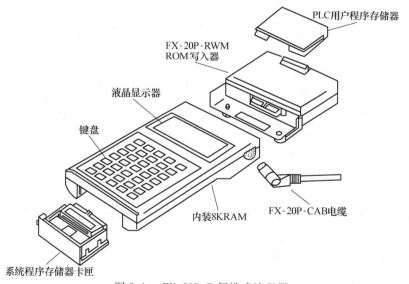

图 9-1　FX-20P-E 便携式编程器

　　（1）FX-20P-E 型手持式编程器

FX-20P-E 型手持式编程器（Handy Programming Panel）简称为 HPP。

　　（2）FX-20P-RWM 型写入器

编程器顶部有一个插座，可以连接到 FX-20P-RWM 型的 ROM 写入器。

　　（3）FX-20P-CAB 型电缆

编程器右侧面上方有一个插座，将 FX-20P-CAB 电缆或 FX-20P-CABO 电缆（适用于

FXO）的一端插入该插座内，电缆另一端插入 FX 系列 PLC 的 RS-422 插座内与 PLC 连接。

（4）FX-20P-ADP 型电源适配器

在编程器与 PLC 不相连的情况下，可使用 FX-20P-ADP 型电源适配器对编程器供电，以编制用户程序。另外，通过该适配器还能将编程器与计算机相连接。

（5）FX-20P-E-FKIT 型接口

使用 FX-20P-E-FKIT 型接口可以使该编程器对 F1 和 F2 系列 PLC 编程。

9.1.2　编程器的操作面板

HPP 的操作面板如图 9-2 所示。面板上方是一个 16 字符×4 行的液晶显示屏，面板下方为 7×5 键盘。最上面一行和最右边一列为 11 个功能键，其余的 24 个键为指令键和数字键。现就键盘上的各键的作用说明如下。

（1）功能键

功能键代表编程器工作方式，共有 3 个键 6 种工作方式，分别为〈RD/WR〉键，读出/写入；〈INS/DEL〉键，插入/删除；〈MNT/TEST〉键，监视/测试。功能键均为双重键交替起作用，按一次选择第一功能键，再按一次选择第二功能键，再按一次，又回到第一功能键。

功能键在显示屏上显示的工作方式分别以功能的第一个字母表示。

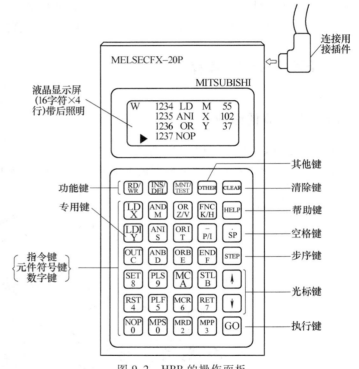

图 9-2　HPP 的操作面板

（2）其他键〈OTHER〉

无论何时按下此键，编程器均立即转入 7 种工作方式选择，显示方式项目单（菜单）。

（3）清除键〈CLEAR〉

在按下〈GO〉键之前（即确认前）按此键，可以清除键入的数据，返回到上一个屏幕。该键也可用于清除显示屏幕上的错误信息。

（4）帮助键〈HELP〉

按下〈FNC〉键后按〈HELP〉键，屏幕上显示应用指令菜单，再按下相应的数字键，就会显示出该类指令的全部指令名称。在监视功能下按下此键，可以进行十进制和十六进制之间的转换。

（5）空格键〈SP〉

在输入时，用此键指定元件号和常数。

（6）步序键〈STEP〉

用此键设置程序的步序号（地址号）。

（7）光标键〈↑〉〈↓〉

用此键移动光标和提示符，进行行滚动。

（8）执行键（或确认键）〈GO〉

此键用于指令的确认、执行，显示后面的画面（滚动）和再检索。

（9）指令、元件符号、数字键

这组键均为复用键，有两种功能，键上部为指令，下部为元件符号或数字。何种功能有效，由当前操作状态下的功能自动定义。〈Z/V〉〈K/H〉〈P/I〉键交替起作用。

HPP 液晶显示屏能同时显示 4 行，每行 16 个字符，在编程操作时，HPP 液晶显示屏上显示的内容如图 9-3 所示。显示屏左上角的黑三角提示符是功能方式说明，共有以下几种提示符。

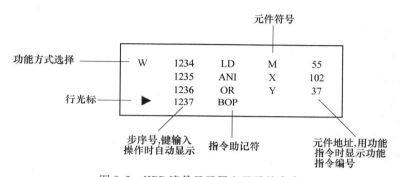

图 9-3　HPP 液晶显示屏上显示的内容

R（READ）：表示从用户程序存储器中读出程序。

W（WRITE）：表示用编程器写用户程序，并将程序装入 PLC 的用户程序存储器中去（在线工作方式）或装入编程器的 RAM 中（离线工作方式）。

I（INSERT）：表示将编制的程序插入光标"▶"所指的指令之前，并将程序装入 PLC 的用户程序存储器中。

D（DELETE）：表示删除光标"▶"所指的语句步。

M（MONITOR）：表示编程器处于监视工作状态，可以监视位编程元件的 ON/OFF 状态、字编程元件内的数据，并对基本逻辑指令的通断状态进行监视。

T（TEST）：表示编程器处于测试工作状态，可以对位编程元件的状态以及定时器和计数器的线圈强制 ON 或强制 OFF，也可以对字编程元件内的数据进行修改。

9.2　编程器的使用

FX-20P-E 编程器的编程方式可分为联机（在线）编程和脱机（离线）编程两种。

1）联机方式。联机方式是编程器对 PLC 用户程序存储器进行直接操作、存取的方式。在写入程序时，若 PLC 内未装 E^2PROM 存储器，则程序写入 PLC 内部 RAM 中；若 PLC 内装有 E^2PROM 存储器，则程序写入该存储器中。

2）脱机方式。脱机方式是对编程器内部存储器进行存取的方式。先将编制的程序写入编程器内部的 RAM 中，再成批地传送到 PLC 地存储器中，也可以在编程器和 ROM 写入器之间进行程序传送。

9.2.1　编程器的操作准备

在进行编程之前，打开 PLC 主机上部连接 HPP 用的插座盖板，用 FX-20P-CAB 电缆把 HPP 和 PLC 主机连接，接通 PLC 电源。HPP 本身不带电，通过电缆由 PLC 供电。接通 PLC 的电源之后，在 HPP 显示屏上就会显示出如图 9-4 的第一个方框所示的画面。显示 2s 后转入下一个画面，画面中闪烁的符号"■"指示编程器目前所处的编程方式。根据光标的指示选择联机方式（在线 ONLINE）或脱机（离线 OFFLINE）方式，然后再按〈GO〉键，就进入所选定的编程方式。

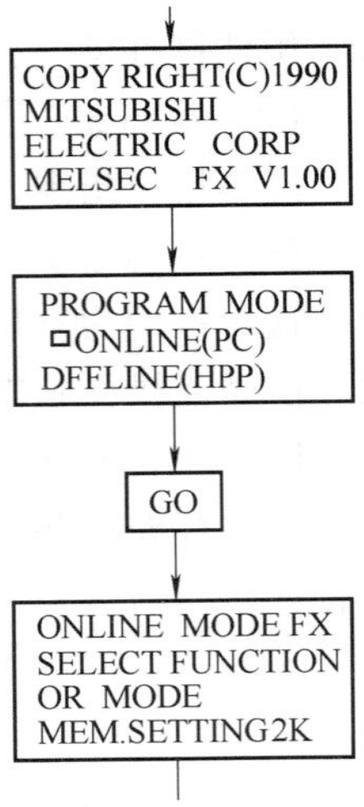

```
COPY RIGHT(C)1990
MITSUBISHI
ELECTRIC  CORP
MELSEC  FX V1.00
```

```
PROGRAM MODE
□ONLINE(PC)
DFFLINE(HPP)
```

```
GO
```

```
ONLINE  MODE FX
SELECT FUNCTION
OR MODE
MEM.SETTING2K
```

图 9-4　编程方式选择

9.2.2　在线编程方式

在线（ONLINE）编程方式下，通过编程器可以直接对 PLC 的用户程序存储器进行读/写操作。在线编程有 7 种工作方式可选择。

按下〈OTHER〉键，进入工作方式选择操作。此时显示内容如图 9-5 所示。

闪烁符号"■"表示编程器所选的工作方式，按〈↑〉或〈↓〉键，"■"会向上或向下移动，移动到所需要的位置上，按〈GO〉键，就进入所选定的工作方式。在线编程方式下，可供选择的工作方式如下。

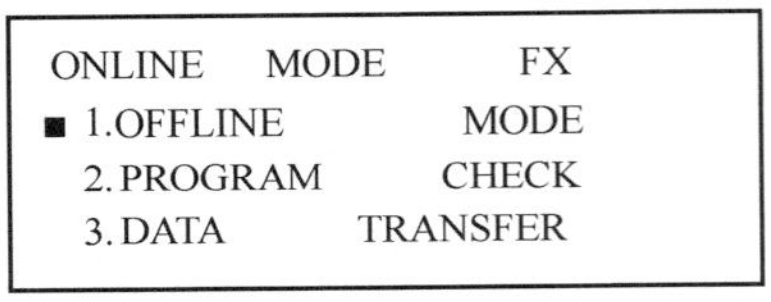

```
ONLINE    MODE    FX
■ 1.OFFLINE          MODE
 2.PROGRAM    CHECK
 3.DATA      TRANSFER
```

图 9-5　进入工作方式选择操作

1）OFFLINE MODE：编程器进入离线编程方式。

2）PROGRAM CHECK：对用户程序进行检查，若没有错误，则屏幕显示"NO ERROR"；若发现程序有错，则显示出错的语句步序及相应的出错代码。

3）DATA TRANSFER：若 PLC 内没安装其他的存储器卡匣，则屏墓上显示"NO MEM CASSETTE"，不进行程序的传送；若 PLC 内装有其他的存储器卡匣，则根据所安装的存储器种类，在 PLC 的 RAM 和外装的存储器之间进行程序和数据的传送。

4）PARAMETER：可以对 PLC 的用户程序存储器进行设置，还可以对 PLC 的各种具有失电保持的软设备的范围以及文件寄存器的数量进行设置。

5）YM. NO. CONV.：可以直接对用户程序中的 X、Y、或 M 的地址进行修改，包括 END 指令后面程序中的上述位软设备。

6）BUZZER LEVEL：对编程器的蜂鸣器的音量进行调节。

7）LATCH CLEAR：对 PLC 的各种具有失电保持的软设备进行复位。

9.2.3　对用户程序初始化

若需要将用户程序存储器的所有内容全部清除或将部分范围内的内容清除，则应按下述步骤进行操作。

首先，将 PLC 主机的状态开关扳向 STOP。

（1）全部清除

按〈RD/WR〉键，使编程器处在 W 工作方式下，然后依次按下〈NOP〉 〈A〉和〈GO〉键，全部清除屏幕上显示的内容如图 9-6 所示。再按下〈GO〉键，则将 PLC 用户程序存储器的全部存储单元置为 NOP，实现全部清除。全部清除的操作步骤如图 9-7 所示。

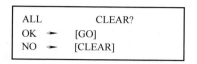

图 9-6　全部清除屏幕上显示的内容

图 9-7　全部清除的操作步骤

（2）部分清除

在指定范围内进行部分清除。先按〈RD/WR〉键，使编程器处在 W 工作方式下，然后将光标移动到指定起始步序号上，再依次按下〈NOP〉〈K〉和〈指定终止步序号〉键，最后按下〈GO〉键，就将该区间的语句清除。部分清除的操作步骤如图 9-8 所示。

图 9-8　部分清除的操作步骤

9.2.4　编程操作

编程器的编程操作主要有读出（R）、写入（W）、插入（I）、删除（D）、监视（M）和测试（I）这 6 项功能。不管是联机方式还是脱机方式，基本编程的操作都是相同的。

1. 读出程序

从 PLC 的内存中读出程序。读出方式有根据步序号、指令、元件和指针等 4 种。在联机方式下，PLC 处于运行状态，需读出指令时，只能根据步序号读出；只有在 PLC 处于停止状态时，才可以根据步序号、指令、元件和指针读出。在脱机方式中，无论 PLC 处于何种状态，均可读出这 4 种方式。

（1）根据步序号读出

指定步序号，从 PLC 用户程序存储器中读出指令并显示程序。根据步序号读出的基本操作如图 9-9 所示。

图 9-9　根据步序号读出的基本操作

【例 9-1】　要读出步序号为 25 的程序，其键操作步骤如图 9-10 所示。

① 按〈RD/WR〉键，选择"R"（读出），按〈STEP〉键，键入指定的步序号。

② 按〈GO〉键，执行读出。

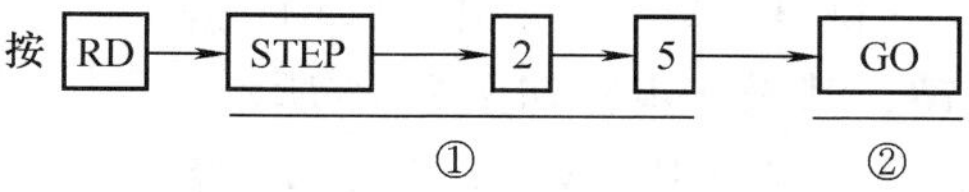

（2）根据指令读出

按 RD → STEP → 2 → 5 → GO
　　　　　　　①　　　　　②

图 9-10　例 9-1 图

指定指令，从 PLC 用户程序存储器中读出并显示程序（PLC 处于 STOP 状态）。根据指令读出的基本操作如图 9-11 所示。

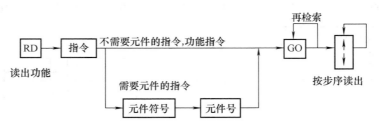

图 9-11 根据指令读出的基本操作

【例 9-2】 要读出指令 "PLS M125"，其键操作步骤如图 9-12 所示。

① 按〈RD/WR〉键，选择 "R"（读出），键入要读出的指令。

② 按〈GO〉键，执行读出。

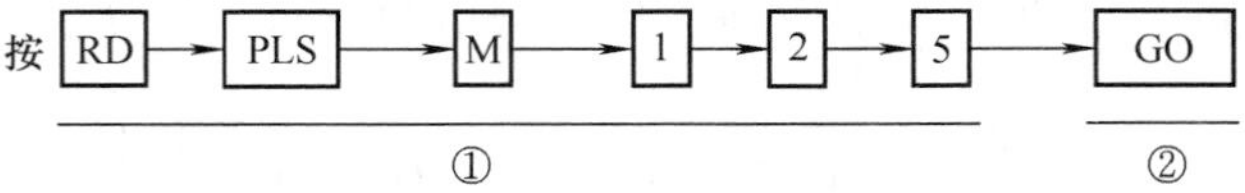

（3）根据指针读出

图 9-12 例 9-2 图

指定指针，从 PLC 用户程序存储器中读出并显示程序（PLC 处于 STOP 状态）。根据指针读出的基本操作如图 9-13 所示。

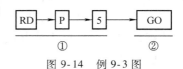

图 9-13 根据指针读出的基本操作

【例 9-3】 要读出指针号为 5 的标号，其键操作步骤如图 9-14 所示。

① 按〈RD/WR〉键，选择 "R"（读出），键入要读出的指针标号。

② 按〈GO〉键，执行读出。

（4）根据元件读出

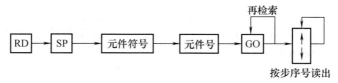

图 9-14 例 9-3 图

指定元件和元件号，从 PLC 用户程序存储器中读出并显示程序（PLC 处于 STOP 状态）。根据元件读出的基本操作如图 9-15 所示。

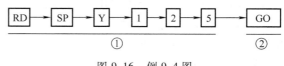

图 9-15 根据元件读出的基本操作

【例 9-4】 要读出 Y125 的指令键，其操作步骤如图 9-16 所示。

① 按〈RD/WR〉键，选择 "R"（读出），按〈SP〉键，并键

图 9-16 例 9-4 图

184

入指定的元件符号和元件号。

② 按〈GO〉键，执行读出。

2. 程序写入

写入操作能进行基本指令、功能指令、元件、标号等输入。

（1）基本指令的写入

基本指令有如下 3 种形式：一是仅有指令助记符，不带元件号；二是有指令助记符和一个元件号；三是有指令助记符和两个元件号。这 3 种基本指令的写入操作如图 9-17 所示。

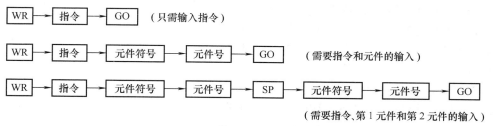

图 9-17　3 种基本指令的写入操作

【例 9-5】　图 9-18 所示为基本程序写入到 PLC 的操作举例，其键操作步骤如图 9-19 所示。

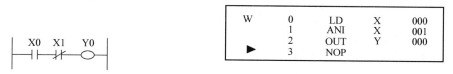

图 9-18　例 9-5 图 1——基本程序写入 PLC 的操作举例

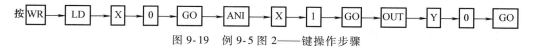

图 9-19　例 9-5 图 2——键操作步骤

【例 9-6】　输入 "OUT T9 K100" 的操作步骤如图 9-20 所示。

图 9-20　例 9-6 图 1——输入 "OUT T9 K100" 的操作步骤

① 按〈RD/WR〉键，选择 "W"（写入）功能。
② 键入指令及第 1 元件符号、元件号。
③ 按〈SP〉键，键入第 2 元件符号、元件号。
④ 按〈GO〉键，指令写入完成。

在指令输入过程中，若要修改，则可按照图 9-21 所示的基本操作进行。

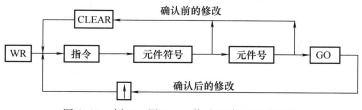

图 9-21　例 9-6 图 2——修改程序的基本操作

185

在指令输入过程中，如需对当前的输入进行修改，可在［GO］之前按<CLEAR>键。例如，输入指令"OUT T9 K100"时，在确认前（按［GO］键前），欲将"K100"改为"D9"，其操作步骤如图 9-22 所示。

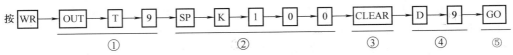

图 9-22　例 9-6 图 3——在按〈GO〉键前，欲将"K100"改为"D9"的操作步骤

① 键入指令及第 1 元件符号、元件号。
② 按〈SP〉键，键入第 2 元件符号、元件号。
③ 为取消第 2 元件，按 1 次〈CLEAR〉键。
④ 键入修改后的第 2 元件。
⑤ 按〈GO〉键，进行确认。

在按〈GO〉键后，若进行上述的修改，则其键操作步骤如图 9-23 所示。

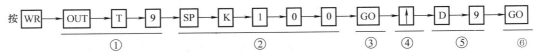

图 9-23　例 9-6 图 4——在按〈GO〉键后进行修改的键操作步骤

① 键入指令及第 1 元件符号、元件号。
② 按〈SP〉键，键入第 2 元件符号、元件号。
③ 按〈GO〉键，指令写入完毕。
④ 将行光标移到 K100 的位置上。
⑤ 键入修改后的第 2 元件。
⑥ 按〈GO〉键，进行确认。

（2）功能指令的输入

写入功能指令时，首先按〈FNC〉键，再输入功能指令号，不像输入基本指令那样直接使用元件符号键。

输入功能指令号有两种方法：一是直接输入指令号；二是借助于〈HELP〉键的功能，在所显示的指令一览表上检索指令号后再按需要输入。功能指令写入的基本操作如图 9-24 所示。

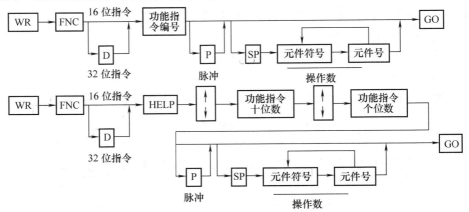

图 9-24　功能指令写入的基本操作

186

【例9-7】　输入功能指令"（D）MOV（P）D0D4"，其键操作步骤如图9-25所示。

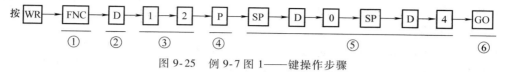

图9-25　例9-7图1——键操作步骤

① 在写入功能下按〈FNC〉键，选择功能指令。

② 在指定32位指令时，键入指令号之前或之后，按〈D〉键。

③ 键入指令号，MOV指令的功能指令编号为12（若不能确定指令号，可借助于〈HELP〉键，检索后继续输入）。

④ 在指定脉冲指令时，键入指令号后按〈P〉键。

⑤ 在写入元件时，按〈SP〉键后，依次键入元件的符号和编号。

W	D	MOV	P	12
		D		0
▶		D		4
		NOP		

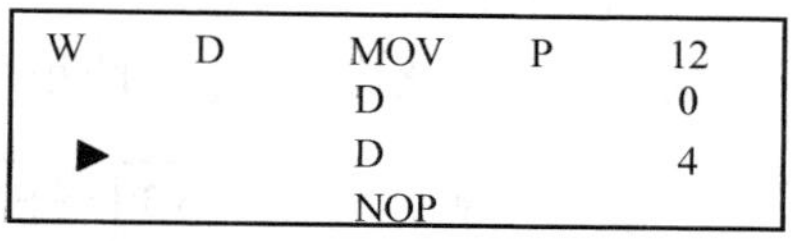

图9-26　例9-7图2——显示屏的显示

⑥ 按〈GO〉键，指令写入完成。

上述操作完成后，显示屏的显示如图9-26所示。

【例9-8】　图9-27所示为BIN指令梯形图及写入时的显示内容。写入功能指令BIN，其键操作步骤如图9-28所示。

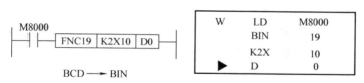

图9-27　例9-8图1——BIN指令梯形图及写入时的显示内容

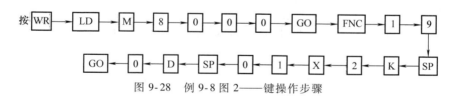

图9-28　例9-8图2——键操作步骤

（3）元件的输入

在基本指令和功能指令的输入中，往往要涉及元件的输入。下面用一个实例说明元件输入的方法。

【例9-9】　输入"MOV K1 X10Z D1"，其键操作的步骤如图9-29所示。

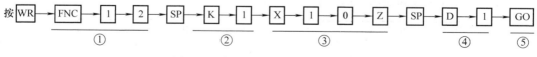

图9-29　例9-9图——键操作的步骤

① 输入功能指令号。

② 进行位置指定。K1表示4个二进制位，K1~K4用于16位指令，K1~K8用于32位指令。

③ 键入第1元件符号和第1元件号，变址寄存器Z、V附加在元件号上一起使用。

187

④ 键入第 2 元件符号和第 2 元件号。

⑤ 按〈GO〉键，指令写入完成。

（4）标号的输入

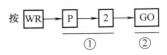

图 9-30　标号的输入
操作的一般步骤

在程序中 P（指针）、I（中断指针）作为标号使用时，其输入方法与指令相同。其操作的一般步骤如图 9-30 所示。

① 按〈P〉键（指针）或〈I〉键（中断指针），键入标号。

② 按〈GO〉键，完成输入指针或中断指针操作。

（5）程序的改写

在指定的步序上改写指令。

【例 9-10】　将第 10 步上的指令改写成"OUT T0 K15"，其键操作步骤如图 9-31 所示。

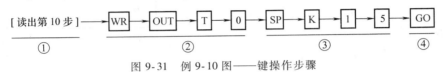

图 9-31　例 9-10 图——键操作步骤

① 根据步序号读出程序。

② 按〈WR〉键后，依次键入指令、元件符号及元件号。

③ 按〈SP〉键，键入第 2 元件符号和第 2 元件号。

④ 按〈GO〉键，完成程序改写操作。

如需要改写读出步数中的某些内容，只要将光标直接移到需要改写的地方重新键入新的内容即可。

【例 9-11】　将第 100 步的 MOV（P）指令的元件 K2X1 改写为 K1X0，其键操作步骤如图 9-32 所示。

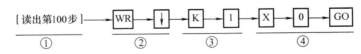

图 9-32　例 9-11 图 1——键操作步骤

① 根据步序号读出程序。

② 按〈WR〉键后，将行光标移动到要改写的元件位置上。

③ 按〈K〉键，键入数值。

④ 键入元件符号和元件号，再按〈GO〉键，完成元件改写操作。

改写操作过程中液晶显示屏的显示如图 9-33 所示。

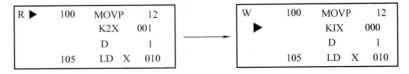

图 9-33　例 9-11 图 2 改写操作过程中液晶显示屏的显示

（6）NOP 的成批输入

在指定范围内，将"NOP"成批写入，其基本操作如图 9-34 所示。

188

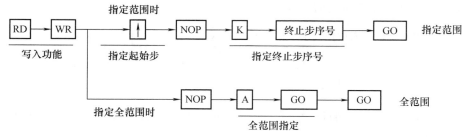

图 9-34　将 NOP 成批写入的基本操作

【例 9-12】　在 101 步到 125 步范围内成批写入 NOP，其操作步骤如图 9-35 所示。

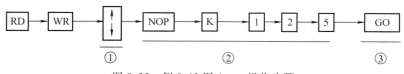

图 9-35　例 9-12 图 1——操作步骤

① 在 "W" 状态下，将光标移到起始步。
② 依次键入〈NOP〉〈K〉键，再键入终止步序号。
③ 按〈GO〉键，则在指定范围内成批写入 NOP。
成批写入的 NOP 显示如图 9-36 所示。

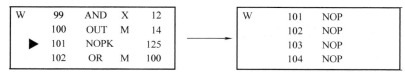

图 9-36　例 9-12 图 2 成批写入的 NOP 显示

注意：写入 "NOP" 后，原步序号处的程序被删除。全部写入 "NOP" 意味着所有程序都被删除。

3. 插入程序

插入程序的操作是先根据步序号读出指令，然后在指定的位置上插入指令或指针，插入指令的基本操作如图 9-37 所示。

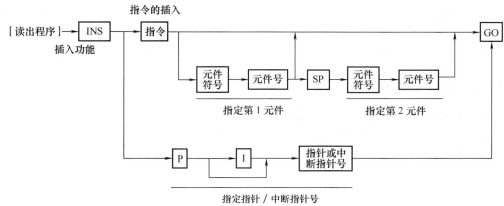

图 9-37　插入指令的基本操作

189

【例 9-13】 在第 100 步之前插入 "ANI M125" 的键操作如图 9-38 所示。

图 9-38 例 9-13 图——插入 "ANI M125" 的键操作

① 根据步序号读出相应的程序，按〈INS〉键，在行光标指定的步序号处进行插入。无步序号的行不能插入。

② 键入指令、元件符号和元件号（或指针符号和指针号）。

③ 按〈GO〉键就可以把指令或指针插入。

4. 删除程序

可将删除程序分为逐条删除、指定范围删除和 NOP 的成批删除。

（1）逐条删除

读出程序后，逐条删除用光标指定的指令或指针，逐条删除的基本操作如图 9-39 所示。

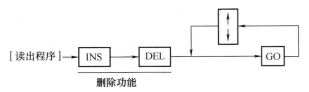

图 9-39 逐条删除的基本操作

【例 9-14】 要删除第 100 步 "AND" 指令，删除指令的键操作如图 9-40 所示。

① 根据步序号读出相应的程序，按〈INS〉键和〈DEL〉键。

② 按〈GO〉键，删除操作完成，该程序步以后的步序号自动减 1。

（2）指定范围的删除

从指定的起始步序号到终止步序号之间的程序成批删除。指定范围删除的基本操作如图 9-41 所示。

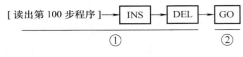

图 9-40 例 9-14 图——删除指令的键操作

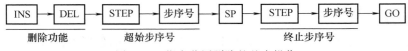

图 9-41 指定范围删除的基本操作

（3）NOP 的成批删除

将程序中所有的 "NOP" 都删除掉。NOP 成批删除的基本键操作如图 9-42 所示。

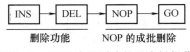

图 9-42 NOP 成批删除的基本键操作

9.2.5 监视/测试操作

监视功能是通过编程器的显示屏监视和确认在联机方式下 PLC 的动作和控制状态。它包括元件的监视、导通检查和动作状态的监视等内容。

测试功能主要是指编程器对 PLC 元件的触点和线圈进行控制以及对参数的修改。这里包括强制置位/复位，修改 T、C、D、Z 和 V 的当前值，T、C 的设定值，文件寄存器的写入等内容。

监视/测试的基本操作如图 9-43 所示。

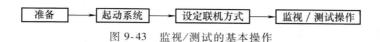

图 9-43　监视/测试的基本操作

1. 元件监视

元件监视是指监视指定元件的 ON/OFF 状态、设定值及当前值。元件监视的基本操作如图 9-44 所示。

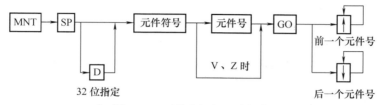

图 9-44　元件监视的基本操作

【例 9-15】　要监视 X0 及其以后的元件的键操作和显示，如图 9-45 所示。

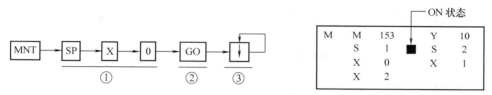

图 9-45　例 9-15 图——监视 X0 及其以后的元件的键操作及显示

① 按〈MNT〉键，再按〈SP〉键，键入元件符号及元件号。

② 按〈GO〉键，有■标记的元件为 ON 状态，否则为 OFF 状态。

③ 通过按〈↑〉〈↓〉键可以监视前后元件的 ON/OFF 状态。

对于定时器、计数器，可以监视其当前值和设定值，并通过有无■标记监视其输出触点的 ON/OFF 状态。

【例 9-16】　监视 T100 和 C99。其操作和显示如图 9-46 所示。

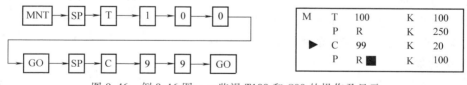

图 9-46　例 9-16 图——监视 T100 和 C99 的操作及显示

对于屏幕上的显示，图中第 3 行末尾显示的数据 K20 是 C99 的当前计数值，第 4 行末尾显示的数据 K100 是 C99 的设定值。第 4 行中的字母"P"表示 C99 输出触点的状态，当其右侧显示"■"时，表示其常开触点闭合；反之则表示其常开触点断开。第 4 行中的字母"R"表示 C99 复位电路的状态，当其右侧显示"■"时，表示其复位电路闭合，复位为 ON 状态；反之则表示其复位电路断开，复位为 OFF 状态。

2. 导通检查

根据步序号或指令读出程序，监视元件线圈的动作及触点的导通。监视及导通检查的基本操作如图 9-47 所示。

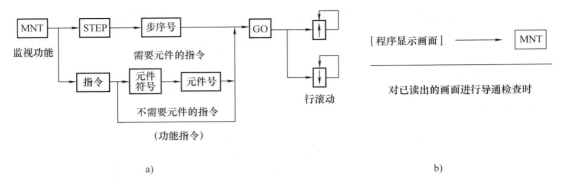

a) b)

图 9-47　监视及导通检查的基本操作

a）监视操作　b）导通检查

【例 9-17】　要读出第 126 步指令，进行导通检查时其操作步骤和显示如图 9-48 所示。

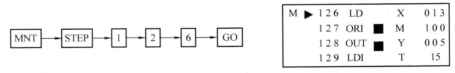

```
M ▶ 1 2 6   LD    X    0 1 3
    1 2 7   ORI ■  M    1 0 0
    1 2 8   OUT ■  Y    0 0 5
    1 2 9   LDI    T      1 5
```

图 9-48　例 9-17 图——导通检查的操作步骤和显示

① 按〈MNT/TEST〉键，选择"M"状态。

② 按〈STEP〉键，输入步序号。

③ 按〈GO〉键，进行导通检查。有■标记的元件为 ON 状态，否则为 OFF 状态。

④ 通过按〈↑〉〈↓〉键，可以滚动检查前后步序号对应程序中元件的 ON/OFF 状态。

对于屏幕上显示的内容，只要根据各行是否显示"■"，就可以知道触点和线圈的状态。但是对定时器和计数器来说，若 OUT T 或 OUT C 指令所在行显示"■"，则仅表示定时器或计数器分别处于定时或计数工作状态（其线圈"通电"），而并不表示其输出常开触点接通。

3．动作状态的监视

利用步进指令，监视 S 的状态（状态号从小到大，最多为 8 点），监视 S 状态的操作如图 9-49 所示。

图 9-49　监视 S 状态的操作

4．测试功能

（1）强制 ON/OFF

进行元件强制 ON/OFF 的监视，先进行元件监视，而后转入测试功能的操作。强制 ON/OFF 的基本操作如图 9-50 所示。

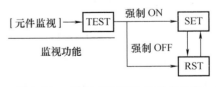

图 9-50　强制 ON/OFF 的基本操作

① 按〈MNT/TEST〉键，选择"M"状态。

② 按〈SP〉键，键入元件符号、元件号。

③ 按〈GO〉键，使元件处于监视状态。

④ 再按一次〈MNT/TEST〉键，选择"T"状态。

⑤ 按〈SET〉键，元件被强制 ON，按〈RST〉键，元件被强制 OFF。

【例9-18】 对 Y10 进行强制 ON/OFF 的键操作如图 9-51 所示。

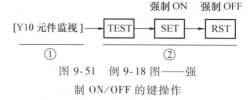

图 9-51 例 9-18 图——强制 ON/OFF 的键操作

① 利用监视功能，对 Y10 元件进行监视。

② 按〈TEST〉（测试）键后，若元件 Y10 为 OFF 状态，则按〈SET〉键，强制其处于 ON 状态；若元件 Y10 为 ON 状态，则按〈RST〉键，强制其处于 OFF 状态。强制 ON/OFF 操作只在一个运算周期内有效。

（2）修改 T、C、D、Z、V 的当前值

先进行元件监视，然后进入测试功能，修改 T、C、D、Z、V 当前值的基本操作如图 9-52 所示。

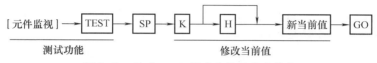

图 9-52 修改 T、C 等当前值的基本操作

【例9-19】 将 32 位计数器的设定值寄存器（D1、D0）的当前值 K125 修改为 K11，其键操作步骤如图 9-53 所示。

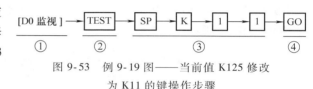

图 9-53 例 9-19 图——当前值 K125 修改为 K11 的键操作步骤

① 对 D0 进行监视。

② 按〈MNT/TEST〉键，选择"T"状态。

③ 按〈SP〉键，键入要修改的数值。

④ 按〈GO〉键修改完成。

（3）修改 T、C 的设定值

元件监视或导通检查后，转到测试功能，则可修改 T、C 的设定值。其基本操作如图 9-54 所示。

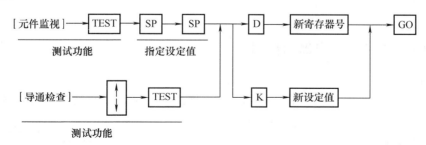

图 9-54 修改 T、C 设定值的基本操作

【例9-20】 将 T5 的设定值 K125 修改为 K100，其键操作步骤如图 9-55 所示。

① 利用监视功能对 T5 进行监视。

② 按〈TEST〉键后，按一下〈SP〉键，提示符出现在当前值的显示位置上。

③ 再按一次〈SP〉键，提示符被移到设定值的显示位置上。

④ 键入新的设定值，按〈GO〉键，完成设定值修改操作。

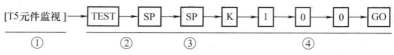

图 9-55　例 9-20 图——设定值 K125 修改为 K100 的键操作步骤

【例 9-21】　若将 T10 的设定值 D125 修改为 D234，则其键操作步骤如图 9-56 所示。

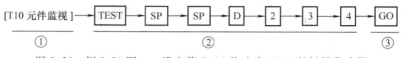

图 9-56　例 9-21 图——设定值 D125 修改为 D234 的键操作步骤

① 利用监视功能对 T10 进行监视。

② 按〈TEST〉键后，再按两次〈SP〉键，将提示符移动到设定值数据寄存器地址号的位置上，键入变更的数据寄存器地址号。

③ 再按一次〈SP〉键，提示符被移动到设定值的显示位置上。

④ 按〈GO〉键，变更完毕。

【例 9-22】　若将第 125 步的"OUT T50"指令的设定值 K255 变更为 K123，则其键操作步骤如图 9-57 所示。

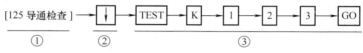

图 9-57　例 9-22 图——设定值 K255 变更为 K123 的键操作步骤

① 利用监视功能，将第 125 步的"OUT T50"的元件显示在导通检查画面上。

② 将行光标移到设定值所在行。

③ 按〈TEST〉键后，键入新的设定值，再按〈GO〉键，修改变更完毕。

9.3　技能训练

9.3.1　训练项目 1　编程器的使用 1

1. 目的

通过对一些简单程序的写入、修改和执行，熟悉 PLC 编程器各键盘的作用和操作方法，掌握编程元件和基本逻辑指令应用和编辑程序的方法。

2. 仪器与器件

1）可编程序控制器（FX2N 系列）一台。

2）FX-20P-E 或 FX-10P-E 手持式编程器一台。

3）开关量输入电路板一块。

4）编程器与 PLC 的通信电缆（FX-20P-CAB）一根。

5）实训用的若干导线若干。

开关量输入电路板上的小开关用来模拟实际的开关量

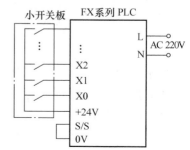

图 9-58　PLC 外部接线图

输入信号，PLC 的外部接线如图 9-58 所示。应注意当进行模拟按钮的操作时，在将开关扳倒 ON 位置后，应马上扳回 OFF 位置。

3. 训练内容

1）编程器的使用方法见 9.2 节，参照前面介绍的操作步骤，清除手持编程器程序内存中的内容。

2）程序输入操作。将编程器置于写入工作方式，输入如图 9-59 所示的程序。

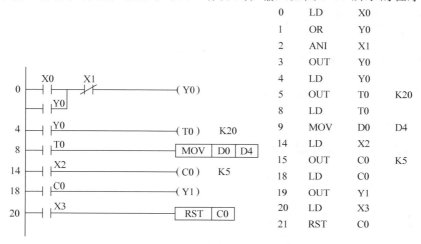

0	LD	X0	
1	OR	Y0	
2	ANI	X1	
3	OUT	Y0	
4	LD	Y0	
5	OUT	T0	K20
8	LD	T0	
9	MOV	D0	D4
14	LD	X2	
15	OUT	C0	K5
18	LD	C0	
19	OUT	Y1	
20	LD	X3	
21	RST	C0	

图 9-59 训练项目一的梯形图

这段程序的功能是：当 X0 为 ON 而 X1 为 OFF 时 Y0 接通，并启动 T0 定时器；当 Y0 为 ON 2s 后（T0 为 ON），通过传送指令将数据寄存器 D0 中的内容传送到寄存器 D4 中去。并当 X2 开关断/通一次，计数器当前值加 1，当 X2 开关断/通 5 次，计数器的值为 5，Y1 接通。当 X1 为 ON 时，C0 复位。

3）程序的读出与编辑。运用前面介绍的程序编辑方法，如插入、删除以及查找等操作步骤对所输入的程序进行必要的修改，以便进一步掌握这些方法。

① 修改程序练习。例如，读地址 3 的内容，清除地址 3 的显示，重写正确指令。

② 插入指令练习。例如，读地址 3 的内容，插入新指令。

③ 删除指令练习。例如，读地址 3 的内容，删除该地址内容。

4）运行程序。将 PLC 主机置于"RUN"方式，利用输入开关和 PLC 主机上的输出指示灯观察程序的运行情况，并运用监控功能在运行程序的过程中监视程序中各 I/O 继电器、定时器触点（T0）的状态间因果控制关系，以及定时器和计数器的当前值的动态变化，了解程序执行的情况。然后修改数据寄存器 D0 的内容，并观察 D0 向 D4 中传送数据的过程。

5）位元件的监控与强制。进入监控（M）状态，用接在 X0 和 X1 输入端的小开关提供起动信号和停止信号，监视用起、保、停电路控制的 Y0 的 ON/OFF 状态，并参考前面介绍的强制方法，分别在 STOP 状态和 RUN 状态下将 Y0、Y1 强制为 ON 或强制为 OFF。

6）定时器的应用实训。在监控状态监视 100ms 型定时器 T0，按下面的顺序操作：

① 令 X0 为 ON 而 X1 为 OFF，接通 T0 的线圈，观察 T0 当前值的变化情况以及 T0 的定时时间到时 D4 数据寄存器的内容变化情况。

② 在 T0 的当前值非零时，将工作模式开关扳到 STOP 位置，过一会儿扳回到 RUN 位置

（或断开 PLC 的电源，过一会儿接通电源），观察它当前值的变化情况。T0 是否具有断电保持功能？

7）计数器的应用实训。进入监控状态，按下面的顺序操作：

① 断开 X3 对应的小开关，用 X2 对应的小开关发出计数脉冲，观察 X2 由 OFF 变为 ON 时 C0 的当前值是否加 1，发了 5 个脉冲后 Y1 是否变为 ON。C0 的当前值等于设定值后再发出计数脉冲，观察 C0 的当前值是否变化。

② 在计数过程中将工作模式开关扳到 STOP 位置，过一会儿扳回到 RUN 位置（或断开 PLC 的电源，过一会儿接通电源），观察它当前值的变化情况。C0 是否具有断电保持功能？

③ 接通 X3 对应的小开关，观察 C0 是否被复位，其当前值是否变为 0，Y1 是否变为 OFF。

④ 用有电池后备/锁存功能的计数器代替图 10-59 中的 C0，改写程序后按上述的方法观察它是否有断电保持功能。

9.3.2　训练项目 2　编程器的使用 2

把第 7 章课后的习题逐一用编程器进行程序的写入、修改和模拟运行训练。

9.4　小结

FX 系统 PLC 的 FX-20P 型编程器面板有功能键、清除键、帮助键、其他键、空格键、步疗键、光标键、执行键和指令（元件和数字）键几部分，编程方式有联机（在线）编程和脱机（离线）编程两种，可以完成读、写、插入、删除、监控和检测等编程、修改操作。

9.5　习题

1. 编程器操作面板上各功能键的意义是什么？
2. 编程器的程序写入、程序读出、程序插入和程序删除的操作过程是什么？
3. 如何通过编程器完成程序的监控和测试功能？

第 10 章　PLC 的编程及仿真软件的使用

三菱电机公司早期提供的编程软件是 MEDOC，后来是 GX-Developer 和 SWOPC-FXGP/WIN-C 两个编程软件包。GX（GX 开发器）编程软件可以用于生成涵盖大部分三菱电机公司 PLC 设备的软件包，可以为 FX/A/QnA/Q 系列 PLC 生成程序。SWOPC-FXGP/WIN-C 是应用于 FX 系列 PLC 的中文编程软件，可在 Windows 9x 及以上操作系统运行。本章介绍 GX-Developer8c 编程软件和 GX Simulator 6c 仿真软件的使用。

GX-Developer8c 是一款汉化的编程软件，随着技术的发展功能不断增强，版本不断更新，但基本编程方法相同。

10.1　系统配置

1. 计算机

要求机型：IBM PC/AT（兼容）。CPU：486 以上。内存：8MHz 或更高（推荐 16MHz 以上）。显示器：分辨率为 800×600 像素，16 色或更高。硬盘：必需。

2. 接口单元

采用 FX-232AWC 型 RS-232C/RS-422 转换器（便携式）或 FX-232AW 型 RS-232C/RS-422 转换器（内置式）以及其他指定的转换器。

3. 通信电缆

将计算机与 PLC 连接起来，需要一根电缆是：

1）FX-422CAB0 型 RS-422 缆线（用于 FX$_2$、FX$_{2C}$、FX$_{2N}$ 型 PLC，0.3m）；

2）FX-422CAB-150 型 RS-422 缆线（用于 FX$_2$、FX$_{2C}$、FX$_{2N}$ 型 PLC，1.5m）。

10.2　编程软件

GX-Developer 8c 编程软件其功能强大，使用方便，三菱全系列 PLC 均可使用。

10.2.1　软件功能

三菱 SWOPC-FXGP/WIN-C 编程软件主要有以下功能。

1）在 GX-Developer 8c 中，可通过梯形图符号、指令语言及 SFC 符号来创建程序，还可以在程序中加入中文、英文注释，建立注释数据及设置寄存器数据。

2）能够监控 PLC 运行时的动作状态和数据变化情况，还有程序和监控结果的打印功能。

3）通过串行口通信，可将用户程序和数据寄存器中的值下载到 PLC 中，可以读出未设置口令的 PLC 中的用户程序，或检查计算机与 PLC 中的用户程序是否相同。

10.2.2 软件的安装

先安装 GX-Developer8c 编程软件，然后安装 Simulator6c 仿真软件。

1) 双击"GX-Developer8c"文件夹，出现安装说明文件，按照说明文件，首先安装文件夹中的 EnvMEL 文件中的 SETUP.EXE 文件，否则安装环境不满足，然后安装 Update 文件中的 AXDIST.EXE 文件，最后安装 GX 文件夹中的 SETUP.EXE 文件。从说明文件中找到序列号，在安装过程中"选择部件"时注意不要选监控版本，其他都可以选，再一步一步向下执行就可以了。如果选中监控版本，打开软件时就不能新建文件，只有演示功能。

2) GX-simulator 的安装。双击 GX-simulator 文件夹，找到 SETUP.EXE 文件双击安装，序列号用 GX-developer 的。安装完后，仿真软件就自动嵌入到编程软件中。

10.2.3 编程操作

1. 创建一个新工程

操作步骤如下。

1) 从"开始"中选择"程序"→"MELSOFT 应用程序"→ GX Developer 打开软件。

2) 选择"工程"或单击 工具，创建新工程。

3) 在图 10-1"创建新工程"对话框中，根据所用 PLC 型号选择"PLC 系列"，"程序类型"选择"梯形图逻辑"，然后单击"确定"按钮，创建出一个新工程。

4) 新工程窗口如图 10-2 所示，此时可以开始进行编程操作。

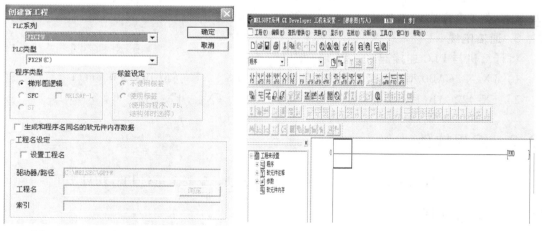

图 10-1 "创建新工程"对话框   图 10-2 新工程窗口

2. 创建梯形图程序

创建图 10-3 所示的梯形图程序，操作步骤如下。

1) 打开编程界面。在图 10-2 所示的菜单图栏中选择"编辑"→"写入模式"，在光标处直接开始输入指令或用鼠标单击 F5 工具图标。

2) 输入程序。在弹出的"梯形图输入"对话框中输入"1d x1"指令（注意 ld 与 x1 之

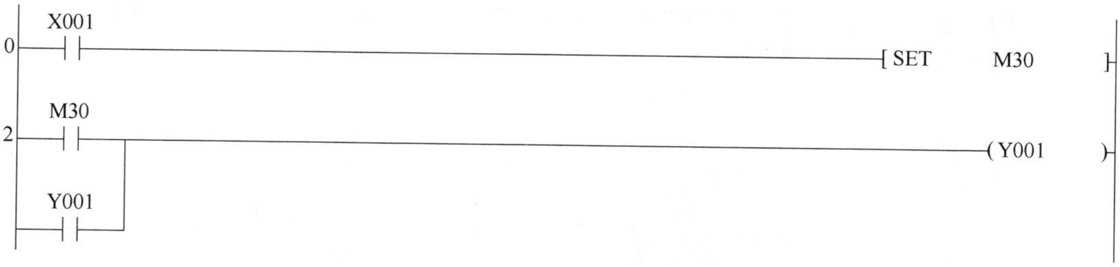

```
   X001
0 ─┤ ├─────────────────────────────────────────────────────────[ SET      M30  ]─

   M30
2 ─┤ ├─────────────────────────────────────────────────────────────(Y001  )─
  ┬
   Y001
  └─┤ ├─
```

图 10-3   梯形图程序

间要有空格），或在有图像图标记┤├的文本框中输入"x1"，单击"确定"按钮或按
〈Enter〉键，如图 10-4 所示。

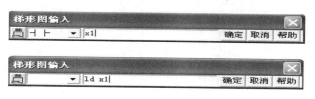

图 10-4   梯形图输入（1）

3）输入指令。用鼠标单击工具图标
「 」
F8，在"梯形图输入"对话框中输入
"set s10"或直接输入指令"set s10"，如
图 10-5 所示，显示出的梯形图如图 10-6
所示。根据不同指令选择相应的工具。

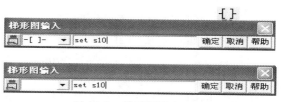

图 10-5   梯形图输入（2）

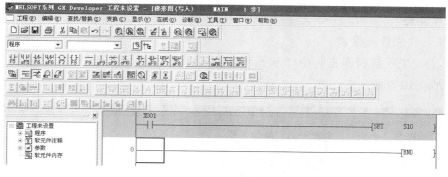

图 10-6   梯形图输入（3）

4）再用上述类似的方法输入其他指令，完成程序的创建，如图 10-7 所示。

5）梯形图的转换。选择菜单中的"变换"，原来黑色的背景会变成白色，或用鼠标单
击图标 ⬇ 进行变换，如图 10-8 所示。梯形图的转换可以检查程序是否有语法错误，如果没有
错误，梯形图就被存放入计算机中，同时图中的灰色区域变白。若有错误，变换失败，将显示
"梯形图错误"。如果在不完成转换的情况下关闭梯形图窗口，所创建的梯形图就会被删去。

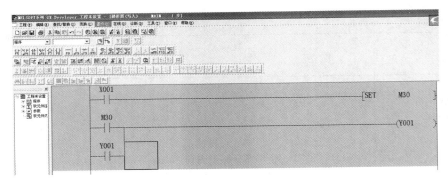

图 10-7 梯形图输入（4）

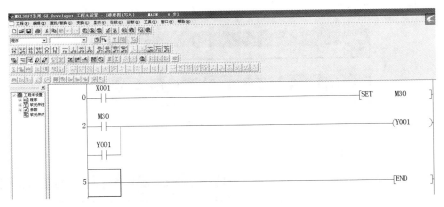

图 10-8 "变换"背景

6）梯形图的清除。菜单命令"工具→全部清除"可清除编程软件中当前所有的用户程序。

3. 程序注释

创建软元件注释步骤如下。

1）单击"工程数据列表"中"软元件注释"前的"+"标记，再用鼠标双击"COMMENT"，如图 10-9 所示。

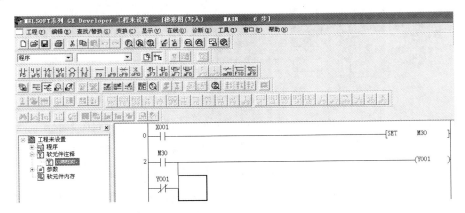

图 10-9 软元件注释（1）

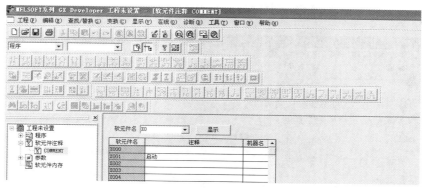

图 10-10　软元件注释（2）

2）如图 10-10 所示，在弹出的编辑窗口中的"软元件名"文本框内输入需要创建注释的软元件名，如"X0"（程序自动显示 X000），再单击"显示"按钮，会显示出所有"X"的软元件名。可以在启动信号 X001 的注释中输入"起动"的中文注释。

3）用鼠标双击"工程数据列表"中的"MAIM"菜单命令，显示出梯形图窗口，然后在菜单栏中选择"显示"→"注释显示"，在梯形图中可以看到注释，如图 10-11 所示。

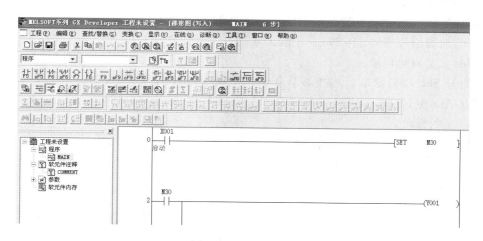

图 10-11　注释显示

10.2.4　程序写入与在线监控

1. PLC 与计算机的连接

用专用的编程电缆将计算机与 PLC 连接起来，再将 PLC 通电，运行开关置于 STOP 位置，否则无法写入程序。

2. 程序写入

选择菜单栏的"在线"，单击"PLC 写入"或单击工具栏上的 ![图标] 图标，将当前程序写入 PLC 中。

3. 运行监控

在运行 PLC 时，选择菜单栏的"在线"→"监控"→"监控模式"菜单，如图 10-12

所示，或单击工具栏上的按钮 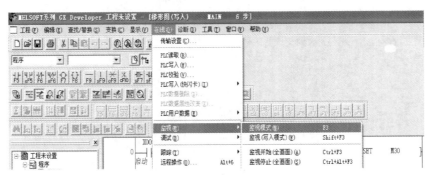，即可以启动程序监控功能。

图 10-12　启动程序监控功能

10.2.5　状态转移图的绘制

创建图 10-13 所示的状态转移图（SFC）程序的操作步骤如下。

1. 初始状态的编程

步进梯形图程序必须由特殊辅助继电器 M8002 产生的初始脉冲来驱动初始状态（S0~S9），才能正常运行。首先在梯形图块中编写这两句程序。

1）打开 SFC 编辑窗口。选择菜单命令"工程/创建新工程"，弹出图 10-14 所示的对话框，选中"SFC"后弹出图 10-15所示的窗口。

2）选中"0"行（黑色），出现图 10-16 所示的"块信息设置"对话框。可以任意设置对话框中的"块标题"，这里设置为"12"（也可以用汉字）。"块类型"选择为"梯形图块"。

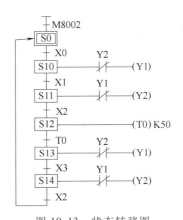

图 10-13　状态转移图

图 10-14　"创建新工程"对话框

图 10-15　选"SFC"后弹出的窗口

3）用鼠标单击"执行"按钮后，出现图 10-17 所示的窗口，在其内置的梯形图窗口编辑窗口中编辑梯形图程序，并进行转换和保存。

202

图 10-16 "块信息设置"对话框

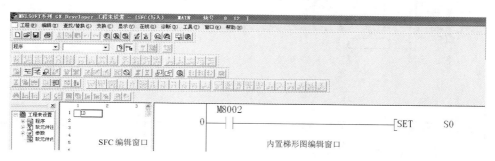

图 10-17 编辑梯形图

2. SFC 块的编写

1）用鼠标单击图 10-17 左边工程窗口中的"程序"→"MAIN"，在第 1 行中建一个 SFC 块，将"块标题"设为"13"，再单击"执行"按钮，出现图 10-18 所示的窗口。

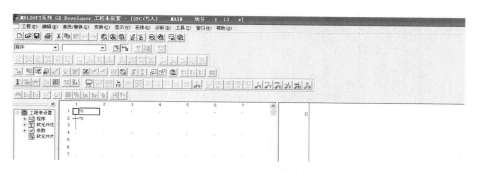

图 10-18 创建 SFC 块

2）在 SFC 窗口，通过使用图标工具 可添加状态，如图 10-19 所示，状态号使用默认值"10"即可，再单击"确定"按钮即可。

3）通过使用图标工具 可添加转移条件，如图 10-20 所示，转移条件号可以使用默认值"1"，再单击"确定"按钮即可。

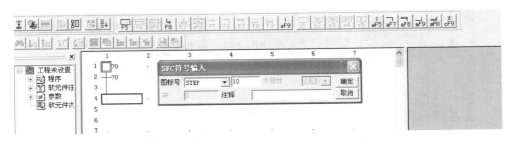

图 10-19 添加状态

图 10-20 添加转移条件

4）根据要求编写 5 个状态之后，用图标 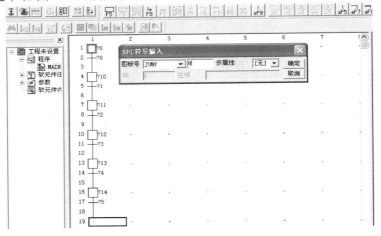 可以让程序从最后一个状态返回到初始状态 0 或其他状态，如图 10-21 所示。

图 10-21 状态返回

5）在 SFC 图中，每一个符号都有"？"，所以还要进行内置梯形图的编写。"0"步是初始状态，相当于 S0 状态。如果没有要求，可以不编写内置梯形图。在图 10-22 中，用鼠标单击"？0"，在内置梯形图界面输入转移条件 1d x0。

注意：也可以用键盘直接输入指令"Tran"来完成转移条件的编写，最后再单击"确定"按钮进行转换，如图 10-23 所示。

6）用鼠标单击图 10-23 中"？10"，在内置梯形图界面中编写程序，产生的结果如图 10-24 所示。

204

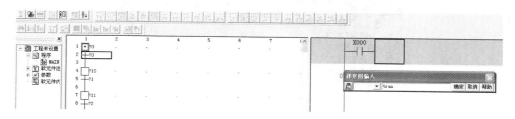

图 10-22　编写内置梯形图（1）

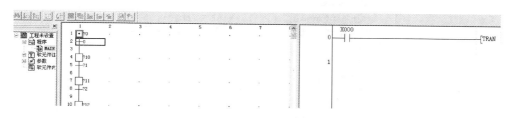

图 10-23　使用"Tran"指令的结果

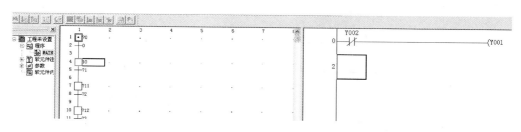

图 10-24　编写内置梯形图（2）

7）按照上述方法完成所有内置梯形图的编写，结果如图 10-25 所示。

注意：在书中所看到的 SFC 是为了容易理解而人为画的，而在软件中的 SFC 图和内置梯形图不是全部显示在左边窗口中，而是分别显示在 SFC 窗口和内置梯形图窗口中。

3. SFC 与梯形图之间的转换

单击"工程"→"编辑数据"→"改变程序类型"，如图 10-26 所示。再用鼠标双击左边窗口中的"程序"→"MAIN"，出现图 10-27 所示的步进梯形图。这个梯形图的画法与用 FXGP 软件编法不同。在 GX 软件中，将步进开始指令 STL 直接连到左右母线上，只是画法不同，原理还是一样的。如果直接画梯形图，就要注意这一点。

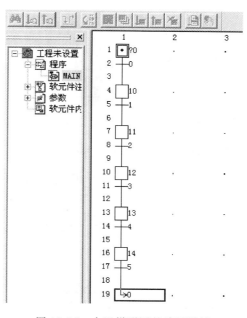

图 10-25　内置梯形图的编写结果

205

MELSOFT系列 GX Developer 工程未设置 - [SFC(写入)
工程(F)
编辑(E)
查找/替换(S)
变换(C)
显示(V)
在线(O)
诊断(D)
创建新工程(N)... Ctrl+N
打开工程(O)... Ctrl+O
关闭工程(C)
保存工程(S) Ctrl+S
另存工程为(A)...
删除工程(D)...
校验(K)...
复制(T)...
编辑数据(F)
改变PLC类型(H)...
读取其他格式的文件(I)
写入其他格式的文件(E)
宏(M)
FB(B)
打印设置(R)...
打印(P)... Ctrl+P
新建(N)...
复制(C)...
删除(D)...
改变数据名(R)...
改变程序类型(P)...

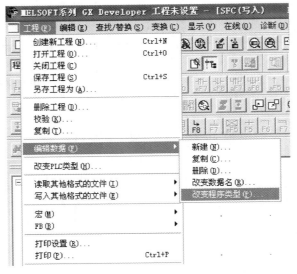

图 10-26　改变程序类型

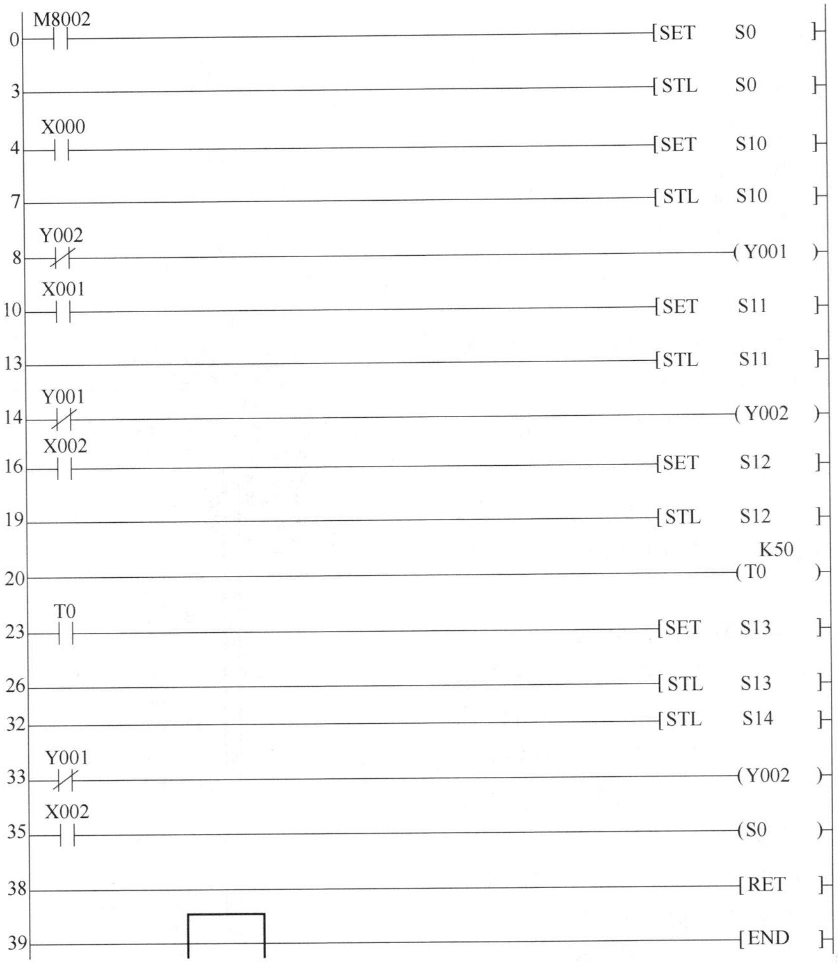

0 M8002 [SET S0]
3 [STL S0]
4 X000 [SET S10]
7 [STL S10]
8 Y002 (Y001)
10 X001 [SET S11]
13 [STL S11]
14 Y001 (Y002)
16 X002 [SET S12]
19 [STL S12]
20 K50 (T0)
23 T0 [SET S13]
26 [STL S13]
32 [STL S14]
33 Y001 (Y002)
35 X002 (S0)
38 [RET]
39 [END]

图 10-27　步进梯形图

10.2.6 主控指令及主控复位指令的编程输入方法

主控指令在 GX-Developer 下的编程步骤如下。

1）启动 GX-Developer 软件，新建文件夹，进入梯形图编程界面。

2）用梯形图或指令方式输入程序，保存并转换后的步进梯形图如图 10-28 所示。

3）在单击图标 ▦ 或菜单命令"编辑/读出模式"后进入读出模式，出现图 10-29 所示的梯形图。

注意：图 10-28 所示是写入模式，不能直接画出图 10-29 所示的梯形图。

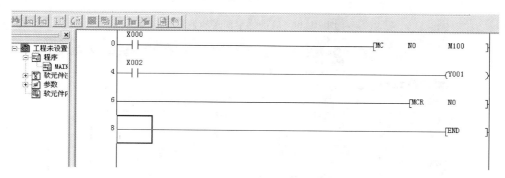

图 10-28　写入模式的梯形图

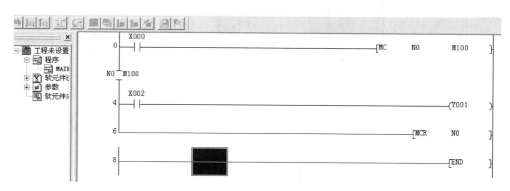

图 10-29　读出模式的梯形图

10.3 GX Simulator 仿真软件的使用

在安装有 GX-Developer 的计算机内安装 GX Simulator 就能够实现不在线时的软件调试。不在线调试功能包括软元件的监视测试和 I/O 口的模拟操作等。

1）打开 GX Developer，新建或打开一个工程。

2）单击菜单栏"工具"→"梯形图逻辑测试启动"，或单击图标 ▦，启动梯形图逻辑测试，如图 10-30 所示。

3）打开测试工具的"菜单启动"→"I/O 系统设定"，出现图 10-31 所示的画面。在此图中，对程序中所用的输入、输出元件进行"ON"或"OFF"设定。这里主要对输入元件进行设定。分别设定 X1、X3、X4 为 ON，如图 10-32 所示。

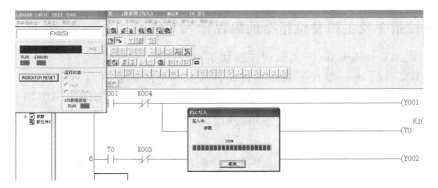

图 10-30　启动梯形图逻辑测试

图 10-31　I/O 系统设定

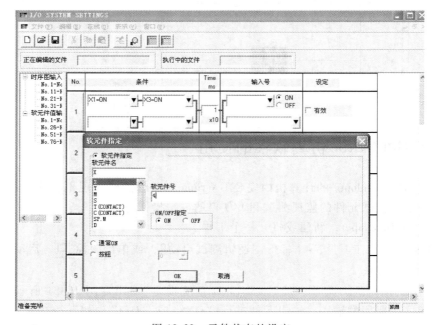

图 10-32　元件状态的设定

4）执行并保存 I/O 设定。单击"文件"→"I/O 系统设定执行"后，单击"在线"→"监视开始"或单击图标 ，如图 10-33 所示。

5）执行设定后，把梯形图界面也打开，如图 10-34 所示，此时常闭触点为蓝色，单击启动"X1=ON"，Y1、T0 变成蓝色，表示接通，T0 开始计时，如图 10-35 所示。此时便可以对程序进行仿真调试。

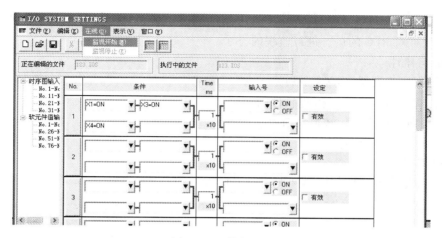

图 10-33　执行设定

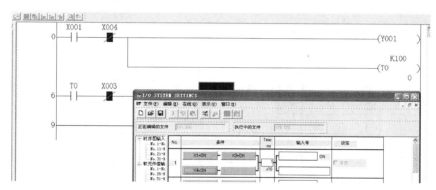

图 10-34　仿真调试（1）

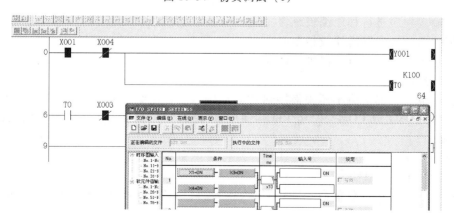

图 10-35　仿真调试（2）

10.4 技能训练项目

10.4.1 训练项目1 编程软件的使用1

1. 目的

通过实验了解和熟悉 GX-Developer 编程软件的使用方法。了解写入和编辑程序的方法以及用编程软件对 PLC 的运行进行监视的方法。

2. 仪器与器件

1）可编程序控制器（FX$_{2N}$系列）一台。

2）安装有 GX-Developer 编程软件的计算机一台。

3）FX 系列的编程通信转换接口电缆一根。

4）开关量输入电路板一块。

3. 训练内容

1）将图 10-36 所示的程序以梯形图的形式输入 PLC 中。

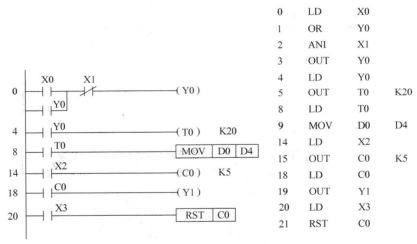

0	LD	X0	
1	OR	Y0	
2	ANI	X1	
3	OUT	Y0	
4	LD	Y0	
5	OUT	T0	K20
8	LD	T0	
9	MOV	D0	D4
14	LD	X2	
15	OUT	C0	K5
18	LD	C0	
19	OUT	Y1	
20	LD	X3	
21	RST	C0	

图 10-36　训练项目一的梯形图

2）对输入程序进行程序编辑练习。

3）把输入的梯形图转换成指令表。

4）对输入程序的执行情况进行监控。

4. 训练步骤

1）在断电的情况下将小开关板接到 PLC 的输入端，用编程电缆连接 PLC 和计算机的串行通信接口（COM1 或 COM2），将 PLC 上的工作模式开关扳向 STOP 位置，接通计算机和 PLC 的电源。

2）打开"GX-Developer"编程软件，执行菜单命令"文件"→"新文件"，在弹出的对话框中设置 PLC 的型号。

3）端口设置：执行菜单命令"PLC"→"端口设置"，选择计算机的通信端口与通信的速率。

4）将图 10-36 所示的梯形图输入到计算机，保存编辑好的程序。

如果指令中有多个参数（例如定时器、计数器指令和应用指令），在各参数之间就需用空格分隔开。例如输入图 10-36 中的 MOV 指令时，输入的是"MOV D0 D4"。

执行菜单命令"工具"→"转换"，将创建的梯形图转换格式后存入计算机中。

5）程序编辑练习。

① 改写程序，将指令"OR Y0"改写成"AND Y0"。

② 删除程序，将上一步练习改写过的程序步骤删除。

③ 插入程序，将被改写的指令插回到程序中，恢复程序原貌。

6）程序的检查：执行菜单命令"选项"→"程序检查"，选择检查的项目对程序进行检查。

7）程序的运行与监视：PLC 的方式开关在 RUN 位置时，执行菜单命令"PLC"→"遥控运行/停止"，可控制程序运行或停止运行。

8）程序的写出（下载）：打开要下载的程序，将 PLC 置于 STOP 工作模式，将计算机中的程序发送到 PLC 中。

执行菜单命令"监控/测试"→"元件监控"，在监视画面中双击左侧的蓝色矩形光标，在出现的对话框中输入元件号和要监视的元件的点数。用鼠标选中某一被监控时显示的数据位数和显示格式，用监控功能监视 T0、C0 和 D4 的当前值变化的情况。

9）强制 ON/OFF：执行菜单命令"监控/测试"→"强制 ON/OFF"，在弹出的对话框中输入元件号。选"设置（置位）"将该元件置为 ON。选"重新设置（复位）"将该元件置为 OFF。

分别在 STOP 和 RUN 状态下，对 Y0、T0 和 C0 进行强制 ON/OFF 操作。

10）修改当前值：执行菜单命令"监控/测试"→"改变当前值"，将存放 T0 设定值的数据寄存器的当前值修改为 K15 后，在 RUN 模式令 T0 的线圈"通电"，观察 T0 的定时时间。

11）修改 T/C 的设定值：在梯形图方式和监控状态，将光标放在要修改的 T/C 的输出线圈上，执行菜单命令"监控/测试"→"修改设定值"，将 C0 的设定值修改为 K3，在梯形图中观察 C0 设定值的变化。

10.4.2　训练项目 2　编程软件的使用 2

把第 6 章课后的习题逐一用编程软件进行程序的写入、修改和模拟运行训练。

10.5　小结

本章主要介绍了三菱 PLC 编程软件 GX-Developer 的使用方法以及应用 GX Simulator 软件实现不在线时的软件调试方法。不在线调试功能包括软元件的监视测试和 I/O 口的模拟操作等。初学三菱 PLC 的初学者在没有硬件 PLC 的支持下可进行学习，并利用仿真软件验证自己所编的程序是否满足控制要求。

10.6　习题

1. 应用 GX-Developer 编程软件如何进行程序传送？

2. 应用 GX-Developer 编程软件如何进行程序的在线监控？

参 考 文 献

［1］ 许廖. 工厂电气控制设备［M］. 北京：机械工业出版社，2001.

［2］ 田淑珍. 工厂电气控制设备及技能训练［M］. 2 版. 北京：机械工业出版社，2013.

［3］ 方承远. 工厂电气控制技术［M］. 北京：机械工业出版社，2000.

［4］ 陈远龄. 机床电气自动控制［M］. 重庆：重庆大学出版社，1988.

［5］ 张延英. 工厂电气控制设备［M］. 北京：中国轻工业出版社，1998.

［6］ 钟肇新，彭侃. 可编程控制器原理及应用［M］. 广州：华南理工大学出版社，1997.

［7］ 王兆义. 实用小型可编程控制器［M］. 北京：机械工业出版社，1997.

［8］ 胡文金. 可编程序控制器实训教程［M］. 重庆：重庆大学出版社，2007.

［9］ 三菱微型可编程控制器. 编程手册. 1996.

［10］ 王朔中. 中国集成电路大全——可编程控制器分册［M］. 北京：国防工业出版社，1995.

［11］ 罗良陆. 电器与控制［M］. 重庆：重庆大学出版社，2004.

［12］ 王兆义. 可编程控制器教程［M］. 北京：机械工业出版社，2005.

［13］ 廖常初. FX 系列 PLC 编程及应用［M］. 2 版. 北京：机械工业出版社，2013.

［14］ 王兆义，杨新志. 小型可编程控制器实用技术［M］. 北京：机械工业出版社，2007.

［15］ 尹秀妍，王宏玉. 可编程控制技术应用［M］. 北京：电子工业出版社，2010.

［16］ 吴丽. 电气控制与 PLC 应用技术［M］. 2 版. 北京：机械工业出版社，2014.

［17］ 谢忠钧. 电气安装实际操作［M］. 北京：中国建筑工业出版社，2000.